策略思考,輸贏大不同

——作業風險之應用

韓孝君——著

致謝辭

十多年前，正是我處於低潮、極為落魄的時候。那時連我都對自己失去了信心，卻有一個朋友，不斷鼓勵我，把我介紹給他的朋友，還找我上他的電台節目露露臉。其實我跟他並非熟識，是另一位好朋友介紹認識的，嚐過了「貧窮似虎，杜絕五族六親」的滋味，對他的善行義舉感到特別溫暖，也覺得很訝異，因為我實在沒什麼可以讓他貪圖的，何以如此雪中送炭？有一次忍不住問他，他告訴我：「因為在我周遭的朋友裡，那些曾經把理想喊得震天價響的，全部陣亡了，只剩下你，都窮成這樣了，還在堅持理想；你是稀有動物，我不幫你怎麼成！」他，就是彭思舟先生，也是幫我出版著作的人。

會想起這段往事，是因為前一陣子看到媒體報導台積電張忠謀董事長說：「現代的台灣年青人，缺乏理想」，我個人對這樣的說法頗感不以為然；在作者經驗裡，台灣其實不缺有理想的人，缺的是讓理想被看到的人。一間規模很大、獲利很高的企業，或許可稱為很卓越、傑出，但唯有能讓人有機會實踐理想的企業，才有資格被稱為偉大。台灣很賺錢的企業很多，各產業都有，但偉大的企業有多少？看看企業裡有沒有人在實踐理想就知道。作者寫這本書，就是要獻給彭思舟先生、秀威資訊，以及那些讓理想被看到的企業與機構：華南金控、政大會計、全球人壽、華僑銀行。

感謝華南金控王前董事長榮周、劉董事長燈城、林副董事長明成、劉總經理茂賢、劉副總宏基、鄭副總永春、熊副總臺勇等長官們建構了一個讓員工安心的企業環境，可以在工作之餘追求自己的理想，那怕只是基層員工都可以出版風險管理專業書籍，而無須擔心未來的前途在那。也感謝公司各處長官：古總稽核慶南、張副總振芳、呂處長金火、陳副處長瓊琳、丁東輝組長、段友讓組長、林萬賓組長、胡宗聖組長、江佩璇組長、呂詠琪組長、林圓璧組長、林怡盈組長、陳威臣組長、張文賢組長、闕河旭組長、劉易昌組長、楊金花組長、林德威組長、陳宗賢組長、龔柏瑞組長、李思華組長、李坤穎組長、廖怡惠副理、陳夢茹組長，以及同事：游志弘、王玉秀、張惠龍、廖家翎、劉淑茹、龔磊倫、李舜仁、謝依瑄、顏小娟、游紹琳、石含光、侯志陞、陳仕龍、徐傳期、范譽馨、蔡榮男、吳宏裕、吳依霜、陳佳祺、王家璿、潘承賢、陳羿翰、林明慧、吳宜玲、陳星智、林秀雯、林怡雯、黃彥銘、黃子益、楊雅翔、施景心、黃家珍、侯玥君、蔡孟蒨、王儷娟、王聖華、林晏竹、陳建良、許國隆、賴玄和、吳宗龍、葉鴻青、謝幸君、李文琪、陳宜廷、江姿瑩等人平時的協助與照顧。

感謝政大會計的師長們。2008 年作者在無意間發現被世人奉為真理的經濟理論竟然是錯的，而且幾乎全部是錯的，一方面又驚又喜，一方面戒慎恐懼。就過去作者對學術界的認知，若是膽敢主張經濟學是錯的，被當成瘋子那還算是好的，不知道會面臨多少迫害。作者從來沒想到有一天竟然有機會完成推翻經濟理論的證明，還被接納包容，而不是勒令退學；十多年前作者在申請美國大學會計博士班時，恰巧遇到排名前十名的德州大學奧斯汀分校的會計系主任，他曾在 1995 年發表一篇研究主張當前學術界的研究方法無法區分會計盈餘與

現金流量的資訊內涵差異，作者很興奮的寫信告訴他已找到方法可以解決這個問題而且有實證證據，或許是推翻了他的主張，他竟然當場翻臉，直接斥責。那時該校有一名知名教授看了作者的論文及研究計劃，明白表示作者就是他們要找的學生，而且願意給全額獎學金，結果還是被該名系主任刷掉。全世界有多少知名大學能包容學生做推翻經濟理論的研究？這一切竟然就發生在政大會計，讓學生有機會可以追求理想，因而要特別感謝政大的師長們，感謝鄭前校長丁旺、蘇前院長瓜藤、金所長成隆、諶家蘭老師、吳安妮老師、林良楓老師、俞洪昭老師、許崇源老師、馬秀如老師、林美花老師、王文英老師、郭弘卿老師、周玲臺老師、陳明進老師、戚務君老師、張清福老師、梁嘉紋老師、林宛瑩老師、詹凌菁老師，感謝師長們的照顧與支持，以及經濟系廖郁萍老師的悉心教誨。

　　再來要感謝我之前任職全球人壽的長官蔣前董事總稽核乃敏、劉董事長先覺、陳總經理汝亮、劉資深副總靖珊、李投資長敬嵐等長官。作者當年在全球人壽所做的，幾乎可說是營運風險管理的理想境界了。2008 年作者發現公司有一個策略風險，鼓起勇氣向蔣前董事總稽核報告，不但沒遭到責罵，她反而說：「你指的這個風險，在任何公司都是最高機密，連我都不知情，所以不適合向上提報，但我相信總經理及荷蘭總公司都心理有數，而且應該已有行動」，果然三個月之後，公司就宣佈針對這個議題已採取的行動。後來有一次在風險評估會議中，各處處長在討論時發現了一個策略風險，瞬間所有處長全部噤若寒蟬，因為那是最高主管所訂的策略。作者後來在主持高階主管風險評估會議時，還是把這個風險提出來討論了，在座的公司高層不但沒有任何不悅，反而一副「本來就可以討論」的表情。這

段美好的經驗，讓作者興起了為台灣金融業找出一百個潛在重大風險的念頭，也就是本書百大風險系列的起源，所以特別感謝全球人壽的各位長官讓風險管理的理想得以實踐，也感謝當初一起合作的同仁，我過去的部屬黃愉景先生，以及鄭資深副總祥人、莫副總大斌、陳前財務長淑美、亞太全球證投顧莊董事長總介博、林總稽核鼎鈞、陳技術長俊廷、施風險長苑玉、林意展、黃秋惠、沈玫君、黃淑惠、劉漪竹、梁源昌、鄭子文、施孟秀、薛冰芸、高安玲、黃中人、邵之美、黃禹、張慶英、張麗卿、翁志祥、康振昌、吳維仁、李依等主管。

　　也要感謝過去任職華僑銀行時的長官戴董事長立寧、張副總慶堂、魯處長昭懿、李經理淑英。本書中提到三個策略「1998 小額信貸」、「留學代辦」、「班可咖啡」等，是作者在 1998 年任職華僑銀行期間對公司高層所提的業務發展策略案。一個剛退伍、小小的高級辦事員，竟然對公司的發展策略發表看法！正所謂「初生之犢不畏虎」。很感謝當時的戴立寧董事長及張慶堂副總，不但沒有因作者胡塗莽撞加以斥責，反而認真考量這些提案，戴董事長還一度打算在新成立的簡易分行試用「班可咖啡」這個點子，很可惜作者當時年幼無知，未珍惜這份因緣，改行去當顧問，辜負了戴董事長的愛護，內心感到十分愧咎；這個經驗為作者後來提供策略顧問服務，打下很好的基礎。

　　最後要感謝秀威資訊的鄭伊庭小姐為我的這兩本書所付出的辛勞，以過去三十多年來照顧我的蔡永泉老師、方茂欽大哥，好朋友林月友女士的支持，以及我的妻子黃苡甄。內人是家鄉是有名的美女，她原本以為可以嫁給金融業的高階主管享享福，沒想到事與願違，遇

到一個「一肚子的不識時務」卻只愛寫書的拼命三郎，這段時間苦了她，對她感到很愧疚。

感謝老天爺、感謝所有讓理想得以被人看見的人與事，感謝再感謝。

韓孝君　于台北土城

神劍序

　　昔有西方一代劍聖，名波特者，盛傳劍術通神，威服萬方，大名鼎鼎，歷久不衰。一日於武林大會，觀其舞劍於大校場，左翻右騰，呼聲喝喝，身影幢幢，劍光閃閃，徒具架式，大失所望。

　　2004 年走訪華山，於峭壁絕谷飛鳥難渡之地，覓得劍魔獨孤求敗劍譜。採盡天下精鐵，依譜鑄劍。竟七日之功，初得一劍，劍體通黑，暗淡無光，劍長不過三尺，重逾百斤，舉劍乏力，難以施展。攜劍於曠野處，奮力揮舞，刮起狂風陣陣，奔向密林，左砍右斬，斷巨木如摧腐，裂山壁如破竹，若持此劍奔馳於千軍萬馬中，取敵將首級如探囊取物。劍雖無招，內力強者運來，無堅不催，無功不克，一夫當關，萬夫莫敵，是為力量之劍（The Sword of The Force），取其義「重劍無鋒，大巧不工」，名為玄鐵。

　　再竟七日，又得一劍，持劍於華山之顛，作勢而立，且見天色頓時一暗，日月無光。拔劍橫空順勢一抖，響若雷鳴，亮如閃電，劍氣沖宵，風雲變色，月毀星沈。拄劍而立，萬方來朝，具王者象，取其義「俠之大者持此劍，號令群雄」，名為倚天，是為王者之劍（The Sword of The King）。

　　一夜萬籟俱寂，星空下，靜坐入定，忽爾觀想烈焰環身，如陷地獄，定睛一看，赫見金光閃閃，人形若隱若現。其身通體全藍，怒髮

沖天，外形剛猛，右手持劍，左手持索，右目上觀，左目下觀，是不動明王降臨，現忿怒相，以三昧真火，燒一切業障，右手持金剛劍，斬無明、斷煩惱根。神跡突現，驚喜萬分。不動尊恩賜一劍，是為聖者之劍（The Sword of The Saint），授三昧耶無上心法，囑付修習不退轉之心，以一梵文為記，人神交感，隨即轉身離去。出定而醒，已是天明。

　　隔日觀賞三劍，各具英姿，功行圓滿，埋劍譜、立劍塚，封劍下山，待有緣人尋覓。

韓孝君　于台北土城

目　次

百大風險與百大策略

2008 年是值得紀念的一年。那年作者升任全球人壽營運風險管理處協理處長，完成三輪合計超過四十場次的處級主管風險辨識與評估會議，找出諸多重大風險，也完成高階執行長風險會議，將風險管理推升到一個理想的境界，而且作者幫公司找出兩個策略風險，都獲得高層重視與討論，同時完成情境模擬與進階法資本計提，又幫公司發掘出多個重大風險；那年作者研發的「隨風飛舞十三式」已然十分成熟，且成果傲人。

那年又發生另一件事，作者在 4 月 16 日看到謝國忠先生的一篇分析，預測次貸風暴將在六月爆發，後來確實在七月底爆發。眼見全球經濟與金融業在倉慌失措下受到重大衝擊，以及後來連動債事件的民眾抗議場面，深刻體認到重大風險對整體社會的重要性，因而發願為台灣找出一百個潛在重大風險；在佛學的修行裡有三種布施，財布施、法布施、無畏布施。作者無財沒得布施，修為不足也沒能力進行「無畏施」，只能把滿腦子的知識貢獻出來，「經世濟民」，這就是「百大風險系列」的由來。

　　一開始作者在提供所發現的重大風險時，並沒有牟利的想法，純粹因為找不到適當的投稿管道，以寫書方式在《打通風險管理任督二脈》中揭露這些風險以提醒台灣的金融業者與主管機關，沒想到竟然因此遭到迫害；紫微斗數有云：「文昌化科，廉貞化忌」，當一個文人名聲顯揚時，就是被殺頭的時候，這或許就是修行必須經歷的苦難吧。兩千多年前東方有釋迦牟尼佛得證涅盤，四處傳法教導眾生如何在禪定中求得解脫；西方則有耶穌基督甘願被釘在十字架上，教導基督徒如何在受苦受難中獲得永生。作者在 34 歲那年體會了禪定的境界，或許這是老天爺的意思要作者在苦難中歷練。「昔有韓信受辱，今有孝君遭災」，這段故事將會隨著作者的著作一起青史永誌，千古流傳。

　　回想當年作者到全球人壽面試時，向面試主管及人資主管表明的很清楚，未來將會寫金融業風險管理的書並出版，主管們的反應也很明確「只要不違反公司規定，寫書出版是個人自由；寫書很難得，代表你很傑出又上進」。兩年後作者去荷蘭總部開會，某天晚餐時與集團風控大老闆聊天時，大老闆還特別問起：「聽說你要寫風管的書，寫了嗎？怎麼還沒寫？以後如果有出版，記得寄一本給我們參考。」在國外，知名金融機構高階主管在期刊上發表文章或出版專業著作不但是常態，而且是被鼓勵的，因為可提升企業形象；相較之下，台灣的金融業簡直就像還活在古代一樣，竟然還有「文字獄」，那憑什麼跟人家競爭！

　　儘管面臨不可測的災難，作者仍再接再厲的於前一本書《風險管理之預警機制》中揭露了幾個重大風險。由於發現的潛在重大風險愈來愈多，簡單整理如下：

編號	重大風險名稱與說明
001	〔內神通外鬼〕 由於大陸幅員廣闊、查證不易、文件造假盛行、內部行員與外部企業勾結詐貸是常態、大陸籍行員對公司的忠誠度遠不及台灣、又沒有聯合徵信中心，因而銀行業赴大陸發展須防範內神通外鬼的風險。
002	〔所信非人〕 知名外資投資機構為了炒作、謀取暴利，故意發佈不實分析報告或預測，或是自己根本無知卻亂發表意見，即使是大師級人物也常常預測錯誤，金融機構因誤信而做出錯誤決策。範例如前一本書《風險管理之預警機制》第四章所提及花旗銀行的例子。
003	〔入境隨俗〕 銀行業到海外設立分行、推展業務，因不熟悉當地風土民情、政府法令，爆發重大糾紛與民眾抗議事件。
004	〔三個和尚沒水喝〕 銀行業將國內商品或業務到海外推展，因部門間本位主義、協調不足、監控不周，導致出錯。
005	〔迂迴入侵〕 銀行將資訊系統委外維護，遭委外廠商的委外人員利用機會入侵。
006	〔洗錢〕
007	〔通天塔〕
008	〔杯水車薪〕 企業到大陸從事房地產開發的風險。
009	〔葡式蛋塔〕 台灣銀行業缺乏提升長期競爭優勢的方法所引發的風險。
010	〔舍爾靈龜〕 台灣銀行業西進摻股的風險
011	〔殺雞取卵〕 信用卡業務策略風險
012	〔泯滅天良〕 基層主管為求績效表現而做出傷天害理的事情。
013	〔揹黑鍋〕

014	〔北韓核武〕
015	〔美國追稅〕
016	〔完美風暴系列〕
017	〔員工自殺〕
018	〔黃河潰堤系列一〕 池魚之殃
019	〔黃河潰堤系列二〕 海邊戲水
020	〔驟死戰〕 大型壽險業投資策略風險
021	〔北風〕 壽險業匯率避險策略風險
022	〔養虎為患〕 金控合併壽險公司之風險
023	〔劫貧濟富〕 信用卡業務策略風險
024	〔進退兩難〕 壽險業投資策略風險

　　這些只是作者憑印象，隨便列一列也有二十多個，至於作者在2003年就發現雙卡風暴、理財專員及 2007 年發現連動債的風險，並未計入，因為那些是 2008 年以前的事，就不提了。

　　這二十四個重大風險皆與個別公司無關的，其他可能會遭人牽拖與特定金融業有關之重大風險，隨便數一數都有三四十個以上；這些風險，除非有特別的機緣將之普遍化，否則基於專業道德，作者不會公開，也避免被他人拿來作為迫害的藉口。

由於作者並沒有資源與時間投入在研究重大風險及策略上，只是平時上網看看新聞，近年沒有什麼進展，只能說：「豈能盡如人意，但求無愧我心」。

這裡列出的二十四個重大風險中，有些是整體大環境對金融業不利的地方，例如「所信非人」、「杯水車薪」、「北韓核武」、「葡氏蛋塔」等等，其他大多是金融業未能對環境變化或挑戰予以適當的因應，或甚至是決策不當導致；「泯滅天良」則是金融業基層主管在績效壓力下，鑽法律漏洞做出敗壞道德、傷天害理的事情，比不當銷售還要惡劣百倍，然而在台灣的銀行業，卻是很普遍的現象，真的很糟糕。

此外在百大風險系列中有兩個子系列，一個是「黃河潰堤系列」，另一個是「完美風暴系列」，後者已完成的部份例如前一本書《風險管理之預警機制》的第四章「2012 完美風暴」、第七章「行駛於迷霧之中」，以及本書的第四章「驟死戰」部份內容，因為此系列具連續性，很難切割計算，所以暫時只當作是一個重大風險。由於作者沒有資源可以做經濟預測與完美風暴的研究，這方面的著墨會愈來愈少，即使做了粗淺的分析，也可能愈來愈偏離真實情況，讀者參考就好，請勿盡信。由於篇幅有限，無法將目前列出的重大風險一一說明，未來會不定期的發表在個人部落格，網址：http://evatarhann.blogspot.com。

完美風暴系列

在 2012 年底時，很多人對 2013 年全球經濟十分看好，作者很不以為然。從全球角度來看，2013 確實比 2012 好，但也只是好一些。在

美國，雖然房地產確定穩健復甦，仍有高失業率及財政懸崖問題，對美國經濟的衝擊雖不致於像貝南克講得那麼誇張，卻也不是好事。此外在歐洲，不但談不上復甦，各國選舉在抗緊縮壓力下隨時都可能出現狀況，跟前兩年希臘、西班牙事件相比，好不到哪裡去。而大陸，內需還無法取代出口，政府又有打房壓力，空氣污染問題隨時爆發，不利因素很多，但看不到什麼有利因素，所以作者認為全球經濟好不到那裡去。這些預測，在 2013 第一季就全部應驗了。

中國銀監會前主席劉明康在三月底指出，全球金融在 2013 年到 2015 年仍可能面臨新的風險，因為各國祭出的量化寬鬆政策，都只是在買時間，沒有解決結構性問題。他提出兩個宏觀數據，一是發電量大幅下滑；第二個是波羅的海 BDI 指數在 2013 年三月下探到 647 點，比 2008 年美國金融危機時的 663 點還低。金融危機已經五年，全球的貿易、生產活動還是很差。美國部份，他認為財政懸崖變成財政斜坡；至於歐洲部份，新興市場教父墨比爾斯講得更直接，塞普路斯存款稅事件引發的恐慌情緒，很可能會傳染至歐元區其他國家，解決歐元區問題唯一方法是讓債務違約。

有些機構認為，在台商回流加持下，台灣應該會好一點，作者只是考量到，先不提回流的效益還不知有多高，目前全台缺工十八萬人，缺工、缺電、缺地的基本問題不解決，再好都很有限。果然三月底時某台商董事長明白指出，台商返鄉兩大困擾一是缺地、二是缺工，這兩個問題不解決，所謂海外台商返台投資恐怕「只是說說而已」。除此之外，繼釣魚台之後，北韓最近一連串的動作讓東北亞的緊張態勢快速升溫，雖然目前看來還不致於變成大規模戰爭，但只要一出狀況就會對股市造成影響。

　　最近（三月初）有知名雜誌綜合各經濟學家及金融機構看法，認為資金湧現，各國股市在 2013 將出現大多頭行情。作者看完之後，覺得或許會有短暫資金行情，但講得太樂觀了。美國房市確實持續復甦，失業率也逐步改善，但作者實在看不出來是依據什麼可以這麼樂觀。雖然說度過景氣低谷之後常常可看到股市反彈，例如 2010 年，但那時美國股市只有七八千點，現在已是一萬三千多點，幾乎是次貸風暴前的水準，對照之下現在各國財政及經濟狀況比起次貸前要糟得多；作者自認才疏學淺，對這樣樂觀的預測難以理解。如果 2013 上半年真的在實質經濟並未大幅改善的情況下出現大多頭行情，會是很耐人尋味的一件事。

　　至於 2014 年經濟展望，作者在前一本書《風險管理之預警機制》第七章所擔心的歐洲危機問題，看起來是不會發生了，歐洲諸國已展現決心要維持歐元體制，短期內不會有解體的問題，加上各國民眾飽受苦難大力抗議，財政緊縮政策可能會稍微放寬，對經濟會有幫助。然而如作者之前的分析，歐洲經濟結構性問題沒解決，希臘、西班牙等南歐諸國的經濟還看不出復甦跡象，歐洲經濟不景氣可能會持續上好幾年。

　　美國如果能克服財政問題，確實會緩步復甦，然而在龐大債務及財政壓力下，作者不認為在兩三年之內就可以看到很大的改善。在此期間，大陸的經濟問題可能會愈來愈明顯，特別是部份三四線城市的房市泡沫應該會出現了，雖然北京等主要城市不致於跟著崩盤，在政府持續打房壓力下，房地產業的經營會更困難，配合其他產業已出現的產能過剩（粗鋼、鋁、水泥、煤化工、平板玻璃、造船、風電設備、太陽能電池、多晶矽等），對內需及投資會有不利的影響。作者原本期

待大陸內需可以快速成長，以彌補這些不利因素；很遺憾的是，到了三月底就傳出大陸前國家統計局總經濟師姚景源認為大陸今年前兩個月新開工項目情況不佳，預示 2013 年中經濟下滑壓力較為嚴重，需要繼續實施穩健貨幣政策和積極財政政策。四月初甚至還冒出「中國經濟新崩潰論」，認為中國經濟可能因「三市之亂」，即樓市、匯市和債市的問題而面臨崩潰。

此外在日本，安倍經濟學的效益有限。不只作者這樣認為，匯豐全球首席經濟學家 2013 四月初發表評論指出，安倍推行大膽的刺激經濟政策，最有可能的結果是失敗，不但對日本經濟沒幫助，反而可能造成全球金融市場動盪、經濟民族主義升溫；真正稱得上「損人不利己」。

目前看起來，2014 年比較可能的結果，是美國、歐洲、大陸、日本四大經濟體持續寬鬆、債務陸續攀升，等候下一次的全球經濟變化。延伸這個看法，本書在第四章「驟死戰」中從最壞的角度來看各國高負債問題對利率長遠走勢的影響，有較多的說明；這是作者偶而看新聞得到的感想，沒有任何較為深入或嚴謹的分析研究，僅供參考，請勿盡信。由於出版著作耗時間，不具時效性，未來作者對經濟趨勢的看法，會不定期的發表在個人部落格，網址：http://evatarhann.blogspot.com。

黃河潰堤系列

回想小時候，最流行的一首民歌，李健復唱的龍的傳人：「遙遠的東方有一條河／它的名字就叫黃河／遙遠的東方有一群人／他們全都

是龍的傳人。」中華民族的象徵是龍，龍是一種虛構的生物，是吉祥的象徵，也有殘暴的特質，與中華民族五千年的歷史，明主與暴君交替，緊緊契合。

中華文化起源於黃河流域，傳說龍指的就是黃河。黃河的彎彎曲曲像龍的身段，黃河河水養育了流域的黎民，是吉祥的象徵，然而黃河常泛濫，每次潰堤都造成重大傷亡，又像龍的殘暴特質。

黃河就是因為含沙量高，河水呈黃色，才叫黃河，也是世界知名的「懸河」。黃河進入華北平原，因地勢轉趨緩，從黃土高原帶來的泥沙堆積，導致河床高出地面，形成懸河景觀。黃河河床灘面高出地面一般三至五米，據聞在河南一帶部份地區，可高達十多公尺，約四層樓高，一旦潰堤，大水從這麼高的地方沖下來，家園被毀，農田被淹，百姓死傷慘重，影響範圍廣達幾百里甚至上千里，十分可怕。明末崇禎年間，闖王李自成三度圍攻河南省城開封，守城將領誓死抵抗，李自成久攻不下，索性掘開黃河堤防，引河水沖開城門，終於攻下開封，城內平民遇難者眾。所以自古以來，防範黃河水患一直是歷代帝王的首要功課。

如今，大陸變成全球第二大經濟體，人多地大錢也多，大陸銀行規模大，已有三家擠入全球前十大銀行，整體金融的水量就像一條大黃河般；相較之下台灣地小人少錢少，就像一個小池塘，很不幸的是，這個小池塘就在大黃河旁邊，如今兩岸開放金融交流，就像是在黃河河堤開一個口，讓黃河水與小池塘的水可以互通，問題是黃河水量那麼大，河床那麼高，乾季汛期差異那麼大，小池塘那麼小，互通之後，可能一個波浪就將小池塘沖毀或淹沒了，這就是兩岸金融開放的「黃河潰堤」風險。

所謂「黃河潰堤」，只是形容台灣金融業面對一個高風險的環境，而不是具體的風險事件；在這樣的高風險環境中會陸陸續續發現很多風險，因而稱之為「黃河潰堤系列」，這是作者所創百大風險系列中，第一個子系列。

作者並不是主張兩岸不應該開放金融往來，而是想突顯台灣正開始承受前人策略錯誤的苦果。兩岸金融，早在三十年前大陸改革開放，兩邊開始交流時，就應該往來了，金融業就應該西進大陸了。如果那時就開放往來，大陸的河水量還小，台灣的小池塘與之互相流通、共同成長，三十年後大陸變成大河，台灣也已是大湖，如此一來就經得住黃河河水的衝擊；這樣的觀點，作者稱之為長遠的策略視野。由於政治領導人長期策略錯誤，阻擋兩岸金融往來長達三十年，眼看大陸黃河水量愈來愈大，河床愈來愈高，台灣的小池塘反而變小了，現在才要開放交流，風險就高。政治領導人都是人民選出來的，個人造業個人擔，全民投票選出的領導人策略錯誤，子孫就要受苦。

現今兩岸金融開放交流，潛在風險很多，例如開放人民幣存款，由於看好人民幣長期升值潛力，台灣民眾掀起一波將存款改存人民幣的熱潮，可能導致銀行存貸比降低，放款額度受限制，必然影響中小企業及房貸房市，如果央行為此升息，又會對台灣經濟造成不利影響；而這還只是很淺顯的小問題。

作者並沒有時間及資源投入在重大風險與策略分析，所以「黃河潰堤系列」目前只有兩個風險，第一個風險是「池魚之殃」，第二個是「海邊戲水」。由於「池魚之殃」這個風險離台灣還很遠，暫時無須擔心；相對的，「海邊戲水」這個風險正要開始，比較複雜影響範圍也比

較大；受到篇幅及時間限制，原本本書只打算寫四個章節，為了發佈預警，臨時追加第五章「海邊戲水」的風險分析。

百大策略系列

依據作者多年經驗，重大風險大多來自金融業自身策略錯誤，或未能妥善因應環境重大變化，這些大多與策略、決策有關，所以必須回到策略。為了避免受枯燥的方法論影響，本書花較多的篇幅在案例說明。

在從事金融業風險管理之前，作者主要提供研發管理與策略顧問服務，對高科技產業的發展與競爭策略有些著墨，因而效法「百大風險系列」，希望能為台灣找出一百個競爭策略，名為「百大策略系列」。台灣的高科技很強，各層級人員都很積極的尋找問題並解決，相較之下金融業連重大風險都找不出來，應該多跟高科技業的人士學習，至少要學他們的態度與精神。

要找出可行的競爭策略，比找出重大風險要難得多，作者也只是盡盡心力。目前找出的策略如下：

編號	策略名稱與說明
001	〔1998 小額信貸〕 適逢亞洲金融風暴，利差開始降低，消費金融市場剛起步，公營銀行在信用卡業務的競爭力無法與民營匹敵，應轉進小額信貸可提高利差，又可避開信用卡的流血殺價競爭。
002	〔留學代辦〕 當年台灣每年都有數萬人出國留學，學生出國唸書的生活情形是家長最關心的，銀行應切入海外留學市場，提供留學代辦服務，或與留學代辦業者異業結盟，提供全方位學生出國期間的資金服務，可增加業績，又可提升客戶的忠誠度，效果遠比單純提供信用卡服務來得好。
003	〔班可咖啡 Bank coffee〕 找一個沒品牌但有潛力的咖啡豆製造商，與之合作，生產的咖啡豆與在銀行營業大廳旁（隔壁）開的咖啡廳就叫做班可咖啡，豎立獨一無二的企業形象。
004	〔好孕到〕 金融業企業形象策略。
005	〔1200K 的召喚〕 人力資源及形象策略。
006	〔母以子貴〕 公股金控自保兼發展策略。
007	〔鶴立雞群〕 銀行業西進大陸，橫掃千軍，擊敗陸資、外資，稱霸中原的策略。
008	〔7-11〕 電子商務時代銀行業發展策略及風險。

　　作者在前一本書《風險管理之預警機制》所介紹的五個以風險為核心的競爭策略，如「引蛇出洞」、「守株待兔」、「皇宮地道」、「制敵

先機」、「出奇制勝」等等，這些是金融業策略思考的方向，而不是策略本身，所以不計算在內。

以上八個策略中，前三個策略「小額信貸」、「留學代辦」、「班可咖啡」，是作者在 1998 年任職華僑銀行期間對高層所提的業務發展策略案。一個剛退伍、小小的高級辦事員，竟然對公司的發展策略發表看法！正所謂「初生之犢不畏虎」。很感謝當時的長官戴立寧董事長及張慶堂副總，不但沒有嫌棄作者胡塗莽撞、胡言亂語而加以斥責，反而認真考量這些提案，戴立寧董事長還一度打算在新成立的簡易分行試用「班可咖啡」這個點子，很可惜作者當時年幼無知，未珍惜這份因緣，改行去當顧問，辜負了戴董事長的愛護，內心感到十分愧咎；這個經驗為作者後來提供策略顧問服務，打下很好的基礎。

從十幾年之後來看，這三個策略確實是很成功的策略。小額信貸市場早已是消費金融主要戰場之一，有信用卡的優點，但沒有信用卡的缺點。另外這幾年台灣的咖啡市場蓬勃發展，從星巴克、西雅圖，到四大超商加入戰局，如果十多年前真有銀行投入咖啡市場，所建立的品牌價值將會非常可觀。

「班可咖啡」是本書第三章「鶴立雞群」的前身，所以在此交代一下緣由。

第一章

台灣大戰略

這幾年，台灣人真的悶壞了，鬱卒極了。

前一陣子新聞報導，一名七年級的台大法律系畢業生，到某企業應徵法務助理，雇主一開口就是 22K（月薪兩萬兩千元），加班也沒加班費，讓他有被羞辱的感覺，也道出了現今社會新鮮人面臨「求職冰河期」的無奈。

另一則新聞更是引起喧然大波。某家雜誌發表一篇專題，清大高材生淪為澳洲台勞，報導一位清大經濟系畢業的學生，欠下三十萬助學貸款，在台灣工作兩年卻存不到半毛錢，只好到澳洲打工，頂著清大光環在屠宰場為羊肉去皮；雜誌說他就是台勞，而澳洲人眼裡的台勞，與台灣人眼裡的外籍勞工差不多。

雖然不應該歧視外籍勞工，但在一般台灣民眾比較負面的表面印象裡，常常可以在公園或是火車站，看到一群人聚集，席地而坐，大聲聊天吃東西，吵鬧混亂，活像大陸大城市裡的農民工。去年九月台鐵為了改善外籍勞工聚集的秩序，以維護旅客動線為由，決定每個週末在台北火車站一樓大廳拉起紅龍，將席地而坐的外籍勞工區隔，被視為是歧視。如今驕傲的台灣人，甚至是清大高材生，竟然變成澳洲

的台勞？而且這樣的台勞還在快速增加中，數量從 2005 年的七百多人成長至 2012 年將進兩萬人！

想想十幾年前台灣過的美好日子，台語歌手高唱「台灣錢淹腳目」，隨便一個粗工月薪都有八萬，路邊擺地攤開賓士車的比比皆是，更不要說社會頂層的醫師、律師、會計師，動不動年薪上千萬，在 90 年代崛起的科技新貴，光年終分紅就有上千萬。

民富國也強，當時台灣六年國建的總預算是科威特重建經費的三倍，十大集團大肆擴張招兵買馬，百萬年薪的工作隨處可得。當年台灣的 GDP 是韓國的兩倍，是韓國羨慕的對象。台商到大陸設廠撒錢，當地政府官員隨伺在側，連榮民伯伯帶著幾十萬退撫金返鄉都能被當成大爺，光宗耀祖。就算是薪水較低的勞工朋友也可以到越南娶新娘，花個幾萬塊，就有幾百民越南女子任其挑選，像皇上在選妃子一樣，真過癮。泰國印尼菲律賓等國民爭著來台灣打工，因為在他們國家，一輩子也賺不到這麼多錢。

那時台灣人真驕傲，不少人認為全世界除了美國人、日本人，就台灣人了不起。台灣是有資格驕傲，百年來經歷日本殖民、二次大戰、國共內戰的蹂躪，不但沒倒下，什麼資源都沒有，不像是日本在戰後有美國大力支持，靠自己的力量站起來，揚眉吐氣。

然而 921 大地震似乎把台灣的三魂七魄給震跑了，整個經濟景氣與國力開始走下坡，先是亞洲金融風暴，再來是網路泡沫，SARS 風暴，五年前雙卡風暴更是把民心士氣打落谷底，打開電視，新聞報導不離有人因生活壓力帶著小孩燒炭自殺，小朋友繳不起學費無法上學，鄉下老人家中午等在學校門口就為了打包營養午餐的剩飯剩菜，大學畢業生連一份月薪兩萬的工作都找不到，還搶著到澳洲當台勞。

根據經濟合作發展組織（OECD）的報告顯示，在兩百多個調查國家及地區中，台灣高技能人才外移人口比率勇奪世界第一，比第二名的印度還高出 10%。某家外商人力顧問公司報告指出，台灣中高階主管的年薪不僅遠低於日本、香港、北京及上海，甚至比印尼還差。在整個亞太地區，只比菲律賓及越南好。而曾經相對高薪的科技業，則已被大陸追過。

不只如此，過去被台灣瞧不起的大陸人、韓國人，反過來看扁台灣人。看看大陸人多有錢呀，上海東方明珠、北京龍形國際機場、鳥巢等奧運場地、處處林立的摩天大樓，都是花大錢請國際知名設計師操刀，個個富麗堂皇且獨樹一格。大陸某政府官員曾接受台灣媒體訪問時表示，早年他到台灣時，對台灣基礎設施的感覺是「好了不起」；但現在感覺某些方面已經落後了。許多陸客對台灣的整體印象就是發展落後，「台北不如上海、高雄不如廈門、台南像內陸小縣城」，而且有這種想法的大陸遊客，不限於北京、上海、廣州、深圳，許多是內地二、三級城市民眾。

過去台灣人去大陸撒錢當大爺，如今大陸遊客來台灣救經濟，面板靠大陸採購，農產品、虱目魚也銷往大陸，大陸遊客變成台灣內需的重要支撐。對外競爭上，韓國三星把台灣 DRAM 產業打趴了，面板也岌岌可危，智慧型手機更是望塵莫及，連韓流，都把台灣吹得東倒西歪，電視台不再拍片，直接撥韓劇或是韓國電影。

台灣快完蛋了

作者又要當烏鴉嘴了，台灣不僅僅是一時鬱卒而已，現在的苦日子，並不像一般民眾想的會隨著金融風暴一起過去，台灣民主化的成就確實很了不起，但民主化之後台灣的競爭力已從根爛起，再不力圖振作，很可能走向滅亡，被大陸吃掉。

唐宋古文八大家，蘇洵〈辨奸論〉有言：「月暈而風、礎潤而雨」，講的是見微知著，我們先從台商回流看起。過去這段時間，政府為了挽救只剩 1%的經濟成長率，高喊「鮭魚返鄉」，希望吸引台商回流，然而不少知名企業回台灣後卻發現，找不到工人。為了保障台灣勞工，政府規定了外勞聘用比例，台灣勞工又不願從事基層工作，導致這些回流台商即使開出不算差的薪資招募員工，仍乏人問津。

某台商協理指出，去年開出每月兩萬四到兩萬八的待遇，雖不算很高，但在南部還算可以，來了三百個人，一聽工作是踩「針車」後，沒有男生要做，女性又做不來，結果一個人都沒招到。

某台商董事長說，該公司招募線上作業人員，包括獎金及加班費每月約可領三萬五到四萬。但年輕人不願意留在台南，作業員又需輪夜班，仍舊招不滿員工。

不只是回流的台商，很多企業飽受缺人之苦，某知名人力銀行調查顯示，接近 80%的企業受人才荒所苦，某中部燈飾業者抱怨，開出業務員月薪約四萬元，年終高達九個月，加上業務獎金，年薪上看一百三十萬元，花了整整一年時間還是找不到人。業者分析，因為業務員每天須工作十一個小時、每月只能休五天，年輕人幾乎不願嘗試。

就在企業缺人時，失業率卻高居不下，主計處 2012 年十月統計顯示，全台有近五十萬名勞工處於失業狀態，失業率 4.3%，會出現這種狀態主要是區域性與職業性。全台這麼多失業勞工可能不住在缺工工廠附近，另外，職訓局統計廠商求才最急切的職務為：組裝體力工、商店售貨員、餐飲服務員、工具機操作員以及業務員，而新鮮人最想擔任的職務為經營管理、文書處理、企劃設計以及文字傳媒等。對剛投入職場的新鮮人，想從事的工作明顯與勞動市場有很大落差，某位台商老闆說：「不能說他們不認真找工作，只能說這些人想找的工作並不存在」。

人力結構出問題

經濟部公布 2012 年 12 月外銷訂單金額，台灣全年接單四千四百億美元，為歷年最高，主要來自資訊通信、電子與精密儀器等商品。然而「國內接單、海外生產」的比率已高達 51%，因為前三大接單商品海外生產比重都很高，尤其以資訊通信商品為最高達八成，隨著台灣出口成長愈來愈依賴這些商品，海外生產比例只會持續走升，而原因就是基層人力不足。以鴻海為例，生產線的員工動軋數十萬人，不去大陸根本不可能找到這麼多工人。反映在回流台商身上，人力不足，是影響投資的最大問題。

台灣的人力問題是結構性的，主要是高達八、九成的高中生與技職教育生都選擇繼續升學，教育水平愈來愈高，畢業生不想進生產線，產學間出現落差，政府在選票壓力下，又無法大量開放企業僱用外勞，廠商只好選擇離開。

　　台灣靠商業起家，在全球貿易環境裡，人力資源是存活的重要條件。想維持經商環境，要讓工廠能運作，至少要有工人。當然經濟發展會與生活品質起衝突，環保人權等問題也應考量，但吃飯皇帝大，沒錢沒飯吃，什麼尊嚴都沒有，這個不叫做人權有保障，也更沒力氣顧環保。

　　成本是產品能否銷售出去的關鍵之一，無法以臨近國家的薪資水準找到工人，企業怎麼敢開工廠？沒基層工人怎麼會有白領主管？台灣人民生活品質改善了，不願做苦工，這也是合情合理，但基層工作還是要有人來做，政府受限於民粹政治無法大幅開放外勞，結果就是產業外移，不但連基層勞工沒工作，連白領工作機會都沒了；薪資價格是市場供需決定的，這麼多人沒工作，當然就是領22K。

　　專家學者進一步分析，產業外移導致台灣人才太多但位置太少，大學生、碩博士滿街跑，工商業進步卻緩慢，仍是過去壓低製造成本的思維，缺乏高附加價值的工作職位和機會，只需要基層的勞動力，導致年輕人覺得找不到合適工作，另一方面又必須引進大量外勞。台灣過去二十年在經濟發達後，國人輕忽經濟發展，將重心轉移到政治層面，完成了政黨輪替，卻內耗過鉅，造成產業發展脫軌，最後的苦果還是要由下一代承受。如何走出困境，需要政府領導人的智慧。

台灣產業發展瓶頸

　　台灣人民生活品質改善了，就需要新的產業政策，提升附加價值。然而過去二十年，台灣人有錢之後，覺得錢不重要，尊嚴比較重要，

經濟政策不重要，政治民主比較重要，國際地位比較重要，與大陸的關係不重要，三十年時間，端不出一個像樣的產業政策，原有的支柱外移了，新的沒出現，高附加價值的企業與工作沒出現，大學畢業生就只能領 22K。

跟韓國汽車業相比，台灣的汽車不要說出口了，連自己的市場都沒有比較像樣的自有品牌，過去光靠引進歐美日汽車品牌，後來韓國車進來了，接著大陸汽車也進來。裕隆納智捷也是這兩年才推出的，既然產業沒有跨國行銷活動，又怎麼需要高階管理人才？

過去台灣的電影、電視、流行音樂，還可以外銷東南亞的華人市場，如今，網路時代音樂 CD 銷售差，台灣的電視電影有一段時間幾乎消失了，打開電視節目都是港劇、韓劇、陸劇，演員不是失業就是去大陸發展，一直到大導演魏德聖的海角七號上映後稍有起色，但還是不能跟以前比；台灣根本沒產業，那怎麼會需要藝文人才？

不要說其他產業，連台灣人最擅長的電子業都搞不好，DRAM 對台灣其實很重要，我們卻連「整合美日以抗韓」都辦不到。次貸風暴期間 DRAM 產業面臨危機時，爾必達及美光求台灣出面合併，政府卻推三阻四未竟其功，若能成功整合，光是專利權及產品出海口的效益就多大了，兩年後茂德撐不住倒了虧的還是銀行，花一樣多的錢卻變成要請爾必達來合併，令人感嘆。

如今想在台灣大力擴產的，只剩水泥、石化等高污染高耗能產業，台灣的產業政策好像回到了三十年前，需要的自然是三十年前的高中職勞工，而不是現在大量的博碩士大學生。經歷教改後，高中職學生都去唸大學了，沒了基層勞工，連這些產業在台灣都待不住。

教育崩壞

台灣光復後幾十年來可以從日據時代的一窮二白，翻身成為亞洲四小龍之首，除了過去政府官員推動的加工出口區等策略有效抓住全球貿易的機會，另一個關鍵是了不起的教育制度為國家培育了人材。台灣真正實現了孔夫子所說的：「有教無類」，融合了日式教育與儒家精神，台灣國民教育普及得很徹底，也有國立大學培養頂尖人才，並提供公費讓學生到國外受更高深的訓練，為台灣培育諸多產業精英，特別是電子業的人才，更重要的是，學費很便宜，讓窮人有翻身的機會。

陳前總統除了實現政黨輪替、推進台灣民主化，另一個最為人津津樂道的，就是「三級貧戶不只可以當律師，還可以當總統」，這就是台灣傳統教育之功，然而這樣的傳奇已不復存在，因為台灣的教育經過改革後，愈來愈對有錢有勢的人有利，窮人子弟愈來愈難翻身。教改，正是讓台灣從根爛起的第一個因素。

十年教改愈改愈糟

1990 年代以來一連串的教育改革措施，不論是法令、師資、課程、教學、教科書、財政等方面，均有重大變革，堪稱台灣教育史上變動最劇烈的階段。

二十年前在野黨為了打破國民黨一黨獨霸，社會運動主打的口號是「改革」，然而經歷了這麼多年的改革，台灣不但沒有往進步的方向

走，改革反而成為社會退化的亂源所在，其中尤其是教育改革，正在把台灣下一代的前途，以及國家未來的競爭力，推向一個永無止盡的深淵，卻沒有人能夠使它停下來，只能眼睜睜看著台灣的教育愈來愈糟。

早在十年前教改的破壞力已然呈現。2003 年七月，由大學教授與專家學者發表《教改萬言書》，指稱當時的教改各項方案都是以「打倒升學主義、減輕升學壓力」為首要考量，走的是民粹主義，製造更多社會問題。書中指出自願就學方案、建構式數學、九年一貫課程、多元入學方案、教科書一綱多本、消滅明星高中、補習班盛行、教師退休潮、師資培育與流浪教師、統整教學、廢除高職、廣設高中大學等諸多教改亂象。

其中廣設大學導致大學生素質普遍低落、多元入學為優勢家庭子女上名校開了方便之門、而強調免試、優質、快樂的十二年國教更是讓年輕人成為沒有抗壓性的草莓族。

■ 大學生素質普遍低落

為了滿足部份台灣父母對子女的溺愛及虛榮心，在政府政策引導下，近年國內專科學校紛紛升格改制為學院或大學，希望紓解學生的升學壓力，其實就是讓人人都有大學可以唸，導致大學院校數量惡性膨脹，不僅降低台灣學生的素質，也造成大學生就業困難。

據統計，1994 年台灣大學院校有 50 所，大學生人數有 25 萬多人，到了 2009 年，大專校院校數已增至 164 所，大學生人數達 134 萬多人；並設置研究所三千餘所，博碩士研究生 22 萬多人，但台灣只有 2300

萬人，相對於先進國家如德國有八千萬人口只有 300 多所大學，台灣的高等教育擴張幅度，已明顯失控。

大學惡性擴充後，明星大學大家搶破頭要擠進，升學壓力並未減輕，卻導致分數較低的國立大學或私立技職院校，為了彌補學生名額的不足，而將標準放低，有些學校甚至只要有錢就可以唸，不僅學生素質低落，大學文憑也如同廢紙一般。

企業一天到晚喊缺人，但畢業生素質實在太差，企業也不敢用，有些公司看到履歷表上的學校名字就直接扔進垃圾桶，連面試的機會也沒有。結果就是企業找不到基層勞工而外移或不願回台投資，連帶造成管理工作減少，大學畢業生找不到工作，劣質學生反而拉低名校人才的薪資，這就是 22K 現象的由來。家長溺愛小孩，卻是愛之適足以害之。

■ 多元入學變成優勢家庭上名校管道

中國的命理學講得很白：「一命、二運、三風水、四積陰德、五讀書」，讀書雖然排第五位，卻是唯一可由個人掌握及努力的因素，所以受教育、升學考試，是社會底層擺脫宿命的最大原動力，升學考試是否公平非常重要，這也是傳統聯考最為人稱道的，因為聯考完全依考試成績好壞來入學，絕不會有特權介入、家長無法代工、也不會有造假的嫌疑，這是對弱勢學生最大的保障，也讓社會資源可集中用在培養優秀人才。

而今多元入學方案中的甄選入學，在資料的準備或在學成績的證明上，都存在著家長代工或特權介入的疑慮，使得大學名校淪為有錢

人子弟的貴族學校，真正優秀但家裡貧窮的學生反而被排擠掉了，甄選的公信力蕩然無存。

■ 本土化教育導致失去文創動力

在民粹主義帶領下，教改的重頭戲之一就是教育本土化。

台灣人民生活在這塊土地上，多關心點自己無可厚非，也是應該的，但不能拿著雞毛當令箭。早期傳統人文教育的幾個主要成份，中國古典文學、中國歷史、中國地理，這些課程在民粹主義者口中，被講成是在：「幫中國人洗台灣人的腦」，所以這些都要拋棄掉，完全不理會這些都是台灣學生與香港、新加坡、韓國、日本、東南亞的學生相比，很重要的競爭力，怎麼會有人只是為了自己的意識形態，自己的政治利益，就要埋葬下一代的前途？這跟文化大革命有什麼兩樣？

作者曾看過一個有趣的比較，過去十年大陸崛起，不少各國人才，特別是東南亞的華人，紛紛捨棄美國進入大陸，希望能在這個高成長的市場搶佔先機。東南亞華人，當然是台灣學生的主要競爭對手，新加坡媒體曾經以羨慕的口吻突顯台灣學生在大陸市場的優勢：「新加坡學生對大陸地理的瞭解，只知有道有北京、上海，其他一概不知，那像台灣學生從小學、中學到高中，累積了豐富的地理知識，包括各個地區、各個省份、主要城市、礦產、農產、氣侯、風土民情等等，更不要說對中國五千年各朝代的歷史，瞭若指掌，這是在大陸求發展的重要優勢。」

然而在教育本土化的過程中，中國古典文學不要唸了，改唸台灣文學，中國歷史不要唸了，改唸台灣歷史，中國地理也不唸了，改唸

台灣地理。台灣就這麼一點大，就四百年歷史，能唸出什麼東西？台語本來就沒有文字，去中國化之後還能剩下什麼？看看韓國人現在回頭學中文，後悔當初將中文從韓文中剔除掉，為的就是提升競爭力，結果台灣的教育改革卻要把學生的競爭力連根拔起，真是令人不解。

目前全球在拼文創，台灣在中華文化的傳統優勢下，原本可獨占整個大中華市場，香港、新加坡、韓國、日本，擠破頭都擠不進來，台灣卻正在把自己的子弟趕出這個市場，沒了深厚的文化底蘊，又怎麼會有文創的動力？很少看到有人會這樣對待自己的下一代，等所有優勢都失去了，產業面臨困境時，才開始怪政府政策錯誤。這種行為，真的很令人難以理解。

房價高漲

台灣炒房歪風向來驚人，四十年前我父親在嘉義市郊區買中古兩層樓透天厝不過八十萬，後來漲到六百萬，過去十年來全台房價平均漲幅高達一倍，台北市更高達 150%，豪宅預售案單價履創新高，部份建案因地段佳，單價甚至超過 200 萬，這在過去是怎麼想也想像不到的情形。財經名嘴感嘆台灣的房價，或是台北的房價，已經回不去了，這是導致台灣從根爛起的第二個因素。

2008 年次貸風暴爆發，台灣經濟像掉下懸崖一樣，各大企業裁員的裁員，放無薪假的放無薪假，哀鴻遍野、民不聊生。政府為了救經濟，除了發放消費券，也降低遺產稅以吸台資回來投資；隔年 2010 適逢全球大復甦，原本價格就比鄰近國家的大城市低的台北房價，在台資、外資、陸資三管齊下，從每坪三四十萬漲到一兩百萬，這就是錯

誤相信市場經濟萬能的下場，在作者所著《風險管理之預警機制》的第四章曾探討過這個問題。

這個後果很嚴重。北台灣房價的漲幅，由台北市中心向外擴散，台北市中心漲到每坪兩百萬，中心周圍漲到一百萬，更周圍的中和、板橋、新莊等漲到五六十萬，土城漲到三四十萬，鶯歌三峽漲到二三十萬，等於是各地都漲了 50% 到 100%，漲價效果甚至蔓延到台中、高雄，部份區段出現每坪四十萬的價格。連彰化和美這種偏鄉僻壤都出現兩千萬的豪宅。

除了房仲與建設公司炒作帶動，台北捷運便利大大解決了交通問題，原本買得起台北市每坪四五十萬房子的人，在漲價後就移到板橋買，帶動板橋房價漲到四五十萬，接著原本買得起板橋房子的人，只好移到土城來買，原本買得起土城的移到三峽鶯歌，三峽鶯歌的再移到桃園，就這樣一路漲過去。賺到建商及田僑仔，倒楣到小老百姓。

房價大幅上漲對普羅大眾的影響，比金融風暴更嚴重。在台北，對沒有家裡援助的社會新鮮人而言，買房子本來就是很困難的事，以一坪二十萬，總價約六百萬的房子來說，自備款要 180 萬，差不多要工作十年省吃儉用才存得到。現在連土城的房子一坪都要三十幾萬，那不就要工作十八年省吃儉用才存得到頭期款！

眼看著房價大漲，薪資水準卻倒退，根據主計處公布的資料，包括農業、工業、服務業及政府機關等，2012 年五月國內受僱就業者八百萬人，平均月薪三萬四，其中，月薪不到兩萬的有一百萬人，約占 13%；月薪不到三萬的有 360 萬人，占 45%，整體平均薪資僅 3.6 萬，若考量通貨膨脹，實質薪資回到十四年前的水準。

　　台灣的嬰兒出生率早已連續十多年下降，創下約 0.8% 的新低，與德國並列全球出生率最低國家，依據經建會預估，台灣人口將在十多年後轉為負增長。薪水降，物價漲，生活辛苦，不敢生小孩，是出生率快速下滑最主要的原因。現在房價漲那麼多，大部份勞工扣掉生活開銷、一輩子都不一定存得到一千萬，政府竟然放他們面對到處都是千萬的房價，不要說生小孩，連結婚要住的新房都買不起，就算買了，也只是從卡奴變房奴，更不可能生小孩。

　　如果政府不想想辦法，房價上漲問題在未來可能更加惡化。依據不動產專業機構統計，2012 年北市住宅仍有 7.8 萬戶的供給缺口，使得房價下跌不易。除了原本就存在的需求，往來日益密切的兩岸商業活動，很可能會進一步推升房價。大陸知名地產集團正在物色台北市適當的商用不動產，計畫設立在台總部，兩岸進入「後 ECFA 時期」，外資、陸資已持續來台設立據點，光是 2012 年以來，陸資來台投資家數已逾 300 家。預期對於台北市中小型商務中心、辦公空間需求持續上升。

　　此外，台灣壽險業由於飽受利差損之苦，手上大把鈔票卻找不到適當的投資標的，看來看去只有不動產投報好又穩定，這兩年壽險資金大舉進入房地產，導致商辦標案價格屢創新高，逼得央行與金管會連手干預，引導壽險資金投資國外不動產。現在陸資來台帶動商辦需求，由於台北市房價低於北京上海，等大陸白領進駐，就會對一般住宅房產需求增加，不只會撐住台北市已高漲的房價，甚至有可能進一步推升，到時又啟動連鎖效應，老百姓會更苦。

排外的人力政策

前面有提到，根據經濟合作發展組織的報告顯示，在兩百多個國家當中，台灣高技能人才外移人口比率勇奪世界第一。知名人力資源公司表示，以前出去都是二軍，「但是最近五年，出去的都是一軍。」單單中研院人文科學領域，就有十七人被鄰近國家挖走，科技方面，僅大陸華星光電就挖走台灣兩百位面板人才；甚至連台大急診主治醫師都寧願犧牲資歷，到新加坡從最基層做起，跟剛畢業的年輕人一樣當住院醫師，一起輪班過夜。

儘管人才出走，台灣還在排拒外籍專業人士。

一位外商外籍金融主管，就是台灣人力政策的受害者。他被公司派到台灣擔任總經理，但太太與小孩半年後還在辦來台居留手續，因為台灣政府要他證明他的太太真是他的太太，他的小孩真是他的小孩。所以他必須找出十多年前的結婚證書與小孩出生證明，要把證書上的馬來文翻成英文，又怕他翻譯造假，還得到台灣政府指定翻譯機構，再把文件拿到外交部，向台灣駐馬辦事處認證。他長期被公司四處調派，擔任過香港及亞洲多國主管，從來沒遇過這種問題。

某國立大學要挖角一位傑出英國研究人員也遇到麻煩，這位研究人員已經發表很多論文，是該科學領域全球前五名的頂尖人物，但台灣政府居然要他的畢業證書，還要拿到外交部認證！要不是因為娶了台灣太太，他怎麼肯接受低薪來台。就連所謂優禮國外專家學者來台的「學術禮遇卡」，內政部移民署都要求要三個月前申請，還必須歷經跨部會審查等等繁瑣程序。

　　相較於新加坡政府以「專案經理」方式到國外挖角，台灣政府卻還在把國外高階人才當外勞對待。高鐵好不容易留住外籍人才，卻被當成肥貓趕走。

　　2009 年，台灣高鐵公司因營運剛上路，連年提列大額折舊，導致虧掉近三分之二資本額、股價腰斬，部分小股東對於高鐵副總級以上主管，年薪動輒數百萬元相當不滿。進一步查閱高鐵財報，五位外籍副總當中，有三位年薪超過千萬元，遭外界與小股東譏為「肥貓」。面對無理的批判，三位最高薪的外籍副總已離開一位，另兩位則表示，「來年合約一到就離職。」

　　高鐵內部認為，這幾位被貼上肥貓標籤的外籍副總，貢獻了他們的專業為高鐵省下的錢，遠超過他們的薪水，卻被當成肥貓趕走，等這幾位高薪的外籍人士一走，高鐵的麻煩才會真正開始。

　　高鐵高層指出，高鐵是新科技、高度專業領域，國內缺乏此類人才，全世界都在發展高鐵，這些有專業經驗的人才在國際上很搶手，高鐵需要他們協助營運安全，很多技術人才離鄉背井，協助高鐵興建與營運，應要有「符合國際標準」的待遇。部份政治人物從民粹出發將他們貼上肥貓的標籤，對他們的貢獻不公平。

　　大陸、日本、韓國都忙著搶人才，讓最早就靠搶人才打造出一流經濟的新加坡很有危機感，於是新加坡把戰線往下延伸到高中生，攔截要出國念大學的大陸優秀高中生，提供全額獎學金，條件是畢業後必須為新加坡工作三年。而對於在其重視領域中攻讀碩博士的人，都會進行詳細調查，包括配偶、小孩等等，一旦決定挖角，就會奉上一套量身訂做的待遇。現在，新加坡只需要一周就能讓外籍人士全家工作移居，台灣卻花了五個月還辦不出來。人才競爭，除了薪資與舞台，

比的更是各國政府公務人員的效率與制度彈性。僵化的法令加上「但求無過」的公務人員心態，不僅讓台灣拿不出搶人績效，恐怕更將讓許多台灣培養的優秀人才持續出走。

多少罪惡，假藉公平正義之名

台灣為什麼會從世界經濟奇蹟，變成沒有產業政策、產業外移、教育亂七八糟、勞動力供需嚴重不平衡，還排斥外籍精英，很大的一個原因，就是過去二十年民主化過程中，追求公平與正義，變成訴諸民粹的非理性行為。

台灣經濟快速成長，難免出現不公平現象，當然應予調節，但日子過得不好的人也要檢討自己。公平正義要維護，但不能無限上綱，就像法國大革命時代，以民主思想聞名的羅曼羅蘭夫人，在遭受同黨人士殘忍殺害時，悲慟地說：「自由！自由！多少罪惡假汝之名而行！」，反觀台灣，多少人假借公平正義之名，圖自己個人之權、利，不惜毀了國家前途及下一代的幸福。

作者小時候，父親是公務員，為國奉獻幾十年，快退休了月薪才三萬，父親隻身來台，成家買房又要養四個小孩，生活很困苦；作者印象很深刻，小時候常常吃不飽，晚餐要是開一個肉醬罐頭就算少有的主菜了，只能用筷子沾一下嚐嚐鹹味。父親兼差開豆漿店賣早餐補貼家用，國小四年級的大姐清晨五點必須騎腳踏車送豆漿，不慎摔車燙傷，兩雙腿裹滿紗布躺在家中床上痛苦呻吟，因為付不起住院的醫藥費，連止痛藥都沒有。

　　看看鄰居，做工的家庭日子都過得很好，整條巷子就是公務員的家庭過得最辛苦。當時公務員是沒出息的人才考的，有出息的都去打拼賺錢了；父親以讀書人自居，堅守清廉，因為不願同流合污遭同事排擠調到彰化工作，在臨退休前才被調回嘉義，還來不及退休就突發癌症病死，死後全部只領了兩百萬的退休撫卹金，作者有幸考上中正大學，還是靠國家的公務員遺族補助學雜費才完成學業。想起作者小時候，全家人站在門口等候配給大米的公務車，還要依大人小孩大口小口計算能領多少白米，那種感覺，不是勞工家庭能夠體會的。

　　這幾年，台灣因為重政治輕經濟，把經濟搞垮了，那些原本唾棄公務員高喊愛拼才會贏的人，工作沒了薪水少了，看到原本薪水就少，靠福利過活的公務員眼紅，也不問公務員要苦讀多少年的書，無窮盡的挨凍忍飢的才能通過國家考試，還要賣命一輩子，就這麼一點福利，也要刪。

　　作者回想起二十年前當兵快退伍時，作者的長官侯台大處長建議作者留營。當然在那個年代每個要退伍的軍士官都會被詢問是否願意留營，這很正常，但侯處長很中肯的提醒作者：「軍隊也需要人才，像你這樣學歷高能力又強，不會被埋沒的。那些高階將領哪個不是高學歷。要升將領時遇到兩個人，一個有學歷一個沒有，站在國防部的立場，你會升那個？你想唸博士，可以申請出國唸書，有國家補助，薪水照領，還算年資，回國後還有地方教書，還可以領雙薪，等升了將官領退休俸，怎麼算都比在民間企業工作划算。」

　　那當時作者為何不願意留營？很簡單，因為當兵危險辛苦又不自由，外面薪水高，去美國唸書，拿到會計博士學位，到大型金融機構

任職，年薪四五百萬只是起薪，幹嘛要留營！更何況作者打過三軍聯訓實彈演習，隔壁營的一個軍官在演習時踩到未爆彈，整條腿都沒了，四個人輕重傷，看到這種慘況，誰肯留營。

沒想到二十年過去了，作者不但沒拿到學位，混得也不好，薪資待遇不理想，一個禮拜能唸書寫書的時間不過十來個小時，難免心想：「當初如果選擇留營，可能早已達成理想，拿到博士學位在軍校教書，天天專心作研究寫書還有人伺候」，但這是作者自己做的決定，個人造業個人擔，不能因自己沒出息，看著軍公教福利好就眼紅，而不顧他們之前付出的代價，一味的要砍福利。

那些堅持所謂公平正義的人，真應看看電影洛基第六集：「勇者無懼（Rocky Balboa）」。這是一部 2006 年上映，由席維斯•史特龍自導自演的電影。故事描述曾經贏得兩屆世界重量級拳擊賽冠軍的傳奇拳王洛基，賺進大把鈔票，卻被大舅子所害一夕破產，大起大落，小孩跟著吃苦。從榮耀回歸平凡，洛基不斷努力工作賺錢養家。多年後其妻子因病離世，失去了精神依靠，改開餐廳為生。憑著響亮的名氣，吸引許多食客慕名而來，而他心中唯一的寄託，則是已長大了的兒子，羅伯特。

廉頗老矣卻不凋零，有一次洛基想東山再起，重返昔日榮耀，挑戰年輕的世界拳王，沒想到被自己的親生兒子阻攔。原來小孩長大後活在父親陰影下，別人只在意他是洛基的小孩，能找到工作全是因為老闆想認識拳王父親，工作一直不順利，所以聽到父親要再打拳的消息，連忙趕到餐廳責問父親為何要這樣給他難堪。

洛基一開始還好聲說，最後也發怒了：「你剛出生時，就只有我手掌這麼大，我把你舉高了，對你母親說，這孩子將成為世界上最棒的

孩子，成為古往今來最傑出的人物。你一天一天長大，看著你長大，每天都是恩典；接著你要開始自力更生，你做到了，但忽然間，你變了，你不再是你，你允許別人指著你的鼻子數落你，日子難過時，你開始找東西去責備，比如說巨大的陰影……，要是你認為自己有價值，就應該去證明自己的價值，但你要能承受打擊，而不是指著別人說，是他或她或任何人拖累了你。懦夫才這麼做，你不該是懦夫！」。

看看那些過去三十幾年日子過得比公務員好，高喊「愛拼才會贏」的勞工，把公務員當成是坐吃等死的輸家，現在拼不過韓國了，不檢討自己，不努力振作，很多待遇還可以的工作也不做，卻回過頭來檢討公務員的福利，將自己的過錯無能推到別人身上，套用洛基的話，「真是懦夫」；沒出息的人才幹這種事。

台電民營化是災難的開始

懦夫的行為，不但傷害自己、傷害別人、更會毀了台灣。過去這一年台電虧錢的問題炒翻了天，各方指責說是台電績效不彰，不但要砍員工福利，還要將台電民營化，這是台灣致命災難的開端。

台電虧損早已不是新聞，近年虧損 1700 億，已達資本額的一半，加上政府財政困窘無力補貼，2012 年初，中油連續調漲油價，經濟部又宣布電價大幅調漲 30%，一時間各企業成本被推升，萬物喊漲，民怨沸騰，政治人物紛紛指責台電經營績效不彰，人員福利太好。其實，造成台電虧損的，是政府及台灣人民自己，卻把錯怪到台電員工身上。

■ 台灣電費長期偏低

經過各方檢討，台電的虧損金額中，許多根本就是政府自己的欠款。依據新聞報導，過去十二年，政府要求台電配合離島建設，以低於成本之電價對離島供電，卻未依法撥款補助。另「苗栗鯉魚潭水庫士林水力發電計畫」，政府應分攤建設經費九億多元，卻由台電自行吸收，導致台電虧損合計五百多億元。台灣城鄉差距大，補助偏鄉是合理的，但不應叫台電獨撐。

此外就是最令人詬病的核四廠，核四工程款從當初核定的 1679 億元，增加到 2736 億元，日前又傳出要再追加 583 億元，累計將達約 3300 億元。根據監察院調查，如果再加上因停工造成的直接損失 380 億元，及替代發電成本增加 1490 億元，全民等於要為核四案支出近 4800 億元。核四這個爛攤子，是政治人物搖擺不定導致，卻將後果推給台電員工承擔。

台電擁有很大優勢，是迫於什麼樣的壓力，去和民營電廠、汽電共生電廠簽買高賣低的賠錢合約？中南部部份鄉市付不出路燈電費，卻有錢辦活動發津貼；南部通往高鐵站大道的燈光通明，竟收不到電費。

台電纜線下地化比率比一些先進國家還高，很多是應參選人要求做的形象工程。形象工程給了村里長、鄉鎮長、立委面子，後續的挖路、回填，造成路面破損被開罰，墊高日常維修與災害搶修的成本，全由台電買單。民意高漲下，甚至連建商圈地建屋，明明電塔早就存在，照樣要求台電出錢把纜線下地，虧損則由台電承擔，真的是「吃人夠夠」。

　　那些打著公平正義大旗的人士，不管這些非可歸責於台電的鉅額虧損，將矛頭指向台電員工的年終獎金及福利，揮刀就砍。台電員工每年原本都可領上限四個半月的績效、考核獎金，另外還有職工福利金，這個並非待遇較民間好，而是因為幫員工節稅，所以將部份薪資以獎金方式發放，看起來年終的月數比較多，但實際算年薪，在過去並沒有比民營企業高。

　　舉例來說，新聞報導台鐵最近招聘一位行政客服主管，需五年客服相關經驗，但開出的薪資只有兩萬八，遭網友譏諷太小氣了，知名人力銀行也直言，這不是一個吸引人的工作。所以說國營事業員工月薪其實不高，為了吸引人，是用獎金、福利、退休金彌補，如今砍福利，反而讓國內工作的薪資水準向 22K 靠攏。要低薪，又要砍獎金，又抱怨薪水給太低，那到底是要怎樣？

　　依據現行台電的人力招募規定，台灣民眾人人都有資格可以報考，如果覺得台電福利好，可以憑本事自己考呀！這就像是作者的母校中正大學有一座很棒的圖書館及電影院，而很多私立大學並沒有，如果喜歡中正大學，可以去考呀，考不上只能怪自己沒本事，怎麼反過來怪中正大學有圖書館及電影院是不公平的，應該要拆掉？

台電風險管理學

　　台灣經濟的舵手，前行政院長孫運璿先生，原本是台電的總經理，在 1964 年被世界銀行延聘為非洲奈及利亞全國電力公司總經理，理由是台電是所有世界銀行所贊助的電廠中，績效最佳的。當時台電是國營事業裡的金雞母，這代表台電的經營績效其實不差，後來變虧損，

是政治人物造成的，現今對台電的指責並不公平。作者人生中第一堂風險管理課，就是從台電學到的。那時作者為台電提供顧問服務，從北到南訪問各個單位，聽到兩則故事，成為作者這一生從事風險管理最重要的哲學。

■ 風險控管要分等級

　　第一則故事是核能電廠的安全措施。核子輻射的可怕在作者的前一本書《風險管理之預警機制》已提過，看過日本 311 大地震的新聞後，大部份的人應能瞭解核能電廠最大的風險，就是反應爐的溫度失去控制而爆炸。依據台電人員的說法（這只是作者聽到的，也不一定是真的），為了控管此風險，台電設置了多道控制措施。

　　首先，核電廠一定要選在海邊，因為需要大量的水來散熱，只有海邊能提供足夠的水量，所以全球的核電廠大多蓋在海邊或湖邊。台電人員說，反應爐的溫度是藉由引進海水降溫來控制，海水從進水口流入，從出水口排出，萬一出了問題，進水口無法將海水引入時，可以啟動反向馬達，將海水從原本的出水口引入，從原本的進水口排出。也就是說海水流動的方向是可以改變的，作為突發狀況時的應變措施。

　　如果發生事故導致進水口與出水口都無法引進海水，台電備有蓄水池，可打開閘門讓池水流進來幫反應爐降溫，大概可以支撐一小時，讓工班人員緊急搶修；萬一真的無法在時間內修好，反應爐的溫度逐漸升高無法控制，台電還備有炸藥，必要時將進水口與出水口全部炸掉，讓海水自動湧入，以確保萬無一失。

作者從這個案例中學到一件事，在思考風險控管措施時，特別是針對重大風險，必須依據事情發生的嚴重等級做不同的考量，而不是只設想一種情況。反觀台灣金融業常常會出現這種現象，當高階主管問下面的人：「針對某某風險，我們公司是否都已做好防範」，下面的人都回答：「有，我們都已規劃有效的控制措施且執行」，但出事時還是發生很嚴重的後果，因為下面的人在回答時沒把話講清楚，他們確實是有控制措施，控制措施也確實有效，但這些控制措施只對風險發生較輕微的狀態有幫助（例如進水口無法進水時，可改由出水口進水），一旦發生較極端的情境（例如兩邊都無法進水，備用水源用完了，還是沒修好），就會因為控制措施無法因應而造成很大的損失。所以在台灣，研擬控制措施大多是亡羊補牢的角色。

■ 有些成本不能省

這個台電人員又講了一個故事。那時剛好是台灣某大型石化業在台灣中南部以抽沙填海的方式蓋大型石化工業區的年代。很幸運，作者曾經在一個偶然的機會去現場看過他們如何抽沙填海及打地基。台電人員問我，在那裡蓋大型石化廠，最大的風險是什麼？作者答不出來。這個台電人員說：「是沙地無法支撐整個場區的重量，導致地層下陷，整個廠報廢掉」，接著我們就用打地基來解釋成本效益與風險管理的權衡。

這個台電人員說，民間企業要賺錢，十分重視成本控制，打地基也要成本，一支支基樁往下打，都是錢；基樁打得多，地基就穩固，但成本也高，所以民間企業從成本控制出發，會估算一個最有成本效益的應打基樁數目。

　　但台電是公營事業，賺錢不是首要考量，安全第一，所以換成是台電，根本不考量基樁的成本，而是一直打，一直打，打到新打的基樁斷掉，代表再也打不進去為止，這樣才能確保整個廠區的安全。

　　在這個故事中作者學到，基樁雖然不便宜，但與整個廠區相比，畢竟只是小數目，然而這個小數目足以決定整個廠區是否會因地層下陷而報廢，此時寧可多花錢，也要確保安全。而最能確保安全的控制措施，就是：「一直打，打到基樁再也打不進去，斷掉為止」這也成為作者風險管理的風格。

　　921 造成全台大停電，特別是竹科，好幾天無法恢復，發電廠雖然未受損，但輸電線系統被震壞，一度造成國際供應鍊是否會中斷的疑慮。就作者當時聽台電人員提起，台灣要建一條從南到北的輸電系統，至少要三四千億元，那還是十多年前的金額，如果台電是民營企業，在成本考量之下，怎麼肯花這種錢。但是現在大家都在罵台電，政府迫於壓力，考慮將台電民營化，一旦成真，後代子孫可能會面臨大災難。

■ 公共設施不要太講效率

　　過去幾年台灣某知名塑化集團發生多起火災爆炸事件，招致輿論撻伐，附近居民群起抗議。各方檢討，有媒體報導認為是因為這家石化集團為了降低成本，管線使用的是較便宜的低合金鋼，在海邊受塩分腐蝕造成洩漏所致。儘管這家石化集團這幾年獲利大幅攀升，就算扣掉爆炸、停工、罰款的損失，還是很賺錢，但核能發電廠經不起一

次失火爆炸，即使一般電廠爆炸停工，也會導致停電及產業供應鍊中斷，對台灣的聲譽及國際競爭力的影響會很大。

電力供應是經濟發展的必要條件，蓋一座電廠要花好幾年的時間而且投資很大，一直以來都是由政府主導依據產業發展預先規劃電廠的興建，此事攸關國家前途。作者在前一本書《風險管理之預警機制》有提過，大陸在台灣北方的沿海地區一共蓋了十六座核能電廠，未來還會繼續蓋，加上台灣現有的，一共是十九座，即使少了核四，離非核家園還遠得很，這十九座核電廠並不會因為不蓋核四就憑空消失。

核四再不運轉，台灣可能要限電了。依據新聞報導，全台有兩座電廠後年各有兩機組退役，約當一部核四機組發電量，屆時備用容量率將探新低，電力調度會非常吃緊。如今民意高漲，沒人希望電廠蓋在自家門口，導致大型電力開發案窒礙難行，台電表示 2019 年起，北部將面臨限電問題，屆時基隆協和電廠及核一、二廠除役，四座電廠合計供電量近七百萬千瓦，相當於北部去年最尖峰用電需求一半。電力供應出現短缺，勢必衝擊工商業及經濟發展。

太平天國因內鬥而敗亡

現今政治人物以追求公平正義為口號將台電虧損責任，歸咎於員工福利好，另一個根本原因，就是孔夫子講的：「不患寡而患不均」，作者最近在看大陸太平天國的電視連續劇，感觸甚深。

太平天國是 19 世紀中葉中國的農民所發動的一場大規模反清革命戰爭。鴉片戰爭後，中國的社會矛盾急劇激化。無法再忍受清王朝殘酷壓榨和外國侵略者掠奪的各地老百姓，紛紛起來抗爭。其中以洪

秀全為首領的「拜上帝會」於 1851 年在廣西桂平縣金田村宣佈起義，定國號為太平天國。

太平天國崛起時適逢清朝積弱不振，貪污橫行、百姓苦不堪言，軍隊又沒戰力，原本有實力及機會打敗清朝。洪秀全等一群人從廣西起義時，一窮二白，什麼都沒有，不拼命不行，大家既團結又努力。沒想到才打下了南京就開始享樂，封侯的封侯，拜相的拜相，各自成立派系來搶功勞，甚至互相排擠，剛好遇到曾國藩率湘軍反攻連戰皆捷，在外部壓力下又開始團結一致對外，等打退湘軍，清軍的主要威脅都被消滅，大獲全勝，就覺得江山早晚是自己的了，又開始內鬥，甚至自相殘殺，北王殺了東王，天王又殺了北王，元氣大傷，最後終被清朝所滅。

台灣也是啊，政府剛來台灣時多窮啊，從政根本弄不到錢，為了改善生活，大家靠自己打拼，抱怨聲音較少，也不會爭。比起來台灣現在是有錢太多了，日子好過了，卻處處叫窮；國家有錢之後，透過政治分配獲得的財富或好處，遠大於自己努力奮鬥，從政獲利這麼好，那為何還要辛苦打拼？別人有的自己要有，別人沒的自己也要有，每個人都只想占便宜不肯吃虧，為了搶錢，吵成一團，愈吵愈亂，不出十年就陷入困境，需要大陸金援；政治人物為了選票，拼命花錢，不斷舉債，再這樣下去，早晚變希臘；屆時台灣人民可能會公投請大陸統一台灣，收拾爛攤子。

《易經・乾卦》：「天行健，君子以自強不息」，並沒有說：「君子努力三日，享樂兩日」，一本《易經》擺在那裡，沒有三千年也有兩千年了，台灣若能讀懂易經好好運用，不需要向西方學什麼「策略」學什麼「國家競爭力」，這就是作者所創神劍系列第三個方法論「聖劍」的由來。

陸韓夾擊

　　台灣過去二十多年來政治內耗，經濟發展方向失當，又缺乏新的產業政策，錯失多次良機，淪落到今天這種地步，經濟成長幾乎是亞洲最差，平民百姓同時受低薪資、高房價、高物價所苦，年輕人找不到工作，只能在 22K 與澳洲台勞之間做選擇，或是去大陸，離鄉背景討生活。更糟糕的是，大禍臨頭猶不自知。

　　這兩年來，只要周遭朋友有人購買韓國電子產品，作者就會稍微提醒一下：「為什麼要背叛台灣去買韓國的東西？」作者的擔憂果然不是空穴來風，2013 年三月底，某知名周刊以「三星滅台計畫」為標題，揭露三星是如何有計畫的消滅台灣電子業。

　　2008 年金融海嘯後，三星最高經營決策會議決定了一項「Kill Taiwan 幹掉台灣」計畫。一位台籍三星主管回憶，「那天會中談的話題就是，如何幹掉台灣！」也就是把台灣產業當成「眼中釘」——逐出市場。五年來三星確實打趴了台灣的 DRAM 產業、打垮面板雙虎、重傷宏達電，現在矛頭更指向鴻海、台積電。面對這個可怕的敵人，台灣民眾卻茫茫然無警覺。

　　前有韓國不擇手斷想將台灣各個產業徹底摧毀，DRAM、面板只是浮上枱面的；另一方面，大陸看穿了台灣的弱點，一邊以 ECFA 施小惠，一方打算以政、經、軍等龐大實力要逼台灣上談判桌，這個可以從新任領導人習近平上台，立即要求就兩岸未來政治談判預作準備可以看出。台灣前狼後虎、腹背受敵，卻昧於事實，沒有策略，看不出來如何能逃離滅亡的命運。

我們來看看，如果過去二三十年台灣策略正確，現今會有多大差異。

李國鼎與趙耀東的西進策略

李國鼎先生、趙耀東先生，以及早一輩政務官對台灣經濟的貢獻是有目共睹的，從加工出口區、家庭即工廠，將台灣從農業經濟帶往工業經濟，然後是十大建設，成立工研院與科學園區，大力扶植電子業，讓台灣人民過了四十年富裕的生活。

其實他們的成就不只於此，作者學生時代曾經聽過這樣的故事。據說在三十多年前兩岸剛開放交流，大陸領導人鄧小平先生採取改革開放路線，那時大陸一窮二白，國營事業無效率，外匯又極缺，據長輩說李國鼎先生、趙耀東先生曾主張應花幾百億美金，將大陸一半的國營事業買下來，由台灣人經營，很可惜這個策略沒能實現。

對照現在的情況來看，大陸已是全球第二大經濟體，全球前十大銀行中就有三家是大陸國有銀行，更不用說有七十三家大陸國營企業躋身全球前五百大。如果三十多年前台灣真的採行這樣的策略，現在大陸有一半的國營事業都是台灣的財產，光是企業獲利及現金股利就足以養活台灣，兩千三百萬人可以完全不用工作，躺在家裡過日子，那還需要領 22K 的薪水？

握有實力，才能贏得別人尊敬

作者以「梅爾吉勃遜之英雄本色」這部電影中的一個片斷，說明像李國鼎先生這樣大膽的西進策略思維。

　　這已是十八年前的電影了，依據蘇格蘭民族英雄威廉華勒斯的事蹟改編，梅爾吉勃遜自導自演。這是一部很棒的電影，即使從現在的角度來看還是很好看，跟這兩年知名的動作大片比起來，一點都不遜色。

　　故事是中世紀的英國。十三世紀左右，英格蘭統治蘇格蘭，但持續遭到反抗，當時的英國國王是殘暴的愛德華一世，綽號「長腿」，以各種手段打壓蘇格蘭反抗運動。在威廉華勒斯小時候，他的父親與哥哥因參與反抗運動而被殺；他長大後，妻子也被英格蘭貴族殺死，悲憤之餘他殺了仇人，隨後率領蘇格蘭高地勇士反抗英王暴政，爭取獨立自由。

　　作者引用的片斷，是當時蘇格蘭貴族羅伯特伯爵十七世與其父親的對話。年青的羅伯特一直遵循父親的教誨，周旋於各貴族與英格蘭之間，期待有一天可以成為蘇格蘭王。

　　威廉華勒斯帶領少數勇士屢次將英格蘭軍隊打得落花流水，激發了年輕伯爵的熱情，也想加入反抗軍陣營，但他老奸巨滑又擅權謀的父親要他與英王合作，夾擊叛軍，並對他說：「你很崇拜這個威廉華勒斯，是吧，不妥協的人較易受人崇拜。他有膽，但狗也有膽；必須擁有令人願意妥協的實力才能使人尊貴。」

　　作者不喜歡這個得了麻瘋病的伯爵父親，但他說的是實話，特別是對台灣而言。

　　台灣人有的是膽量。冷戰時期蘇聯及中共勢力那麼大，美國必須聯合西歐各國才能與之對抗，其他國家有些屈服於中共淫威，或是與之交往，唯獨台灣打著反共旗幟，還成功擊退解放軍的侵犯。這樣的膽量是在四百多年前鄭芝龍成為東海最大的海盜集團時就留傳下來的

遺傳基因。所以台灣有些人有膽量喊台獨，並不令人意外，問題就像伯爵的父親講的，狗也有膽量，如果沒有實力當後盾，膽量再大也不過是狗吠火車。而實力，只能多，不能少，要不斷的累積，李國鼎先生當年打算買下大陸一半國營事業，就是為了為台灣取得更多實力；但台灣因發展策略錯誤，這幾年不只沒有累積實力，反而不斷流失。

實力不外乎政治、軍事、財富，台灣雖然沒前兩者，但曾經有錢；不管鈔票的味道有多臭，有錢就是大爺，所以政治人物曾因台灣的富裕在國際上風光過一段時間，沒想到有了錢之後，有人認為台灣不需要錢了，要的是尊嚴，是別人的尊敬；他們沒想到，沒有人會尊敬一個窮人，於是開始反商，如他們所願，台灣變窮了，也失去了當初想追求的尊嚴。正當台灣希望大陸讓利來幫忙支撐內需時，又如何能在大陸面前挺起腰桿，堅持主權獨立的尊嚴？

所以掌握財富、商業、貿易，是台灣唯一重新獲得尊嚴的方法，否則連現有僅存的尊嚴都將失去。

成也策略，敗也策略

作者舉這個例子，是要告訴大家，策略對台灣的重要性，不亞於研發對科技業的重要性，或是風險管理對金融業的重要性。台灣之所以能崛起，就是因為有李國鼎先生、趙耀東先生這樣的策略高手，在正確的時點，採取正確的行動，在全球商業活動環節中，掌握商機累積實力，才創造傲人的經濟奇蹟，造福兩千三百萬人，享受富裕的生

活；而台灣的沒落，正是因為做了錯誤的決定，策略錯誤導致國力日衰，人民窮苦。

作者沒有學歷、沒有家世背景、既非位居要津、也沒名聲，自認不懂策略，但在這個領域卻也花了不少心力。過去十多年顧問生涯中，各項努力大多與台灣在各階段面臨的挑戰及發展策略有關。

■ 研發管理與高科技業發展政策

早在十多年前，1999 年，台灣的電子五虎還是五隻小老虎，年營業額各自只有數百億時，作者就看出研發管理對台灣科技業的重要性，並依據全球化與國際分工的趨勢，發展出美國、台灣、大陸的高科技業研發供應鍊架構、企業的新產品開發電子商務架構等等。

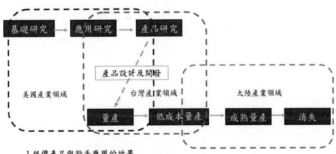

1.低價產品與殺手應用的效果
2.產品生命週期縮短（附加價值的強調）
3.台灣特有的製造彈性，產品設計能力，及 Best BOM
4.製造過程無法完全自動化（手插件）

高科技業研發供應鍊架構

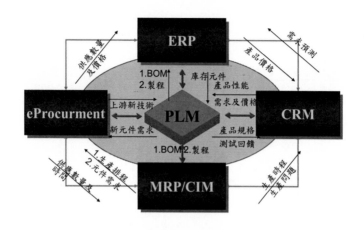

協同商務整合性系統架構

　　由於當時大陸在電子業新產品開發領域還很落後，北京中關村剛
成立，研發管理人才極缺，因而作者結合 Arthur Andersen 的管理方法
論，發明了「研發流程改善」、「研發專案管理」、「研發資訊安全」、「流
程導向研發知識管理方法論」、「研發成本管理」、「研發績效管理」，以
及「研發管理基本實務」、「研發管理高階實務」等方法論（以上為作
者所創第二個系列方法論），並針對政府如何透過強化研發管理來扶持
電子產業，建立了一個政策架構。

　　作者當時提出的發展策略概略如下：在全球供應鍊時代，研發
管理人才會比技術人才來得更重要。由於台灣過去二十多年（這是
十三年前的觀點）已培養眾多科技人才留學海外，建立了與美國矽
谷科技業的關係，且在新產品開發有一定的基礎，產業正要往大陸
地區遷移。大陸高科技業的研發能力雖然還在起步階段，然而科技
人才眾多也優秀，如果只拼技術，很快就會超越台灣，唯獨研發管理

人才培養困難，就算是台灣，技術人才多，但傑出的研發管理人才有限。

　　所以台灣可藉由作者所寫的研發管理方法論，強化科技人才的管理能力，並培養大量的研發管理總經理人才，趁大陸的人才往技術面發展時，讓這些台灣的研發管理人才，西進大陸搶占高科技業高階主管的位置，這樣未來即使大陸的高科技業崛起，台灣的科技人才一樣可以占有一席之地，比較不容易被淘汰，而且這些研發總經理可以協助台灣牢牢抓住美、台、中的高科技產業供應鍊。

　　很可惜，不要說作者提出的政策架構，連作者寫的研發管理方法論都沒機會在台灣出版，只能在大陸出版，壯志未酬，徒留嘆息。如今大陸的高科技業已崛起，聯想電腦可能在 2013 年開始提高自製比率，不再委由台廠代工，而且大陸面板廠良率已提升，面板女王白為民已暗示 2013 年不會再來台灣採購，太陽能業又受到大陸的競爭，台灣的高科技業真的不知何去何從。

■ 研發資訊安全

　　如果台灣的高科技研發人才無法先一步到大陸搶占高階主管位子，在全球供應鍊發展趨勢下，科技業將生產基地移到大陸趨勢無法擋，此時如何保護台灣的技術會是很重要的議題，因而作者在 2002 年結合研發管理與資訊安全管理兩項專業，發明了研發資訊安全管理方法論，是作者作品的第三個系列「研發資訊安全：閃電系列」，希望能為台灣保住這一點命脈，很可惜，只做了一個專案。

相較之下，政府一直到 2012 年年底才開始立法加重高科技業人員將公司機密外洩給大陸競爭對手的刑責，整整晚了十年，這十年期間，已發生無數起技術外流事件，不只高科技業，連台灣寶貴的農產品機密都外流了。過去十多年大陸已在十二個省市成立二十五個「台灣農民創業園」，台灣引以為傲的蘭花、金鑽鳳梨、金煌芒果等品種、管理技術已嚴重外流，烏龍茶品種與製造技術甚至「全套」移植到大陸，嚴重衝擊台灣國際市場。商人為了降低成本提升獲利，將台灣特有產品移到大陸種植，台灣卻無法保障自己的利益，令人惋惜。

■ 中華神劍

就在作者提供研發資訊安全服務過程中，發現台灣的企業沒什麼策略分析、策略管理可言。策略都在大老闆的腦袋裡，下面的人不一定知道，各部門彼此間也不協調，因而在 2003 年寫了一個高科技業研發策略協調機制，希望可以提升高科技業的整體戰力。後來又發現，像這樣沒有策略的現象在台灣企業很普遍，因而在 2004 寫了第四個系列的方法論「策略分析─中華神劍系列」，並為中小型企業提供策略服務。

■ 新漢華兵學

陳前總統執政期間，兩岸關係日益緊繃，台灣為防大陸武力犯台，每年花了幾千億在國防軍備上，並積極向美國購買戰機飛彈，卻不願意花幾百億救救陷入痛苦深淵的卡奴。姑且不提大陸不一定會打台灣，就算解放軍打過來，台灣年年投入高昂的國防經費，也不過就是

從「支撐三天」延長為「支撐七天」；新聞報導國防部也確實進行過兵棋推演，以大陸的軍力如果真要拿下台灣，台灣絕對撐不過一個禮拜，年年花了幾千億，有什麼意義？當時台灣有幾十萬的卡奴過著生不如死的日子，而且一輩子都無法翻身，為什麼不花個幾百億先救救這些卡奴？

人類文明在過去一百年快速發展，已經進入了一個新的境界，不再像古代那樣可以離城索居，自給自足，所以戰爭的型態也早已改變，以武裝部隊消滅敵人的兵力，然後佔領其國家，對非洲、中亞、南美等生活型態未大幅改變的地區還有用，對台灣這樣已融入全球貿易網、高度文明的國家並無太大意義。孫子兵法已是兩千多年前的東西，作者從資訊安全分析的角度來看，發現不用大規模的登陸戰爭，用幾千人的兵力，一樣可以輕易瓦解台灣的反抗力量，而且可以在 24 小時完成，所以作者在 2005 年結合易經離卦第四爻：「突如其來如，焚如、死如、棄如。」及周伯通所創空明拳的「以強擊弱、以弱擊虛、以虛擊空」的精義作為理論基礎，並將作者所發明資訊風險分析方法論予以擴大，發明了「新漢華兵學」，並寫了兩岸間互相爭戰的四個戰略戰術，即作者第五個系列的作品「國家安全：霜之哀傷系列」。是希望提醒台灣人民，不要再花大錢在國防上，沒有意義，把錢省下來解救卡奴，提升人民福利，減少兵力來增加社會勞動力，對台灣的幫助會比較大。

■ 金融業風險管理

七年前，作者從為高科技業提供研發管理顧問服務，轉進金融業從事營運風險管理的工作，發現台灣的金融業，即使經歷了亞洲金融

風暴、雙卡風暴等，經營方式與風險管理的理念並沒有明顯的改變，果然接著發生次貸風暴及連動債事件，不但造成鉅額損失，也重創銀行形象。

　　台灣市場小且飽和，金融業有不得不走出去的壓力，然而整體風險管理能力未提升，全球化意味著風險更高，更容易受國際環境變動衝擊，例如最近吵得沸沸揚揚且已開始實施的美國追稅「肥卡條款」，不過是其中一例。因此作者寫了諸多風險管理方法論，即第六個系列的作品「隨風飛舞十三式」，並希望能為台灣金融業找出一百個潛在的重大風險，盡盡心力，只是過程更加坎苛曲折。

■ 納美經濟學

　　次貸風暴與歐債危機讓世人看清當代經濟學問題重重，被視為萬能的價格機制不但有崩潰的時候，各國政府長久以來仰賴的貨幣政策無法解決過度負債的問題，諸多諾貝爾獎得主們不但找不出解決方法，連問題的真正原因都搞不太清楚，只能過一天算一天。這一切都指向一個根本原因，就是當代經濟學是錯的，所有的經濟理論都是錯的，而依此制定的政策也是錯的，作者已在前一本書「風險管理之預警機制」的第四章以築地魚市及南美雨林為例，說明價格會引導資源往錯誤的方向分配，如果不加以改正，甚至可能引領人類文明走向滅亡。

　　為了拯救世界，必須打破世人對價格萬能及經濟理論的迷信，所以作者已在 2012 年寫了一本書「伊凡達首部曲：托魯克馬托」證明大多數重要的經濟理論全是錯的，像是完全競爭、邊際主義、消費者均

衡、賽局理論、聶須均衡、柏拉圖效率、供需均衡等等，這些數百年來被全世界奉為真理的理論全部是錯的。國父孫中山先生說：「要有大破壞，才有大建設」，有鑑於市場是必須加以限制並管理的，所以作者打算寫一個全新的市場理論，作為未來市場管理的理論基礎。

台灣未來大戰略

過去二十年台灣由於誤判情勢，策略方向錯誤，將自己排除在世界潮流之外，導致國力日衰、百姓飢苦，變成落寞王孫。眼看台灣因錯失諸多良機，在國際與區域競爭中落入劣勢，加上大陸與韓國在政治及經濟領域步步逼進，情勢已然十分兇險，危在旦夕。不過依據易經的精神：「在一片光明中看到風險，在陷入絕境時找到希望」，針對台灣的未來，作者設法挖出台灣的優勢，提出五大戰略：

- 戰略一：三龍搶珠
- 戰略二：惡少凌婦
- 戰略三：北伐
- 戰略四：平凡的幸福
- 戰略五：藝術家下鄉

戰略一：三龍搶珠

寫這個策略時，作者回想起小時候，距今約三四十年前的六〇年代，那時台灣經濟剛要起飛，老百姓生活簡單，汽機車很少，家中能有一台電視就很了不起了，逢年過節最大的娛樂就是全家守著電視看

節目。作者很喜歡看舞龍舞獅，舞獅在廟會常見，但舞龍就很少了，只有在電視上看得到。

記得那時國軍好像有專業的舞龍隊，特別是在春節期間會轉播舞龍表演，什麼「四海同心」之類的節目，看著龍長長的身軀，九轉十八彎的蜿蜒前進，龍頭則是左搖右擺，追著前面的龍珠跑，龍頭比較重，舞龍珠的人可以舞得很靈動，但龍頭就顯得笨重，每隔一段時間就要換人；有時會做特效，從龍頭噴出煙霧，這在那時已是很炫的表演了，現在的年青人應該很難想像。

如今台灣與大陸的關係，就像龍珠與龍的關係，只是多了美國與日本，變成三龍搶珠。龍有實力，一心想把珠子吃掉，看起來好像是握有主動，但從作者觀點來看，反而是受制於龍珠，受其牽引；龍珠看起來只能四處亂逃，其實龍珠靈動，反而可以牽著龍走。依作者看法，台灣這顆龍珠看似弱小又被動，若能認清自己的處境，發揮自己的優勢，舞得好，就能夠從龍手中取得龐大利益，舞得不好，早晚會被龍吃掉。這就是第一個大戰略，三龍搶珠。

■ 台美關係

要像龍珠一樣周旋於三條龍之間，或是像《易經・小畜卦》的第四爻一樣「有孚。血去惕出，無咎。」以一個陰爻對抗五個陽爻，在諸陽爻中維持平衡，就要弄清楚彼此的關係。首先是台美關係。

台灣與美國的關係，講句比較不好聽的，就是台灣一直拿美國當作最親密的戰友，但美國卻拿台灣當「看門狗」，幫他看住大陸，不讓解放軍勢力進入太平洋；而且台灣還是個「自備便當、武器」的看門狗。

　　這其實是對台灣很不公平的。二戰期間，中華民國獨自對抗日本打了八年，成功阻撓日本與德軍夾擊俄國，才有後來的諾曼第大空降，否則這個世界的局勢可能早已改觀。然而二戰後，國民黨退守台灣，美國不但沒幫忙，還打算放棄，台灣必須自己打退進犯的共軍，相較之下，美國積極援助扶持二戰禍首日本，待遇差別之大真是令人搥心肝。

　　冷戰期間，美國率領西方民主國對抗共產國家，卻不理會台灣，但台灣卻是反共最徹底，喊得最大聲的；相較之下西班牙有蘇聯第五縱隊、日本有赤軍，美國在世界各地駐紮軍隊，就是不在台灣駐軍，台灣還須自己花錢向美國買武器，價錢還比別人高出兩倍。

　　儘管如此台灣還是有不少人希望成為美國的第五十二州，不斷向美國示好，難怪美國不把台灣當一回事。現在有了轉機，美國雖然不想吃掉台灣，卻不想台灣被大陸吃掉，台灣這幾年經濟愈來愈差，需要大陸出手援助，對美國依賴少了，不再那麼忠心耿耿，美國反而擔心起來，生怕台灣投向大陸懷抱，圍堵解放軍的第一島鏈會出現大缺口；情勢逆轉之下，台灣就有機會反客為主，影響美國決策，牽著美國走。

■ 台日關係

　　台灣與日本的關係，本質上是一對難兄難弟。從遠的來說，台灣被日本殖民統治長達五十年，在東南亞各國中是最久的，不少老一輩的日本人依然認為台灣是日本的，算自己人。

　　近一點來看，日本在二戰時期做得過分了點，從韓國、香港、越南、緬甸、新加坡、泰國、菲律賓，不但到處侵略、殺人，還強姦婦

女，抓來當慰安婦，相較於德國的勇於認錯，日本戰敗後一直不肯道歉賠償，甚至竄改中學歷史教科書，每年亞洲各國都有抗議遊行，搞得日本變成亞洲孤兒。

台灣本來還好，中華民國不但是聯合國安全理事會的常任理事國，還有沙烏地阿拉伯等大朋友，偏偏跟中共槓上了，中共四處施壓打壓，大朋友紛紛離去，只剩下靠花錢買交情的小朋友，其他國家有的不敢跟台灣太親近，有的就打落水狗跟著欺負台灣。台灣在東南亞也沒有地位，東協加三，大陸、南韓、日本都在其中，唯獨台灣被漏掉，也是孤兒一個。

所以台灣與日本，這兩個亞洲孤兒湊在一起，變成難兄難弟，互相安慰，過去四五十年透過產業及貿易往來，台日經濟密切且互補，原本關係就不錯。大陸改革開放後，日本企業前進大陸上了很多當，吃了不少虧，也拿台灣當進軍大陸的夥伴。加上 311 大地震，在全球各國的援助當中，台灣除了出動救援隊、物資等，捐款竟然達 110 億日圓，比美國還多，讓日本人很驚訝，也了解到台灣是患難見真情的朋友。日本雖然不缺這點錢，但孤單太久，缺少別人關心，所以日本百姓對台灣特別有好感，這兩年各式各樣的「台灣謝謝你」的活動不斷。

■ 釣魚台事件

台日兩邊感情雖好，難免會有磨擦。這兩年部份日本政客為了一己私利，動起釣魚台的念頭，先是東京都知事石原慎太郎宣佈要集資買下釣魚台，後來日本首相野田佳彥表示釣魚台將朝「國有化」方向

推動，引爆了釣魚台風暴，一發不可收拾。雖然是難兄難弟，但親兄弟明算帳。台灣人民不致於因此討厭日本，講穿了台灣也就這麼一個朋友，彼此離不開，不能討厭他，但也不能將領土白白送人，總是要抗議一下做做樣子。日本政府及人民也知道台灣必須做做樣子，也不會有反感，彼此上台演戲給家裡的人看，你來我往的，比跳雙人探戈的默契還好。

還好，還有一個大陸在旁邊，就說當三龍搶珠時，龍珠雖然是絕對弱勢，反而能靠自身的靈活掌握主控權。釣魚台問題，台灣牽引大陸，借他人之手就能解決，不但免禍，還能叫日本把到嘴的肥肉吐出來，又不傷彼此感情，這才是最高明的手段；這是什麼，這是戰國時代的縱橫家，這是蘇秦張儀的手段，所以台灣不應向國外策略大師學策略，而應向二千多年前的縱橫家學習。

■ 台陸關係

台灣與大陸的關係很簡單，同父同母的親兄弟還有什麼好講的。前幾年兩岸的緊張關係是台灣自己搞出來的。大陸除了面對台獨，還有藏獨、疆獨，領導人如果連國土都無法保全，馬上會被鬥下台，對他們而言，這是生死攸關的大事，逼急了肯定拼命，沒得商量。

大陸原本不想要台灣，講穿了一件事，太難搞了，看看香港就知道了。大陸內部權利鬥爭，問題多多，天災、人禍、缺油、斷電、污染、貪污、上訪、示威抗議不斷，還要在國際上與美國爭鋒，領導人連自己的問題都處理不完了，誰還有力氣去管台灣？就跟日本沒事手賤去動釣魚台一樣，台灣如果不去挑台獨神經，兩岸關係好得很。台

灣比香港還民主，光是香港的示威就讓大陸政府很難處理了，不能打、不能殺、又不能放著不管，示威壓不住傳回內地引發連鎖效應怎麼辦？

但大陸現在想法已轉變，可能是真的有心要拿下台灣了。新任國家領導人習近平一上台就把兩岸政治談判當目標，顯示有心在十年任期內做出成績，因為台灣實在太重要，解放軍勢力要走出東亞，進入太平洋，保護在東海南海天然資源的利益，非得要台灣不可。

所以大陸是三條龍中，唯一一個有實力，有決心要吃掉台灣的，敵強我弱，實力懸殊，那為何作者還說台灣有機會可以反客為主？主要就是依據作者所創「新漢華兵學」的道理。

古代戰爭是殺人毀城，現代戰爭則要判斷什麼是「關鍵的影響力」，設法牽制這個影響力或是將其毀滅，所以現代戰爭，不再看軍隊強弱，而是看能否摧毀關鍵的影響力，不用血染沙場一樣可以吃掉一個國家，這就是「新漢華兵學」的精髓。

大陸武裝軍備雖強大，但在人民解放軍背後，還有更重要的「關鍵的影響力」，以前是共產黨，現在是民意。台灣的軍隊雖然打不贏，但從「關鍵的影響力」下手，一樣可以不戰而屈人之兵；從這個角度來比，台灣的文化遠勝大陸，可以把大陸民意吃的死死的，所以只要轉個彎，台灣要不戰而勝是很容易的，這就是「以強擊弱、以弱擊虛、以虛擊空」的精髓。

抗日還要靠國軍

台灣為何能有機會牽著大陸走，關鍵就在於大陸民心；至於台灣如何能利用大陸民心，可以從釣魚台事件看清楚。也不知道是有心還

是無意，台灣這次對釣魚台的處理實在漂亮極了，也可能只是台灣運氣太好，誤打誤中。

對大陸而言，釣魚台真的是個很頭痛的問題。美國人確實是很厲害，看出日本驕傲的民族性，不甘心在亞洲只當老二，雖然二戰時期有幾十萬美軍死在日本人手上，戰後依然大力援助，建立長久夥伴關係，等於是在中共門前佈下重兵。大陸的北邊與西邊是俄羅斯，南有印度及東南亞（大陸與印度關係也很差，這個說來話就長了），加上位在東北的日本就完全被封死，大陸要突破封鎖，只能儘量與日本交好，避免日本太靠向美國。所以釣魚台爭議剛被日本挑起時，大陸還真的是能拖就拖，儘量冷處理。

相較於官方，大陸民間反日保釣吵得沸沸揚揚，各大城市都出現示威遊行與抵制日貨活動，這樣一來就給了台灣機會，除了民間保釣組織自發性的組船隊前往釣魚台，馬總統也多次重申釣魚台是中華民國固有領土：「我們堂堂正正護漁，一點不含糊」、「哪裡有中華民國漁船，哪裡就有海巡署艦艇」，有了強烈的比對，馬上引發了大陸民眾「恨鐵不成鋼」的情緒，網路上罵聲不斷，反日變反共，大陸領導人壓力就大了。

台灣海巡署艦艇前往釣魚台護漁，多次與日本船隻發生衝突，民間船隻也衝上釣魚台插旗，種種畫面在媒體上大幅報導，看得大陸民眾情緒激昂，一方面讚揚台灣勇於行動，另一方面則氣大陸政府不作為，在民意壓力下，大陸官方只好派出海監船充充場面。一開始時，許多地方和中央級媒體都以斗大篇幅，報導海監船已前往釣魚台海域，但隨即失去了蹤影，引發大陸網友瘋狂猜測。看著海監船動作扭扭捏捏的，大陸網民很不滿：「弱弱的問一句，台灣的

海巡有沒有看到大陸的海監船？」甚至有網友還笑稱，也不過四百公里的距離，海監船開了兩天還沒到，「是划龍舟嗎？」一語道盡民心。

又過了幾天，獨自開往釣魚台的香港保釣船「啟豐二號」載著兩岸三地七名保釣人士，帶著大陸五星旗與中華民國國旗成功登上釣魚台並插旗，消息傳到大陸，歡聲雷動，連各大新聞媒體都不顧禁忌，直接將中華民國國旗在新聞頭版與五星旗並列，等於是公然藐視中央禁令，這對向來嚴密監控媒體的大陸而言是前所未有的。

台灣表現最棒的，就是那一場水戰，簡直就是神來之筆。宜蘭漁民七十五艘漁船 9 月 25 日前進釣魚台保釣，日本海上保安廳動員三十四艘船艦包圍阻隔，日方見台灣漁船不顧性命地直駛釣魚台海域，以巡視船鎖定位於左側的台灣漁船，噴射強力水柱，讓台灣漁船險些翻船。海巡署巡防艦見狀，趕緊上前支援，立即以水柱還擊，就這樣台灣海巡與日本以水柱互噴了三十多分鐘。

這場水戰雖然沒有戰爭的衝擊，但有戰爭的效果。對日本與台灣民眾而言，就像兩個住隔壁小朋友拿水槍互噴，小打小鬧不傷感情，但對大陸民眾而言，卻是：「終於開戰了」，水戰的畫面上了各大報頭版，民心沸騰；大陸各網路媒體以「台灣海巡艦艇以水炮『還擊』日本」大幅報導時，網友瘋喊：「爽！終於看到還擊這個詞」，對大陸官方的不滿也暴發了，一堆網友說：「執政的不抗日、抗日仍靠老牌國軍」、「六十多年了，國軍依然屹立在正面戰場！」，這幾句話殺傷力極大，比當眾人面給解放軍將領兩個耳光還難看，因為八年抗戰就是解放軍的心病，當年國民黨軍隊死命抵抗，傷亡慘重，共軍卻是：「一分抗日、兩分打國民黨、七分壯大自己」，這事解放軍將領人人皆知；後

來共產黨雖然打敗國民黨占了大陸，但被批評：「打外人就軟腳，打自己人卻很行」，這個恥辱一輩子在身上，永遠被人瞧不起。好不容易解放軍軍力大躍進，火箭也升空了，軍力直逼美國，可以揚眉吐氣了，一句話：「抗日還是要靠國軍」就將之打回原形，被全民瞧不起。更有大陸網友大聲疾呼「國軍威武，小馬哥萬歲」、「拜託國軍解放釣魚台後，連大陸一起解放。」

依作者當時觀察，就在這些言論出現之後，大陸官方的態度出現一百八十度大轉彎，立場轉趨強硬，又是海監船，又是戰艦，又是戰機，嚇得日本大喊：「再來我就開槍了」。反而是一開始上台表演的台灣，下來抽煙看好戲，翹著二郎腿看日本怎麼收拾殘局。

大陸民心才是關鍵影響力

所以大陸的民心，就是兩岸關鍵的影響力，只要台灣能掌握民心，就能用民氣影響大陸官方，牽著他的鼻子走。台灣根本不用怕解放軍，只要抓住民心，不用一兵一卒就能修理他；大陸以前是槍桿子出政權，只要有人示威，動不動就是軍隊鎮壓，這樣的情勢已轉變，再過幾年就會變成解放軍再大、國家領導人再大，也沒有人民大。

從最近新任領導人習近平接班後的施政方向來看，人民討厭貪污，領導人就要想辦法打貪，人民要保衛釣魚台，解放軍就要抗日，那如果人民喜歡台灣，不同意武力解放台灣呢？解放軍敢打嗎？台灣不只不用怕解放軍，運用得當，還可以要到自己想要的東西，這就是台灣的第一個大戰略「三龍搶珠」。

■ 人民力量快速崛起

這兩年出現新的契機，讓原本屈居劣勢的台灣有機會扭轉乾坤，反敗為敗，作者指的就是大陸民間力量已起，以及大陸民眾喜歡台灣，這都與民風漸開有關。

大陸經歷三十年的改革開放，人民生活改善很多，特別是城市，電視很普遍，媒體很發達，網路人口好幾億，很多事民眾都可以透過新聞得知；民眾知道的事情愈多，對不合理的事就難以容忍，而且容易串連，集結勢力反抗。雖然大陸是專制體制，對媒體嚴加掌控封鎖，網路就很困難了，日益普及的手機也扮演了很重要的角色。這幾年大陸各地抗議事件不斷，民眾聚集的速度愈來愈快，反彈力量愈來愈大，消息愈來愈難封鎖，網路與手機功不可沒。

2007 年六月，廈門數千人遊行抗議當地政府欺騙民眾，抗議建設高污染的設施，並抗議政府宣稱緩建是假。廈門遊行的動員模式正是近年來大陸大規模遊行的集結方式，透過手機簡訊、網路論壇與微網誌、推特等，在短時間內瞬間聚集數千人，讓市政府及公安局措手不及，場面失控。

除了數量愈來愈多的民眾示威事件，由兩起事件可看出人民的力量愈來愈大，連中共高層也不敢擬其鋒，民主化成為未來必然的發展，這兩起事件分別是烏坎村事件與南方周末。

■ 烏坎村立下大陸基層民主運動里程碑

烏坎村是位於廣東省陸豐市的一個小村莊。由於土地被村委會成員私下變賣圖利，嚴重影響村民生計，村民代表十幾次上訪沒有任何結果，村民與地方政府發生衝突，爆發多次示威，警民激烈打鬥，村民代表薛錦波被抓，在關押三天後死亡。官方驗屍結果與薛家人探視後認定的情況大相徑庭，激起村民公憤導致官民衝突更加激烈，因而得到國際媒體的注意。大陸官方在國內外輿論壓力下，破天荒同意村民以民主選舉方式選出村委代表。

儘管大陸官方在選舉過程用盡各種手段干擾打壓，包含用各種選舉法規設下障礙，甚至直接向候選人及選舉人恐嚇施壓，然而在全球媒體見證下，烏坎村還是於 2012 年 3 月 3 日選出了自己的村長與村民委員。村長立即被中共任命為烏坎村黨支部書記。

在台灣看來甚為普通的鄉村基層選舉，被界定為「中國第一次」，因為這是大陸第一次讓外國媒體採訪基層民主選舉，全世界都看到，中共沒有干擾介入，烏坎村民用自己的選票，選出理想的村委會人選。影響所及，2012 年 12 月 23 日，廣東省增城市大敦村也比照烏坎村選出村主任、副主任、村民委員。

■ 《南方周末》新年特刊被刪改事件

一向被視為少數敢批判現狀的大陸媒體《南方周末》，在 2013 年 1 月 2 日出版的周刊上，因為一篇名為「中國夢‧憲政夢」的文章遭到當局竄改，引發媒體界以及知識界的集體抗議。

據報導，南方報系是中共廣東省委的黨營媒體，旗下的《南方周末》與《南方都市報》都以敢言、挑戰尺度著稱，尤其《南方周末》被不少知識分子視為最坦率和敢說話的報紙。

從一九九〇年代起，《南方周末》每年的新年獻詞，都以文章優美、寓意深遠著稱，被視為大陸知識份子追求公民社會的理想標竿。2013 年的新年特刊原本名為「中國夢‧憲政夢」，卻被廣東省委宣傳部大幅刪改，部長庹震甚至親自撰寫封面文章，讚揚共產黨領導中國的成就，要求編輯部全文刊登。

文章竄改事件爆發後，《南方周末》的記者集體請辭抗議，有好幾百位民眾站在《南方周末》的大樓外，以歌聲聲援報社記者和編輯，要求主管機關「廣東省宣傳部」道歉；風波愈演愈烈，包括擁有眾多粉絲的大陸一線影視明星如李冰冰、姚晨、陳坤及名作家韓寒等都加入聲援行列。在龐大壓力下，廣東省只好宣佈以後省委宣傳部不再預先審稿，將任務交還給報社內部的審讀組。此事件被視為是大陸媒體與民意的一大勝利。

掌握大陸民意比掌握軍隊重要

　　大陸當前的政經情勢，很像幾十年前的台灣，所以可以用台灣經驗來預知，隨著經濟富裕，民智漸開，加上台灣典範，大陸只會愈來愈民主，甚至有一天會像二十多年前台灣的開放黨禁、報禁，甚至民選國家領導人，到那時，民意將會凌駕共產黨意，而共產黨意將會凌駕解放軍，就像台灣現在一樣，就算有軍事將領想發動政變，部隊也不會聽他的，此時軍力將不再是主導兩岸關係的關鍵力量。若依據作者新漢華兵學：「以強擊弱、以弱擊虛、以虛擊空」的精髓，就可以看出台灣目前仍然著重於兩岸軍備對抗的盲點。

　　傳統上國家之間的對抗是以軍事為主，然而時代已改變，軍事不必然是決勝的關鍵，台灣卻一直在意大陸的軍事壓力而花大錢在維持軍備上，正是以己之弱對敵之強，更何況兩岸經濟、軍事實力相差這麼懸殊，花再多的錢，也不過是將解放軍拿下台灣的時間從三天增加到七天，勞民傷財又徒勞無功。

　　孫子兵法講的是：「上兵伐謀，其次伐交，其次伐兵，其下攻城」，這是指就戰爭而言，平原會戰比打攻城戰有利，但都是戰爭，都必須摧毀敵方軍隊，傷亡慘重。新漢華兵學的精髓，是要先找出敵國對其軍力有真正具影響力的關鍵，再加以控制或擊碎，讓其軍力瓦解或無法發揮戰力，不攻自破：「砍掉操縱軍隊的那隻手，軍隊再強也起不了作用」，無須造成人員傷亡，一樣能拿下敵國，這就是作者的「新漢華兵學」與孫子兵法不同的地方。

　　中共改革開放這麼多年，雖然軍方勢力仍大，但已非當年槍桿子出政權的時代。從前兩任領導人江澤民將政權和平移轉到胡錦濤身上，胡錦濤又將政權和平移轉予習近平，甚至是裸退，軍事已確定由政治領導人控制，所以比軍隊更具關鍵影響力的是政治力量。

　　前面提過，由於經濟富裕，民智漸開、媒體發達，民眾的力量也愈來愈大，前任總理溫家寶為了維護社會公平打房不手軟，到現在習近平大力打貪腐，民眾的力量已漸漸凌駕政治力量，輿論與民心已成為比軍事、政治更關鍵的力量，也就是說，台灣就算軍力不足，只要能掌握大陸民心，就能透過民心影響政治，進而影響軍隊；講穿了一句話，如果大陸老百姓不樂意打台灣，大陸的軍隊想打也打不過來。

　　如此一來，情勢逆轉，台灣就有機會不靠軍事力量卻能保障自己的主權。從新漢華兵學的原理來看，大陸與台灣軍力過於懸殊，大陸真想打台灣，台灣撐不過一個禮拜，在這種情況下，台灣還是建軍備想與之對抗，就是前面說的「以己之弱對敵之強」，徒勞無功。

　　八二三砲戰之後，兩岸的對抗先從軍事轉致政治上，再轉到經濟上，這兩者都是比誰的胳臂粗，大陸與台灣的政、經實力還是過於懸殊，所以先是被趕出聯合國，大朋友紛紛離去，後來陳前總統想以烽火外交跟大陸對抗，鈔票到處撒，銀彈滿天飛，無奈新台幣不敵人民幣，變成以卵擊石，愈走路愈窄。

　　如果是民心對民心，那就剛好相反了。大陸經過文化大革命，把文化徹底摧毀了，又經過三十年的改革開放，學西方資本主義向錢看，物慾橫流，貪腐盛行，諸如開直升機到學校接女友、以賓士車隊迎接西藏獒犬等等淫奢荒唐的現象都出籠了。

　　反觀台灣，不但保有傳統文化，政黨輪替成功，成為華人民主政治典範，再加上民間信仰、以及諸多佛學大師、天主教、基督教的教化，愈來愈接近孔子所說：「夜不閉戶，路不拾遺」的大同世界，剛好可以把大陸剋得死死的。甚至有大陸學生來台遊學後感慨的說：「大陸有總統直選嗎？大陸有誠實可親的百姓嗎？我們拿什麼統一台灣，看看我們所生活的社會，收回台灣再去玷汙他嗎？」。甚至有大陸青年指著青天白日滿地紅的國旗說：「有時我覺得，這才是我的祖國」，這就像台灣明明有比核彈威力更強大的武器，卻不會使用一樣。

由於貪腐壞人心，大陸吹起民國風

　　古有云：「衣食足而知榮辱」。1949年共產黨打敗國民黨佔領了大陸，人民被解放了，卻開始一窮二白的日子，將近半個世紀大部份的老百姓除了吃飽之外別無他求。改革開放後經濟成長了三十年，有錢人愈來愈多，除了透過媒體網路瞭解外面世界，留學的、出國旅遊的、外國人來中國的，眼界大開，見識愈廣，看到了西方先進國家的優點，回到大陸自然會想改變，一邊罵共產黨政府，一邊懷念民國時代，一邊就羨慕起台灣。

　　早在四、五年之前，大陸就開始了一股「民國熱」潮流，2011年適逢辛亥革命百年，這股熱勁更是明顯升溫，同步催生「民國迷、擁蔣（介石）迷」。

　　據媒體報導，大陸出版界的民國熱大概是最驚人的，數十本談民國史、民國人物的新書不斷上市，從清末的革命黨人、割據的軍閥、

百家爭鳴的知識分子，袁世凱、林森等歷任正副總統，甚至曾被冠上匪稱的蔣介石，正史軼聞各類論述目不暇給。這些書籍陸續站上書店的顯眼位置，也占據時事期刊的封面。就連國民政府發行的小學課本也重印問世；大陸出版界相繼推出《開明國語課本》、《民國學校教科書》、《國語讀本》等民國教材，受到讀者熱捧，變成家長學者批判當今大陸教育的借鏡材料。

民國風在大眾文化圈子裡更是繽紛多采。2011 年大陸的大小螢光幕上一片辛亥風潮，電影《黃花崗英雄喋血》、《辛亥革命》和《第一大總統》相繼登場；電視劇《護國大將軍》、《辛亥革命》、《護國軍魂傳奇》也陸續開播。蔡鍔一句「奈何七尺之軀，已許國，再難許卿」，和林覺民的「吾至愛汝，即此愛汝一念使吾勇於就死」，讓這些歷史有了血肉體溫，連帶討論民國人物的「範兒」（氣質、樣子）也成了網路熱門話題。

光看還不夠，體驗民國也成了商機所在。大陸婚紗照的懷舊風吹起民國造型，進步學生裝、中山裝、鳳仙裝、旗袍，一對對神似徐志摩、林徽音的小男女合影，清新可人。

這些年中國共產黨的貪汙腐敗越演越熾，人民心中愈發憤怒，許多抗議活動常常暴力對峙，演變成官方與民間的流血衝突。根據官方的估算，去年大陸至少發生了十八萬次群體事件，相較於二〇〇九年成長了一倍之多。長期研究民國史的中國人民大學政治系教授張鳴說，就是這股對中共的不滿導致民國熱潮愈演愈烈，借民國之名，諷共和國之痛。民國成為民間的終極文化想像。

■ 民主令人羨，大選觀光團

台灣相對成熟的民主制度與社會福利，在網路開始流傳，也在大陸人民的心中發酵。大陸網民在讚揚馬夫人的公私分明時，不忘對比大陸官僚的三公消費；在為立委打架喝采時，順帶著批判開會睡覺的人大代表。

台灣的民主成就畢竟為華人第一，除了保留傳統文化，社會美德讓人羨，光是公車司機禮貌有加、對路人問路熱情，都能讓人津津熱道，連香港新加坡都來朝聖，何況大陸。其中最令全球華人羨慕的就是總統大選，特別是 2012 年大選，大陸民眾對雙英對決的關注與討論，比台灣還熱切，不少大陸遊客特別選在大選期間組團來觀光，為的就是「體驗總統大選長什麼樣子！」

看到台灣熱熱鬧鬧辦選舉，馬總統在開票結束後淋著雨在競選總部前對著支持群眾說：「我們贏了」，大陸民眾就會想起：「為什麼台灣能大陸不能，大陸比不上台灣嗎？」民眾對台灣大選反應之熱烈，連總理溫家寶都被迫跳出來說：「誰說大陸人民不能享民主」，民意壓力之大可想而知。

■ 〈太平洋的風〉及周刊報導

除了媒體、網路與出版界，陸客自由行的遊記宣傳，特別是知識分子如韓寒及南方周刊等為文推波助瀾，更是讓不少大陸民眾熱衷成為「台灣迷」，愛台灣愛得無法自拔。

　　依據媒體報導，大陸八〇後代表作家、青年意見領袖韓寒在2012年首度訪台，回大陸後在部落格刊出「太平洋的風」一文，敘述在台灣經歷的文化體驗，用生動的筆觸描繪台灣，網友熱烈轉載討論，不到十八個小時便吸引卅萬人次閱讀、十三萬人轉發、五萬篇評論。文章中關於台灣計程車司機王鴻松「拾機不昧」的溫馨故事，感動了許多大陸網友，他們表示，在大陸如果遇上像王鴻松這樣的人，會覺得是上帝眷顧，「可悲的是在臺灣這根本不算什麼！」

　　去年六月，《新周刊》全體員工赴台觀光和體驗，推出台灣專輯「台灣，最美的風景是人」列出「你必須知道的一百零一個台灣人、你必須體驗的一百零一件台灣事、愛恨台灣的一百零一個理由、最有人情味的十個台灣創意和兩岸的十大橋梁」。沒想到專輯一推出，熱賣十二萬冊，不但在兩岸掀起話題，也在網路上引起熱議。不少大陸民眾因為買不到要求加印，但礙於雜誌的限制，「新周刊」只好出書，滿足讀者需求。

　　台灣開放自由行與大陸學生來台後，更多高學歷年青人來台灣感受到善良與熱情，紛紛寫下台灣人民帶給他們的感動。2010年9月，到台灣遊玩返回北京的女孩趙星，在她的個人部落格寫下她的台灣之旅，後來還出了書，獲得廣大迴響；這種例子比比皆是，甚至有大陸學生認為台灣就是大陸本來該有的樣子，也有人才來了台灣幾次，就用不輪轉的台語說「我愛台灣」，還覺得很幸福。

■ 還原美日中台四方關係

　　瞭解了其中的奧妙，就可以重新檢視台灣與日中美三方的關係，思考戰略方向。

如同前面所說，美國雖然對台灣沒興趣，但也不希望台灣被大陸吃掉，在這樣的情勢下原本台灣有機會向美國要些好處，例如 TIFA，但因為台灣民意大致上來說並不想被大陸統一，又一直假想大陸會對台動武而堅持軍備對抗，而且不少人一心想向美國靠攏，這讓美國吃定了台灣，乖乖當他的看門口狗。

日本是個孤兒，除了台灣在亞洲沒有別的朋友，而且雙方產業互補，合作利大於弊，除了有時會欺負台灣更弱小占點便宜，滿足一下自己的虛榮心，會儘量維持友好關係。

至於大陸，則是一心想吃掉台灣，關鍵在於怎麼吃，所以台灣在思考策略時，一般會把焦點放在大陸與美國，如果想要從美國身上要到好處，又要避免被大陸吃掉，就要學學龍珠，在雙龍搶珠的夾縫下求生存。

龍珠策略，不斷變化

在舞龍表演裡，龍一心想吃龍珠，追著珠子跑，龍這麼強大又這麼有實力，為何吃不到龍珠？關鍵就在於龍珠雖然弱小但十分靈活，不斷的翻滾騰挪，變化方向，甚至可以牽著龍走，引誘龍去撞牆，用龍的力量毀滅牠自己，這就是台灣要學習的。

當前全球政治經濟情勢變化快速，大陸人才輩出且鬥爭經驗豐富，統戰功力老道，國家領導人個個老謀深算、手段高明，台灣要維持自主地位，就要學龍珠，不斷變化，讓大陸與美國摸不透台灣的走向，追著想吃但吃不到，甚至被台灣牽著走，台灣就能拿到想要的利益。反過來，如果台灣與大陸應對時的方法招式沒有變化，被大陸摸

通摸透，很快就會被吃掉。所以台灣要學龍珠的變化與靈活，不但要兩手策略，最好是三手、四手、甚至是五手策略。

台灣的政黨，或是政治人物，或是台灣民眾對大陸的意識型態，大致上可以分成四類：堅決主張台獨的作者稱為「深綠黨」，向台獨靠攏以獲取政治利益的作者稱為「綠黨」，維持現狀不想被統一的作者稱為「藍黨」，以及想與大陸統一的作者稱為「黃黨」等，這相當於四種策略，所以其實這四種黨派與族群對台灣而言都很重要，缺一不可；台灣人民在政治意識形態的強烈分歧，反而是台灣在面對兩岸關係的優勢。如果台灣只有一種意識形態，早就被大陸吃掉了。

如果台灣民眾全部都是堅決的台獨意識，大陸二話不說，肯定動武拿下台灣，反正台灣的軍隊戰力撐不到三天，美國根本來不及救，也不敢救。如果全都是支持統一的，大陸馬上棄之如敝屣，連正眼都不看一眼，就像香港澳門一樣被當成是囊中物。如果全部都是像藍黨一樣只想要大陸讓利，就先施點小惠，以商逼政，再慢慢吃掉，如果都是「綠黨」，就斷絕往來，等台灣撐不住了主動投降，再回頭吃掉。

所以其實這四種黨派與族群對台灣都很重要，缺一不可，加上台灣總統是民選的，沒人有絕對把握一定能當上總統，這就是一個很大的變數，讓中共摸不透，不能採取單一策略把台灣吃得死死的，中共內部對台灣的立場也會出現雜音與矛盾，如此一來對付台灣的力量就不會那麼集中；畢竟在全球向錢看的時代，戰爭是下策，能免則免，盡量統戰懷柔，但又沒有把握一定有效，只能一邊布置飛彈作為要脅，另一邊大撒銀彈盡量拉攏討好台灣人民。從另一個角度來想，就是因為放了飛彈引起台灣民眾反感，才要花更多的錢來安撫，所以飛彈其

實不是壞事，反而是台灣向大陸要好處的籌碼。台灣最令人詬病的意識形態分歧，配上總統大選制度，反而是台灣最大的談判優勢。

過去二十年民主化過程中造成族群嚴重對立，在台灣，原本藍的討厭綠的，綠的討厭藍的，連捷運的報紙都要用顏色區分成藍綠兩種不同觀點，其實應該互相感謝對方，台灣如果只有一種顏色，不論是藍或綠，都早就被中共吃掉了。就是因為有與自己立場完全不同的對方存在，台灣才能一直保持主權獨立。

但從政黨的角度來看就不行了，兩岸的競爭交鋒畢竟須透過政黨來對決，台灣各政黨立場太鮮明、太固定、手段太僵化，兩岸往來的招式老套而無變化，一下子就被中共摸透了，喪失談判能力，變成大陸願意給多少，我們只能拿多少。其實陳總統上台之後往台獨靠攏，並不是壞事，壞就壞在他在位其八年期間一直都向台獨靠攏，而且愈靠愈過去，中共對他死心了，集中火力打壓，把台灣的經濟貿易及國際空間打下去了。如果陳總統是一下子靠往台獨，一下子對中共示好，反反覆覆讓中共摸不清，卻又不去踩紅線讓中共下不了台，中共的打壓力道就不會這麼強，反而會給好處。

同樣的道理，馬總統一上台後改走維持現狀路線並改善兩岸關係，中共馬上示好且主動讓利，在次貸風暴期間扶了台灣一把，問題是馬總統第二次當選後策略沒改變，一心希望能簽定 ECFA，被看穿台灣經濟需要大陸幫忙，只想要大陸讓利，就被中共吃定了，一方面縮減讓利規模，ECFA 能拖就拖，能不給就不給，搞了半天證券業登陸才給三個名額，銀行業也還有二十六家登陸發展進度遲緩，所謂「人民幣兆元的商機」，只是聊勝於無的優惠。另一方面就開始要逼台灣上談判桌了；拿人手短吃人嘴軟，等被逼到沒有退路，台灣就會被吃掉。

　　過去民進黨執政時期，中共想要拉攏時，藍黨政治人物只要走訪大陸都是最高規格接待，國家領導人親自來迎；等馬總統一當選，中共吃下定心丸，馬上降低接待規格，改派官員來台撒銀彈拉攏基層農漁民，這就是因為藍黨政治人物已經沒有利用價值。綠黨受限於選票壓力無法與台獨切割，被中共直接拒絕往來，時間久了政治人物受不了，只好投降，所以這兩年不少綠黨重量級的人士紛紛拜訪大陸，到了北京上海不但邊走邊逛還大聲讚美，簡直就像劉姥姥進大觀園，連前任黨主席最近都搶著去大陸為新領導人上任道賀，這樣一來，綠黨對中共失去制衡力量，就算上談判桌也只是任人宰割。兩黨政治人物都被中共看扁了，那台灣還要玩什麼？沒得玩了！

　　所以如果台灣要維持現有自主地位，就要變。首先藍綠兩黨就必須在政治立場上保持彈性，不能一個老是藍的，一個總是綠的，而是兩個都要忽藍忽綠，變成藍綠交錯的變色龍，要不然根本玩不過共產黨。台灣是總統制，不論誰當總統，上了談判桌就是兩黨對決，在野黨只能看熱鬧。

　　當然，大國之間的往來要有一定誠信，老是食言而肥表裡不一肯定讓人瞧不起，這裡指的變化靈活與多手策略，是依情勢變化隨時掌握機會調整節奏、透過民意、媒體、社會輿論表達自己有不一樣的想法，進一步退兩步再進三步，而不是一成不變的指望對方讓利然後被迫照對方進度來走。

　　如果這點能做到，接下來就是，台灣不能連續由同一個政黨執政，或是同一政黨的前後任總統在兩岸政策上要有落差，最好是變來變去，要不斷輪替，讓中共無法完全掌握，那他就不知道押寶要押哪裡，只要綠黨不是一成不變的台獨，中共就不會動武，再加上總統輪流當，

而且藍綠兩黨都是忽藍忽綠，中共再怎麼不情願，也只能不斷把錢掏出來全面性的收買人心，這樣對台灣最有利。

中共這兩年吃定馬政府一心要簽 ECFA 來救經濟，開始推拖，讓利讓利，「愈讓愈小利」，如果政府改變立場，讓整體民意開始因中共的小氣而由藍轉綠，中共就可能馬上跳起來，台灣要什麼都答應。現在大陸與日本與鬧僵了，甚至可能動武，美國也把軍力從波斯灣轉到東亞，菲律賓跟越南又在南方不斷鼓噪，大陸已失去彈性，如果這個時候台灣適當的再鬧一下，有很大的機會可以從大陸手中要到想要的東西。當然這裡的鬧一下，並不是指挑明了跟大陸作對，而是順勢利用一些小動作表達自己的立場，營造自己有摻一腳的影響力，雖然小，但關鍵，給大陸的感覺是兩岸合作對外不是不能談，但要看大陸有多少誠意，而誠意，當然是看大陸願意「捧出多少銀子」。

惡少凌婦

台灣在玩多手策略的過程中，有一條紅線不能跨越，就是勿使大陸認為台灣決心獨立，否則會變成玩火自焚。台灣首要之務，是避免使北京孤注一擲，這是卜睿哲提出的警告。這個道理，可以從《易經》的〈小畜卦〉第四爻看得很清楚，但懂《易經》的人少，所以作者用「惡霸追美女」來比喻。

台灣與大陸的關係，就像一個有錢有勢的土豪惡霸與一個極漂亮的少女在交往。這少女真是美，天使面孔魔鬼身材，要臉蛋有臉蛋、要氣質有氣質，讓惡霸愛得無法自拔，惡霸四處放話非她不娶。

在這種情形下，這名少女什麼都可以做，可以不要答應惡霸的求婚，可以跟他出去約會，可以遲到讓他等，可以要惡霸送名牌包、鑽戒項鍊、名車豪宅，可以要惡霸帶她去馬爾地夫、夏威夷渡假、去巴黎逛羅浮宮，可以給惡霸一點甜頭讓他親一下，也可以耍脾氣不接電話，也可以讓惡霸一直追下去，唯一不能做的，就是給惡霸帶綠帽；一旦這名美女跟別的男人上床，或是想跟別人私奔，惡霸肯定翻臉，馬上白刀子進紅刀子出，兩個一起宰了。只能說自古紅顏多薄命，長得太美也不是件好事，都已經被惡霸看上了，也沒別的路可以走了。所以台灣怎麼變都行，可以忽藍忽綠，就是不能讓中共以為台灣一心要搞台獨，那就肯定翻臉打仗。

■ 處於弱勢不等於處於劣勢

這樣看起來台灣好像只能被動的避免被統一，錯，龍珠不只是跑給龍追而已，聰明的龍珠會牽著龍跑，帶著龍去撞牆，讓龍自己撞死，這樣龍珠就自由了；「用對方的力量消滅對方」，這樣反客為主、化被動為主動的策略，就是第二個台灣大戰略：「惡少凌婦」

台灣民眾分成藍與綠，就像中共想追的兩個女生，一個娶來當大老婆，一個娶來當小老婆。藍的就好比已經跟惡霸表達一定不會再愛別的男人，惡霸心想已是到口的肥鴨，不管藍的再怎麼端莊賢淑、美麗大方，頂多送送小禮物，不願再在她身上花大錢，所以談 ECFA 時能不給就不給。

而綠的就好比已經跟惡霸攤牌打死都不會嫁給他，惡霸把心一橫，「怒從心上起，惡向膽邊生」，也不再討好綠的了，索性把綠的關

起來，如果綠的不回心轉意，就餓死他；這個在台灣有一句俗話，叫
「關廁所」，小朋友吵鬧不聽話，又不想打他怎麼辦，就把小朋友關到
廁所裡從外面鎖起來，讓他去吵，看他能吵多久；等小朋友受不了了，
認錯道歉，再開門放人。中共對綠的就是這一招，綠黨的重量級人物
就是被關得受不了了，只好一個一個走訪大陸，就像小朋友向父母認
錯投降。

所以不論對藍或綠而言，一定要對惡霸忽冷忽熱，讓他摸不清，
這樣惡霸為了攏絡芳心，就會不斷的把錢掏出來。這個時候，不管藍
綠，都要把惡霸送的名牌包、鑽戒項鍊、名車豪宅收下來，能榨多少
榨多少，自己有錢能過日子，才有實力與惡霸周旋；如果不收，等沒
錢吃飯，餓得受不了時再去求惡霸，一定被逼去拜堂成親，等洞房後
就丟到後宮冰起來，所以，要儘量榨，最好榨乾對方，自己多了一分
力量，就代表對方少了一分力量。

從經濟面來看龍珠策略

不只在政治層面，在經濟面，台灣也要向龍珠一樣靈動。

台灣所犯的大錯就是二十年的政治內耗，把經濟搞垮了，正所謂
拿人手短吃人嘴軟，經歷次貸風暴期間無薪假的痛苦日子，台灣經濟
已慘到要靠大陸遊客來支撐的地步，這跟伸手向大陸要錢有什麼兩
樣？哪還有談判能力。就像龍珠一樣，餓到沒力氣飛，肯定被龍吃掉。
所以從經濟的角度來看龍珠策略，就是台灣的經濟發展策略要彈性，
要能跟得上環境變化，要能養活自己。

　　世界經濟局勢原本就不斷變化，過去十年變化得更加快速且劇烈，然而台灣的反應不只慢，常常一招到用底不知變通；招式用老，未跟著趨勢變化再變化，那比不變還慘。

　　早在 2000 年，不只作者，很多產業大老就已看出新產品開發是接下來產業競爭力的關鍵，但政府要等好幾年之後才提出台灣成為設計島的政策方向。作者從 2003 年就開始提供研發資訊安全的服務，但要到 2012 年政府才開始立法加重高科技業人員將公司機密外洩給大陸競爭對手的刑責。台灣政府在 2008 年還擔心技術外流而阻擋半導體及面板西進，卻未考量大陸已漸漸變成重要市場，此時搶市場遠比保護技術重要，要不然為何連英特爾、韓國面板業者都要去大陸設廠。如今大陸及韓國面板廠將起，台灣失去了市場，又沒品牌，空有技術、良率又有何用？保護技術反而把自己綁死了。

　　在全球化之後經濟趨勢的變化愈來愈快，台灣的經濟政策也要像龍珠一樣，不斷變化、及時變化，而且要走在時代前面，不能老想用一招半式闖江湖，一但跟不上變化，很容易來不及轉彎撞上牆壁，淪落到菲律賓的下場；其實菲律賓已經開始往上爬了。關鍵之一，就是要能掌握全球經濟與商業環境的變化趨勢，這時，作者所創的「隨風飛舞第五式：風險空中預警機」就派得上用場了。作者在前一本書曾解釋，策略與風險是一體兩面，相依相隨，有策略就有風險，反之亦然，因而風險管理的方法也可用在策略上，更正確的來說，作者是先發明策略的方法，然後將策略的方法調整後用在風險管理上，「隨風飛舞十三式」的本質就是策略的方法，當然可以用。

戰略二：惡少凌婦

前面已提過，未來台灣的第一個大戰略就是三龍搶珠，要釐清敵我利害關係，時時掌握全球趨勢脈動，要保持彈性靈活變化，不被龍抓到，然後進一步誘使龍去撞牆，讓龍自己毀滅自己。在這過程中要抓緊大陸人心，吸取大陸資源，逐漸壯大自己，要化被動為主動，就需要第二個大戰略：「惡少凌婦」。

在前面我們曾用一個惡霸想追求一個美麗正妹來形容大陸與台灣的關係。台灣海峽只有兩百公里，根本跑不掉。就像惡霸跟正妹同住在一個偏遠鄉鎮，正妹在別的城市也沒有親戚可以投靠，沒有地方可以跑，那怎麼辦。如果正妹拒絕惡霸的追求，肯定會被先姦後殺，保不住貞節也失去了性命；若是正妹另有意中人，兩人想私奔逃跑，肯定會被惡霸派人騎快馬捉回來，一起殺了。在這樣的情勢下，唯一的方法嫁就是給他，但作者的意思並不是叫台灣跟大陸統一，而是要跟大陸的民心結合，等一下會解釋。

如果正妹真的不甘心，恨這個惡霸，想報仇，最好的策略就是嫁給他。嫁了之後，最好還生下子女，讓惡霸及家人放下戒心，正妹就可以展開復仇計劃。首先討好惡霸的其他家人，三叔公六嬸婆等等，與親戚長輩建立良好關係，然後聳勇惡霸去吃喝嫖賭、殺人放火、敗家產、幹壞事，挑撥他與親戚長輩吵架、敗壞他的名聲，讓親戚朋友都討厭他，恨他。在此同時正妹在家扮演賢妻良母，收買人心並逐步掌握家中大權，等時機成熟，再下手毒死惡霸，然後把家產都霸佔了，報仇雪恨；更絕一點的，找人偽裝成強盜搶劫，將其家人親戚

全殺光，然後將原本的心上人找回來嫁給他，這樣這個仇，就報得徹底了。

其實，某個台灣政治人物就用過這個策略，而且非常成功。這種陰毒的計謀，並不是作者想出來的，純粹是小說常見的老梗：「一對青梅竹馬，十分相愛的年輕男女，跟著少女的父親（也是男子的師父）遠赴其他城市去拜訪師伯，師伯是當地有錢有勢的幫派頭領，為了搶奪寶藏線索，設計殺了少女父親，還讓人以為是父親傷了師伯逃走。而師伯的兒子又看上了這美麗少女，設局誣陷男子偷竊又強姦，被抓到大牢裡關起來，此時師伯的兒子為了討好少女，假裝營救，其實是花錢買通縣太爺判了男子重刑廢他武功，讓他這輩子無法出獄報仇。後來少女只好嫁給兒子，又生了一個小女娃。男子發現被陷害的真相後，越獄逃走，中途差一點被抓，剛好遇到少女出手相救而逃出生天，後來男子練成絕世武功，回來報仇，師伯一家遭到報應，全死光」，這情節，就是金庸小說《連城訣》，改寫自其傭人的真實故事。

如果當初這個少女個性剛烈自盡，後來就沒機會救情郎，情郎也無法報仇雪恨，所以對少女而言，嫁給仇人，伺機報仇，才是上策。除了《連城訣》，很多小說或電影都有這種情節：「一個江湖豪客消滅了敵對的幫派，經過幾年的努力成為武林第一大幫派；然而當年被他殺死的宿敵，其兒子逃過一劫，隱姓埋名。就在人人都忘了這檔事之後，這個兒子改名換姓，投身到仇人豪客的幫派做事，受到豪客賞識；兒子立下諸多功勞，終於贏得豪客的信任，開始慢慢挑撥離間，讓豪客起疑心而殺了忠心耿耿的親信，然後兒子設局害死豪客，在豪客臨死前告訴他是為了報殺父之仇」這是古龍小說，《七種武器之四：多情環》。

「英王亨利一世為了政治考量，要他兒子取了法國公主當王妃。公主嫁過來後才察覺王子是同性戀。英王為了對付威廉華勒斯，派王妃去和談，反而讓王妃認清英王的真面目，後來還與威廉華勒斯有了私情而懷孕。但威廉被英王設局捕獲，即將公開處死，王妃求情無用，恰巧得知英王已病重無法言語，於是在他耳邊，王妃小聲告訴英王，她將會殺了王子，讓肚子裡所懷的威廉的骨肉坐上王位」這是梅爾吉勃遜的英雄本色。

當敵人太強大而自己太弱小時，怎麼辦法，最好的方法就是與敵人結合，贏得敵人信任，然後慢慢將敵人的力量占為己有，等羽翼豐滿之後再將之害死報仇；當然共產黨在抗日時所用的策略：「一分抗日、二分應付國民黨、七分壯大自己」也差不多是這個意思。所以說，如果想學策略，不需要花大錢請教西方的策略大師，多買幾部小說、多租幾片電影來看，反而學得更多。

台灣接下來的做法

台灣要不斷吸收大陸的民心，讓大陸民眾愛上台灣，這樣一來，就算大陸軍方想打台灣，馬上會有一堆人出來反對，媒體撻伐、群眾示威，領導人顧慮到自己的江山，也不敢打。所以台灣想維護自己的主權，要從讓中共不會打台灣的方向思考，而不是靠美國來救；美國不會理你。

最簡單易行的做法，就是開放大量的大陸學生來台唸書及就業，大陸學生可以選擇的機會本來就多，會來台灣的大多是因為對台灣有好感，帶著一點感情，所以讓他們來台灣唸書融入台灣社會，他們會

更愛台灣，就像有大陸學生寫的：「第一次用台語高喊『我愛台灣』會覺得很幸福」，他們自然會向大陸的親友讚美台灣有多好多好，也會在社群網站上宣傳台灣美好的一面，就像韓寒、趙星一樣，沒有什麼東西比這個效果更好的了。

　　一般企業做形象廣告不但要花錢還要買電視時段，台灣是賺大陸學生的學費、生活費，還讓他們自動幫台灣行銷，台灣不但不花一毛錢，反而賺錢，又博得好口碑，天底下去哪裡找這麼好的事！

　　這些來台灣的大陸學生，就讓他們在台灣就業生根，最好結婚生子，如果大陸想打台灣，這些學生家人親友會第一個跳出來反對，簡直就是免費的人肉盾牌，多多益善，既促進台灣經濟成長，又提升台灣的防衛力量。就算他們以後回去大陸就業，一旦大陸軍方要打台灣，他們肯定會去示威抗議，這些人就是保護台灣主權最大的力量；這個觀念，就好比孫子兵法〈作戰篇〉「善用兵者，役不在籍，糧不三載；取用於國，因糧於敵」，將敵人的資源收為己用，用敵國人民來幫自己打戰，還吃對方的糧食，套一句台語俗話說：「吃人夠夠」。

　　十年樹木，百年樹人，台灣對大陸民眾的「洗腦」要往下紮根。台灣這兩年博士班成立太多，博士生取得學位後很難找到教職，也很難找到工作，導致唸博士班的誘因降低，愈來愈沒有人要唸。此時應大量開放大陸學生來台唸博士，就算把全部的名額都讓給他們也沒關係，等他們拿到博士學位回到大陸教書，就會教導學生台灣有多好、人民有多善良、對照之下共產黨有多醜陋、應該要愛護台灣等等，從小就教育大陸人民愛台灣，等他們長大之後，怎麼會願意讓解放軍打台灣！

　　教育是「洗腦」的重要管道，所以台灣應多多舉辦大陸國中小教師來台灣交流，或是進一步取得學位。台灣在環保教育、以及人文上有很大的優勢，教師們來台學習，回去教小朋友時，自然會說台灣多好多好，這樣小朋友就會根深蒂固的認為台灣好，就像當年中共教學生，長大後要解放台灣的效果一樣。

　　大量開放大陸學生來台，除了吸收更多大陸民意來保障台灣主權，還有多重好處。大陸有很多類似台灣專科畢業的學生，在找工作時常常被大學學歷的畢業生比下去，如果開放這些學生來台灣唸個兩年書就能拿到類似大學學位，市場需求會很大。台灣過去十多年教改開放成立那麼多大學，特別是科技大學，加上少子化而面臨招生不足甚至可能倒閉的窘境，這些學生剛好可以解決這個困境。

　　台灣的大都市土地價格高很多，很多大專院校或科技大學設立在較偏遠的鄉鎮，這些鄉鎮往往缺乏產業，長期經濟不振，人口外移嚴重，如果政府在這裡設置工業區蓋工廠，又會製造污染，或是與農民搶水，引起居民反彈。若能大量開放大陸學生來台唸書，讓這類偏遠鄉鎮的學校都可以招收到一兩萬名學生，不但可以創造偏鄉的就業機會，吸納更多研究人才，還可以繁榮地方經濟，又可提升當地文化水平。例如作者的母校中正大學，就是在甘蔗田中蓋起來的，剛成立時只有三千多名學生，學校附近只是一片荒煙蔓草，經過十年發展學生人數成長到一萬多名，如今甚至有美食街了，附近農民將農舍改建成套房出租，不用辛苦工作每個月都能有十多萬收入；大量開放陸生來台所帶來的經濟效益，比大陸觀光客更持續且有效。

解決出生率降低的問題

　　台灣很多經濟問題都與出生率降低有關，而出生率降低又與經濟衰退形成惡性循環，目前企業最缺的是藍領勞工，據統計，缺工數卻高達 18 萬人，而且企業常抱怨學校教出來的學生根本不能用，找不到工人只好遷往大陸或東南亞，外移之後又帶走白領人才及工作機會，就算政府提出各種獎勵措施也很難吸引台商回流，此時大量開放陸生來台唸書就業可以彌補人力不足，甚至可以與大陸協商，招募品行較佳的大陸勞工到台灣就業及安居，畢竟台灣基層勞工的薪資待遇比大陸好，生活環境也好，若是在偏遠鄉鎮的工廠工作，還有機會買房結婚生子，比起在大陸討生活，條件好太多了；對台灣而言可彌補鄉村人口的流失。這些大陸勞工不是匪諜，是我們的阿祖、阿公、父親、叔叔的同鄉鄰居，跟我們有血緣關係，他們來台灣融入台灣社會後，只會比台灣人更愛、更保護台灣，不會害台灣的。等他們愛上台灣的生活之後，甚至會反對兩岸統一的，哪一個過慣天堂生活的人，會再想回地獄去！

　　不要去想說這些大陸民眾來台灣之後，萬一兩岸打起來，這些人會幫大陸打台灣，危害國家安全。請問，就算沒有這些大陸民眾，大陸真要打台灣，台灣能撐多久？不超過七天，大陸民眾連幫都還沒開始幫，戰爭就結束了，那有什麼差別？

■ 因糧於敵

《孫子兵法·作戰篇》講得很清楚：「善用兵者，役不在籍，糧不三載；取用於國，因糧於敵」，跟對方打仗，不只糧食吃對方的，連兵都用敵國的人民，這樣才能避免因打仗而耗用國家太多資源，又能削弱對方。所以台灣想保障自己的主權，就要善用大陸的資源，「役」者，要大量使用大陸民工來台灣幫企業賺錢，兼作人肉盾牌，「糧」者，要盡量向大陸借錢，各種建設由大陸出資，這個叫「美女削凱子，一個願打一個願挨」。

台灣每年付這麼多薪水給幾十萬外籍勞工，這些外勞對於改善兩岸關係毫無幫助，等於白白浪費大量的資金；要是把這些工作機會全讓給大陸農民工，幾百萬大陸民眾在台灣當人肉盾牌，台灣根本不用花錢建軍備，一舉數得。

■ 削凱子

台灣這幾年經濟每況愈下，政治人物為了選票錢亂花，不只債台高築，還負債愈來愈多，財政困窘，很多重大建設沒經費，連國際機場都被笑是破破爛爛。大陸多次提議願意投資台灣基礎建設，政府卻始終不願意。有人說這等於是台灣欠了大陸的錢，以後會被大陸掌控；也不知怎麼會有這種想法，難道沒聽過：「欠錢的人最大」這句話嗎？台灣就應該拼命的向大陸借錢，壯大自己，以後要是大陸敢攻打或欺負台灣，就賴帳，甚至沒收其資產，讓那些借錢給台灣的大陸企業及

銀行倒光光：「我就算打不贏你也不會讓你好過」。大陸如果要打台灣，那還跟他客氣什麼，直接把大陸企業在台投資的資產全炸掉，要死一起死。

大陸現在的心態，就像本章前面說的惡霸在追美女一樣，為了打動芳心，什麼錢都花，名牌包、汽車、外加出國旅遊，甚至送豪宅金屋藏嬌；凱子哥的錢不花白不花，花了不會怎麼樣，不花也不會比較好。我收了你的房子，但沒答應要嫁你，說不定還不讓你進門，敢翻臉，我先放火燒屋，反正買房子不是花我的錢，讓你心裡淌血。

所以台灣如果要扶植產業，要投資重大公共建設，要儘量用中共的錢，不但可以耗費對方資源，又能壯大自己，如果兩邊翻臉，就沒收其資產。例如政府沒錢救面板、DRAM，就應引進陸資，然後用法令卡住不讓其取得經營權，要不然倒了對台灣也沒幫助。或是台北房價太高年輕人買不起，政府應向大陸大量借錢，買地蓋房子，品質要好，不用怕花錢，然後低價賣給年輕人，貸款分兩百年償還，付不出來也沒關係，叫大陸政府自己向台灣青年催債，作者就不相信大陸敢來台灣，把繳不出房貸的台灣青年趕出房子，甚至催收貸款，台灣人民不恨死大陸才怪。如果大陸飛彈打過來，摧毀的是他自己的財產，倒楣的還是他自己，這才是台灣的「防衛設施」。如果要做得絕一點，就把原來要花在公共設施的錢省下來，拿去買武器打老共。

所以台灣政府要以政府名義，向大陸所有國營事業及銀行大量借錢，能借多少算多少，大陸敢打過來，就欠錢不還，拖垮他們的國營事業及銀行，這些國營企業在面對重大損失的壓力下，自然會幫台灣說話。錢還不出來，就展延再展延，有本事叫他們來台灣追債，如果

他們真的來，就當他們是來台灣旅遊促進內需；別忘了對大陸官方而言，台灣算「國內」，所以這不是外債，量他們不敢跟外國人告狀或要求國際制裁，那等於是自己承認「大陸與台灣是兩個國家，所以欠錢是國際問題」。所以大陸的錢借愈多愈好，借了還不起也沒關係，把大陸當成凱子在削就對了；放著凱子哥不削，那是自己笨。

■ 兩害相權取其輕

不要以為作者在胡思亂想，花大陸的錢是經過仔細評估後，對台灣比較有利的選擇。台灣的民主化已經變成民粹化，如何吸引選票、取得選舉勝利變成政治人物第一考量，導致重大建設一定要做，而在互相比開支票之下，政府債務逐年攀升，早晚淪落到跟希臘一樣。

如果這些重大建設都是自己舉債花錢蓋，等以後有一天還不出來，被信評公司降評等，在孤立無援的情況下，台灣會比希臘還慘。然而這些錢如果是跟大陸借的，可以要求大陸不要計入負債之內，因為對大陸而言，台灣是「國內」，而不是「國外」，就算真的沒錢還，大陸也不可能冒著讓台灣被降評的風險在國際上討債，除非他不想統一台灣。

如果是台灣自己對外舉債，等還不出錢變成希臘，人民生活苦不堪言，需要大陸協助時，大陸一定會要求談統一，那時台灣根本沒得選擇。如果是向大陸借錢，還不出來時就不要還，如果大陸要談統一，還可以用這個當籌碼與之周旋。所以兩者比較起來，向大陸借錢對台灣比較有利，到時候的決策空間也比較大。

歌星明星比科學家重要

　　台灣過去為了發展經濟，教育體系主要在培養醫、工、農、商等學科的人才，音樂影劇藝術等領域分配到的資源極少，很多都是沒學校要收的學生去唸的，從來沒有相關教育政策，幾乎是任其自生自滅，沒想到這些人才卻走出台灣的一片天。

　　可能也是大陸過去長期封鎖及文革破壞給了台灣機會，台灣不但是華人流行音樂的中心，也曾經是戲劇電影的中心。大陸 80 年代以前出生的民眾對台灣的印象及好感，全都來自「星星知我心」等電視劇，以及鄧麗君、周華健、李宗盛、哈林等歌手，導致後來台灣影歌星到大陸去都大受歡迎。

　　全世界的粉絲對明星都是盲目崇拜，因而這些影歌星在保衛台灣主權上所起的作用，比戰機飛彈都管用。以前大陸就流傳一句話：「只愛小鄧，不愛老鄧」，那如果老鄧要打殺小鄧，大陸人會挺誰？這個道理很明顯。所以台灣若產出更多的影歌星去大陸發展，迷倒愈多的大陸民眾，對台灣就愈有利。那天中共想打台灣，這些明星只要現身講講話，鼓動粉絲上街示威抗議，就夠他們受的了，更何況軍隊裡也有粉絲，那他們還肯用力打嗎？

　　過去這二十年台灣就是未能順應世界潮流、快速因應，才導致寶貴的優勢逐漸流失。如今不只電影戲劇一蹶不振，早就輸給香港及大陸，現在連流行音樂也都岌岌可危。這幾年韓流壓境，韓國歌手偶像團體襲捲全亞洲，大陸流行音樂也開始起步，台灣再不振作，真的要完蛋了。

政府為了提升台灣學術研究競爭力，除了原本對公立大學的補助，還額外多出五年五百億的預算。教育當然要花錢，殊不知台灣高等學術研究的問題並不在於錢，就算花再多，也培養不出諾貝爾獎得主。在成本效益考量下，政府應該把這些錢全花在影劇藝術學院，不只要建立類似美國朱莉亞的音樂學院、要花大錢聘名師、大量栽培台灣與大陸的明星人才，連周邊的功能也不能放過，諸如美髮、美容、服飾、舞台影音道具、編輯導演、甚至是整容醫學等等，都要大力投資在教育上培養人才，形成產業聚落，台灣知名的婚紗攝影產業可以當作範例。明星除了先天的條件，後天的包裝整容也很重要，這也是韓流能成功的關鍵因素之一。

台灣在培養科學家上所花的錢夠多了，也沒看到什麼成效，研究做得好不好主要是看用不用心，而不是花多少錢；如果沒有心思做研究，花再多錢也沒用。應該要挪一部份的資源來培養影歌星，蔡依林、周杰倫對台灣經濟及保障主權的貢獻，遠比諾貝爾獎得主大多了。台灣要認清趨勢，及早因應，不要白白錯失良機。

■ 產業全面西進大陸

台灣要掌握大陸民心，不只要在教育及影劇上大量吸納大陸資源，各產業要全面投入、全面進攻。特別是醫療產業。

台灣這幾年由於開放大學設立，醫療人才增加快速，但市場畢竟有限，導致出現部份醫療科系畢業生找不到工作，或是薪資待遇大不如前。台灣醫療品質全球知名，作者去過大陸一段時間，看醫生不但花費昂貴、醫生黑心沒醫德、假藥泛濫，很多台商生病時情願搭飛機

回台灣就醫，這正是台灣攻占大陸醫療市場的大好時機，應該成立更多醫學院，由各大醫療體系帶領，全面進攻大陸，設立高級醫院服務大陸百姓，特別是有錢人及知名意見領袖。如果這些人都是台灣醫生的病人，當大陸要打台灣時，台灣醫生發動誓死罷工抗爭，病患家屬一定全部衝上街頭，這些有錢有勢的人也會出馬為台灣請命，難道大陸能把這些醫生抓來殺掉嗎？那以後要找誰看病呀。這才是保障台灣主權的最大力量。

■ 隨風飛舞第十一式「正面對決」

台灣要掌握大陸的民心民意，必須徹底而全面，大陸這麼大，十三億人口，台灣小，資源又有限，必須有方法才能創造最大效益，此時就會需要作者自創的方法論：隨風飛舞第十一式「正面對決」。

這個方法原本是作者寫來幫金融業做好聲譽與風險管理，甚至是打聲譽戰爭的。金融業在全球各地原本是人人稱羨的行業、看看華爾街新貴天天穿得光鮮亮麗、薪水高紅利高、工作輕鬆又可以買遍名車豪宅及遊艇。次貸風暴爆發後，種種貪婪嘴臉、惡行罪狀都曝露在世人面前，金融業名聲一落千丈，在美國甚至猶如過街老鼠人人喊打，華爾街及哈佛等知名大學才終於明白品德與聲譽的重要性。然而目前有些金融監管較為先進的國家所發展出來的聲譽風險管理方法，就跟巴賽爾協定所規範的作業風險管理方法一樣，一點用處都沒有，所以作者才寫了這個方法。

隨風飛舞第十一式「正面對決」的幾個主要方法工具，諸如「彭思舟效應」、聲譽地圖、分析系統、網路聲譽戰爭、動態聲譽策略等等，

用途非常廣泛，不只金融業可以用，各行各業可以用，政府可以用，個人也可以用，政治人物、歌星明星、部落客等都可以用，國家也可以用，台灣也可以用。此方法在隨風飛舞十三式裡，與第五式「風險空中預警機」並列為兩大用途廣泛的方法論。所以如果未來政府想採行「惡少凌婦」這個策略，那「正面對決」這個方法是派得上用場的。

取徑

前面兩個大戰略，「三龍搶珠」指的是如何在劣勢中避免對敵方吃掉，「惡少凌婦」則是化被動為主動，反劣勢為優勢來擊敗對方，但這都不是作者偏好的競策略。作者喜歡的策略，都像是「橫掃千軍」、「萬夫莫敵」、「殺他個片甲不留」之類的。

思考競爭策略時有一個很大的關鍵，那就是看事情、想事情的角度，會決定策略的優劣；而這個關鍵，作者稱之為「取徑（Approach）」，這是作者所獨創，獨步全球的策略思維方式，第二章會再說明。

談到「取徑（Approach）」就讓作者回想起 2004 年為企業提供策略服務的場景。大部份的企業，策略目標都是用喊的。例如今年已達成十億的業績，大老闆就喊個明年目標「十二億」，事業主管聽了之後就還個價「十億五千萬」，喊來喊去最後以「十一億」成交。這不就是菜市場討價還價那一套，這叫那門子的策略會議？

作者並不是說這樣子不對，而是說，這不是策略，也不是策略思維。作者在提供策略服務時，是不玩這種喊價遊戲的。那時有一個企業客戶有一個事業單位，每年的營業額是六億，在作者幫這家企業完

成策略服務的結案會議上，作者在會議結束時對所有高階主管講：「這次我們的服務就到這邊，下次如果還有機會來服務，我們就不談什麼六億、七億的了，我們來聊聊二十二億」。讀者看到作者在客戶端的結案會議上講這種「瘋話」，該事業單位主管一定會像被針扎到一樣跳起來拍桌大罵說：「絕對不可能」。錯，該名事業單位主管聽到作者這翻話，整個人就像被電到一樣，一副恍然大悟的表情，直說：「啊，二十二億，有機會！可以談」。

　　為何會有這樣當頭棒喝、醍醐灌頂的效果，是因為從六億、七億的角度想策略，跟從二十二億的角度想策略，得到的東西完全不一樣；而台灣當前在兩岸競爭上的策略思維，只想著保全自己與維持現狀，這就是最大的盲點。

　　作者若也只從想保護台灣主權角度思考，也就只能想出前兩個策略；別忘了：「攻擊才是最佳的防守」。要有重大突破，就要改變思考方向，甚至從反方向思考，要思考如何吃掉對方，而不是保全自己或避免被吃，這就是作者融合易經與自創的「新漢華兵學」所發明的策略思維，全球獨一無二的策略思維。而這個策略思維的成果就是第三個台灣大戰略：「北伐」。

戰略三：北伐

　　在中國的歷史上，向來是北強南弱，西強東弱，都是北方政權消滅南方統一中國，或是西方蠻族入侵導致國都東遷。歷史上由南方勢力推翻北方政權的，大概只有蔣公的「北伐」；由廣東黃埔軍校為基礎的十萬青年軍，連武器彈藥都不足，竟然能一路北上打敗各地軍閥統

一中國，中國五千年歷史裡大概只發生過這一次，所以再怎麼討厭蔣公的人，都不能抹殺他的歷史地位。

　　大部份的人都認為大陸強台灣弱，台灣被吃掉是早晚的事；然而從「新漢華兵學」角度來看，未來能操控政治與軍事的那隻手，是「民心」，而就民心與社會文化而言，其實是台灣強、大陸弱，中共甚至不堪一擊。

　　如果作者是藍黨的領導人，我會把台灣留給二軍去經營（因為綠黨已走入歧途，不足為慮，除非藍黨推出的候選人實在太不成材，否則綠黨贏不了總統大選），然後起盡黨內精英，率眾北上，效法國父十年革命與蔣公北伐的精神，以促進兩岸統一為口號，到大陸各地開疆闢土，設立黨部，吸收黨員，推動民主運動。

　　中共再怎麼惡霸，不論對自己的人民或法輪功怎麼鎮壓，也不可能把藍黨黨主席抓起來關，如果中共將藍黨黨員驅逐回台灣，藍黨就以中共破壞兩岸統一為由，回台灣進行獨立公投，然後把責任推給中共，讓中共面臨進退兩難局面；更何況他趕我走，我可以再潛回去，最多被抓到再送回台灣而已，如果他把我關起來，那更好，就像南非的曼德拉一樣，等我出獄時，就是中共政權垮台時。

　　藍黨黨員是為了促成統一才西進大陸的，中共驅逐他們就代表不希望兩岸統一，如果中共因藍黨推動台獨而要攻打台灣，藍黨就提出和平協議，只要中共讓藍黨西進，台灣就不獨立，甚至可以談政治協商，「以敵之矛攻敵之盾」。所以才說：「不要害怕敵人勢力強大，要營造情勢運用敵人的力量逼死他自己」。

　　中共只會鎮壓反抗勢力，絕對不會開放黨禁，這正好給藍黨大好機會，等於是讓藍黨獨占整個舞台，可以大顯身手而且完全沒有競爭

對手，此時藍黨黨主席率眾北伐會如入無人之境。以現今大陸老百姓對共產黨腐敗的痛恨，會一面倒向藍黨，在國父及民國風加持下，藍黨站在老百姓身邊為其發聲，不用多久藍黨就會變成大陸第一大政黨，然後再挾龐大民意逼宮，中共立即變成待宰羔羊。藍黨只要不斷努力，過個二三十年，大陸一定會民主化到由人民選舉產生國家領導人，到那時一定是藍黨勝選，台灣的藍黨成為大陸的執政黨，又怎麼可能回頭打台灣。

想知道大陸民眾有多討厭共產黨又有多喜歡台灣嗎？2012 年七月在新浪微博上有這麼一則投票：「如果台灣宣佈居住在大陸的公民將可自由申領台灣護照，也就是說『陸台護照自由申領』，你會想要哪一個？」結果有高達 71% 的人選擇台灣護照，只有 5% 的人選擇大陸護照。這背後所透露的訊息相當值得台灣民眾與藍綠兩黨政治人物思考。

甚至在 2012 年大陸的國慶日當天，有人將青天白日滿地紅的中華民國國旗發布在網絡上，宣稱抵制「國慶」，要慶祝「雙十節」。在大陸的社交網站上，許多有關中華民國的微博資訊中，都有這樣的留言：「請求台灣光復大陸」、「請求台灣解放大陸百姓」、「請求台灣反攻大陸」、「我志願帶路」等等。長期研究民國史的中國人民大學政治系教授張鳴更直接表示：「若開放國民黨到大陸選舉，國民黨肯定贏」。

所以目前藍黨在台灣本土與綠黨在每場選舉激烈斯殺，是不適當的策略方向。如果藍黨在大陸成為第一大政黨，可以為台灣民眾謀大量福利，到那時每當台灣要和大陸談判，向大陸爭取利益時，一定是透過大陸藍黨來進行，屆時，台灣也會變成藍黨的天下，綠黨根本沒

有生存空間；兩岸的第一大黨都是藍黨，才真正達成國父的理想：「三民主義統一中國」。

　　台灣根本不應每年花幾千億在國防軍備上，台灣人民應該把這些錢給藍黨，作為藍黨的奧援來征服大陸。就像作者以前聽說的李國鼎先生、趙耀東先生他們想出來的「花幾百億美金買下一半的大陸國營事業」的策略一樣，只要藍黨是大陸第一大政黨，人民解放軍就不可能攻打台灣。

　　現在於由大陸強，台灣弱，台灣需要大陸讓利，被大陸吃的死死的，不論是當前的 ECFA 或是未來的政治協商，台灣一定屈居劣勢，接著以商逼政，慢慢被大陸吃掉。一旦藍黨成為大陸第一大政黨，那時就是台灣想要什麼，大陸就必須給什麼，而且台灣在政治談判上什麼都不讓，條件完全由台灣開，台灣民眾躺著吃都可以吃個幾十年，這才是真正的台灣大戰略。

戰略四：平凡的幸福

　　從「新漢華兵學」角度來看，自己與敵人相比，總是有強有弱，敵人有強的地方，我們也有強的地方。如果老是將目光放在敵人較強的項目上與之競爭，自然是「耗費資源，事半功倍」，不如轉移戰場，改成將自己原本較強的地方更加提升，讓敵人追不上，有時可能會出現扭轉乾坤的效果。

　　作者的策略思維一向內外兼俱、攻守兼備，不只依賴敵人的力量消滅敵人，還會擴大自己與敵人的差距，設下競爭門檻，讓敵人望塵莫及，怎麼追都追不上。「北伐」是逐鹿中原的對外策略，而對內，台

灣要盡一步提升社會文化的層級，讓自己的人民過「好日子」，然後把大陸比照成地獄，不是有錢就是天堂。這個自立自強的策略，就是第四個台灣大戰略：「平凡的幸福」。

線西的幸福故事

作者兩年多前結婚後，跟著妻子住在彰化偏遠的小鄉村，雖然作者從小在嘉義市長大，自認為是鄉下人，但也沒聽過台灣有線西鄉這種偏遠鄉鎮，是認識了妻子才知道；線西鄉線西村線西路，第一次聽到這個地址時，還以為妻子故意呼攏我。作者向來不喜歡大都市，只是內人的娘家也太「鄉下」了，第一次拜訪時內心暗暗吃驚，開車從彰化進入和美鎮，再轉入往線西的一條兩線道的小路，在小路上開車將近五分鐘，竟然沒看到一輛車，也沒遇到半個紅綠燈！只經過一個閃黃燈，放眼望去除了稻田還是稻田，遠處有幾戶民宅，不禁懷疑衛星導航是否帶錯路了。

作者目前住在線西村最古老的社區聚落，全社區大概只有不到百戶人家，走遠一點跨過省道後有一個比較大的社區，有一條街，街上有五金行、藥房、中醫診所、自住餐、便利商店、飲料店、電器行等十幾家商店，這就是「全鄉」最繁榮的商店街。還好還有一家小超級市場，全鄉只有三家便利商店，之前唯一的一家網咖已歇業，造成附近外勞極大困擾；連買碗豆花都要跑老遠到隔壁的和美鎮才有。

在這裡，有錢也沒地方花，物質慾望就很低。作者常常看著家門口的那塊田，地主將田地劃了多個區塊，種著不同的蔬菜水果，作物的生長似乎天天都有變化。或是跟妻子去岳父大人的稻田走走，或是

去伸港媽祖廟燒燒香，看看電視，一天就過去了。這裡的生活跟台北比起來是很無聊，但有一種平淡的幸福。

這裡房子便宜，經濟壓力也比較低，兩夫妻合計每個月六萬元就能繳房貸及過日子，工作不算難找，送瓦斯的一個月也可以賺三、四萬。村子裡青壯人口較少，大多是阿公阿媽帶小孫子，最多再加上一對夫妻守著兒女，這是很平淡的幸福，讓我想起不丹，雖然沒什麼功成名就，但跟在台北領 22K 的台大高材生，或是竹科基層工程師比起來，日子真的幸福很多。作者認為，這才是一般人、正常人應該過的日子。作者認為，台灣的教育，教了小孩太多的虛榮心。

■ 功成名就只是虛榮心作祟

作者曾看過新聞報導，在大陸製造熊膽的工廠，把熊關在籠子裡餵養，然後在熊身上插管子抽取膽汁，這樣就有源源不絕的原料來源。熊不僅無法自由活動，身上還插著管子，當然很痛苦。有時很感慨，表面上自己是個體面的金融業白領，實際上跟這隻熊有什麼兩樣？只是多了一張床、有筆電及手機、還可以上網罷了。有人會反駁，工作是自願的，問題是，大部份的人都是迫於經濟壓力不得不工作，這跟被關起來有什麼兩樣？辛苦努力好不容易盼到加薪，又被通貨膨脹與房價吃掉，到頭來一場空。

妻子認為，作者在大型金控工作，當然比修汽車、或是工廠作業員好；作者對妻子的看法很不以為然，至少修車廠老闆不會因為你出版著作而刻意修理你或打壓你。更何況，有誰規定修車工人不能唸博士班？又有誰規定作家就不能靠修車賺錢過日子？一個高中畢業生在

修車廠修車，一個大學畢業生在機場修飛機，一個碩士畢業生在科技廠修機台，都是黑手的工作，為什麼大家就認為碩士的地位就比較高？晉朝時代的知名文人「竹林七賢」也是靠打鐵、砍柴為生，陶淵明後來不也是棄官不做跑回老家種田，才寫出「採菊東籬下、悠然見南山」的千古佳句，難道他們的地位都很低、沒文化？

紫微斗數在評論人的格局時有這樣的看法：「一個人在極貧困艱難的環境下，仍然堅持理想，『自非凡品』」在極貧困艱難時當然會被人瞧不起，但卓越的人不會因外界眼光就對自己失去信心，或否定自己。

在台灣，鈑金師父一個月賺十萬的有的是，科技業碩士能有十萬嗎？不但沒十萬，每天加班熬夜，身體都搞壞了，好不容易結個婚，要不老婆跑了，要不老婆肚子裡的小孩不是自己的，到底誰比較幸福？妻子的小學同學就住在村子的廟口旁，做鋁門窗的小生意，訂單接不完，收入很穩定，住透天厝，從來不加班，每個周末都開車載妻小到處玩，有多少竹科工程師能過這種日子？優劣立判，那為何大家會認為碩士的地位比較高？因為台灣的教育出了問題。

教育不能只培養優秀人才

台灣的教育主要是針對精英，加上早期人民生活艱苦，不打拼那有錢過日子！所以從小，老師都教育小朋友，要努力唸書，才能出人頭地。資源有限，不能浪費，培養精英是必然，但不是每個人都能成為精英，對於大部份平凡的學生，要適當調整教育方向，因材施教。

作者記得小學四年級時，某一次老師又在講台上對同學耳提面命，要同學好好努力用功唸書，才能考上大學出人頭地，要不然就只

能當修車工人或建築工人。當下作者很天真的問老師：「如果人人都去唸大學了，那修車工人誰來當？我們車壞了要找誰修？」老師啼笑皆非的說：「當然是讓別人去修，怎麼會有人想當修車工人的？」結果作者不幸言中，當前台灣的教育及經濟問題，就是所有的學生都跑去唸大學了，連沒資格唸大學的都去唸了，畢業出來，沒人肯當修車工，或是去工廠當作業員，造成企業缺工、產業外移，帶走白領工作機會，連帶導致大學畢業生找不到工作只好在家當「啃老族」，或是接受 22K 的低薪，這離「考上大學出人頭地」非常的遠。

作者大學一年級暑假時，去工地打工，才知道粗工一個月可以賺六萬至八萬，當時大學畢業生一個月也不過三萬，內心隱隱覺得被台灣教育給騙了，回去跟高中導師蔡永泉老師聊天。作者說：「如果我國中畢業就去工地打工，三年可以存約一百萬，還可以建立自己的人脈，二十歲就可以用人脈組團隊接工程，甚至當人力仲介，等旗下工人夠多時，就自己包工程，然後開建築公司，開始累積人脈，再出來選議員或代表，這樣就有機會承包政府工程，說不定三十歲就當大老板了，那我唸大學要做什麼？浪費時間、浪費生命、浪費金錢！」作者的舅舅是從工地工人起家，一路做到包工程，賺的錢比上班族多多了，房子買了好幾棟，不唸大學一樣可以出人頭地。

蔡老師說，唸了大學可以考會計師賺大錢呀，作者也朝這個方向努力，後來才發現，會計師工作太繁重，就算賺了錢也不一定有時間花，而且房價那麼高，比較像樣的房子至少五千萬起跳，豪宅變「好窄」，相較之下一千多萬在線西鄉就可以蓋皇宮了。看來看去，這兩年，作者最羨慕的，就是妻子那個做鋁門窗的小學同學，以及在線西派出所任職的員警。線西這種小地方，沒犯罪、勤務也少，有一次去派出

所，空空的沒人，只有一個留守的在睡覺，真是幸福。我認為，這才是一般人、正常人應該過的日子。作者認為，台灣的教育教了小孩太多的虛榮心。

台灣應將教育區分成兩部份，精英教育與平民教育（或是技職教育），從國小就可以區分出來，想當精英的靠自己的本事考試，接受國家資源栽培，不想當精英的就接受平民教育，學習一技之長，學會如何在鄉下過幸福日子，以及如何做生意。等工作多年又想唸書或進修時，再提供進修的機會，這樣一來不會浪費社會資源，下一代才會更幸福。追求幸福是需要能力的，而能力需要教育培養，能培養出幸福學生的教育，其難度遠比培養能功成名就的人才高多了。

在台灣，有很多人不走傳統唸大學的路，一樣很成功很幸福。教育應該教學生如何能當個修車工一樣可以過幸福的日子，而不是把學生教成頂尖工程師，那畢竟是少數，大部份的人只是平凡人，要讓平凡人也有能力可以過幸福日子，而不是讓人人唸大學，然後成為老婆跑掉、幫別人養小孩、英年猝死、失敗且痛苦的工程師。

作者認為，人民幸福，才是最強大的國力，而有錢人不一定幸福。

戰略五：藝術下鄉

大陸百姓愛的，就是台灣民風淳樸，親切熱情，保有傳統的生活方式，而這一切，鄉下遠比城市更優。既然這是台灣的競爭優勢，我們就應拉大領先差距，在教育上灌注平凡幸福的觀念，讓年青人願意在鄉下過平凡日子。在經濟上，政府應盡可能的將公部門的工作機會移往鄉下，以公務員的薪資待遇在台北難以生活，但在鄉下卻很好過，

而且可以形成一股穩定地方的力量。此外，應鼓勵大專院校在偏鄉設校，並大量開放給大陸學生來台就讀，如此可以提升偏鄉的文化水平，活絡地方經濟。最後一步，就是讓文創向下栽根，鼓勵藝術家下鄉。

台灣大力投資科技業及各種技術人才，教育體系半個世紀以來都是「重理工、輕人文」，搞到後來有技術沒文創，只能做代工，淪為歐美甚至大陸的血汗工廠，這才驚覺方向錯誤。

■ 父親的叮嚀

作者家中有四個兄弟姐妹，我是老么，在我很小的時候，父親就刻意栽培，希望我出人頭地，取得博士學位到大學教書。上了國中之後，有一次父親提到希望我以後上大學選擇唸中文系，當時我不太能理解父親的想法。因為在那個努力脫貧的年代，台灣民眾一心努力向上，堅信愛拼才會贏，大部份的父母都希望子女能考上醫學系，要不然唸工科也好，商管已是下選，如果出現熱愛文藝的青年想唸文學，父母通常大力反對，這是當時的社會氛圍。

雖然說父親在山東老家原本是官宦人家後代，祖上在清朝當過大官，來台灣後通過國家考試成為公務員，向來以讀書人自居，卻也不迂腐，但父親卻表示希望我唸文科，而且唸的還不是外文，而是中文。唸中文，這能有什麼出息？

父親解釋說，大陸經歷文化大革命，把傳統文化、古典文學都破壞了。大陸人才濟濟，不缺理工人才，但在未來，會很欠缺文學與文化的人才，這才是出路。回想起來，對照施振榮先生最近提到：「後悔提議台灣成為科技島，應該成為文創島」，才驚覺父親竟是如此的高瞻

遠矚，三十多年前就看到這點。如同父親預期，這幾年在大陸最熱門的，不是馬克思主義，也不是資本主義，而是「論語」等儒家思想。過去曾經在文化大革命被打壓的孔子和論語，現在可是大翻身成為大陸老百姓最愛看的書，在大陸有文學超女的北京師範大學教授于丹，在大陸電視台，以深入淺出方式說論語故事，收視率狂飆，連她出的書也是暢銷排行榜第一名，上市一個月狂賣三百萬本。

■ 文創人自殺

　　在台灣，從事藝文工作的人是很辛苦的，每次電視上報導各種職業的薪資概況，最低的似乎永遠是藝文工作者。十年前作者認識一位從事藝文工作的朋友，她在三芝租房子，因為只有在那裡才能以她付得起的價格，保留一個勉強能維持靈感的生活空間，每次她要進台北辦事情，都要花兩三個小時的交通時間。

　　這幾年台灣經濟每況愈下，藝文工作者日子愈來愈難過，前一陣子看到一個留學碩士從事翻譯工作的女生，都四十多歲了，獨自在淡水生活，這兩年景氣實在太差，收入無法支應最基本的開銷，只好刷卡暫渡難關，沒想到景氣沒起色，連卡都刷爆了，又不願成為家人的負擔，於是在淡水的流動廁所自殺了，想來是不願害房東的房子變兇宅。讀書留學花這麼多錢培養的人才，就為了二十幾萬的卡債自殺，真是社會的損失。

　　台灣社會總有選擇從事音樂、藝術、藝文工作的人，經濟差，這些人的日子也更難過，不過對愛好藝文藝術的人而言，只要能有一口飯吃，有地方住，就不會放棄藝術創作。作者日前看到一篇報導，有些藝

術家因為財力有限，選擇在鄉下設立工作室，反而走出一片天空，所以認為鼓勵藝術家下鄉應該是有空間的，也可以讓文創的培養往下紮根。

前一陣子科技大老為了協助台灣培養文創，捐大錢贊助藝文活動，沒想到惹來一身腥。想要培養文創軟實力，不是一年半年可以達成的。文藝創造的靈感源自於生活，要讓台灣的小朋友從小就在文藝的環境裡長大，最好的方法，莫過於鄰居就是藝術家。

■ 鄉下空間多

鄉下地方沒別的，至少基本的吃住不用愁。別看作者居住的小社區，才幾十戶人家，就有四十多間空屋，約一半是古色古香的三合院，有些甚至還有庭院、老樹、小池塘。很多都是居民搬去都市了，要不然就是祖厝。這些，都可以整理整理免費提供給藝術家使用。

鄉下四處都有田，米很便宜，也可以由當地農會提供，藝術家再會吃，能吃多少米？菜也是，就由鄰居提供，要不然空地自己種，有很多田地都荒廢了沒人耕種，可以協商讓藝術家自己種，剩下的物資需求，就由各地廟方協調提供。

台灣到處都是廟，三步一小廟，五步一大廟；鄉下社區，大多以寺廟為中心。像作者所住社區的見興宮，就是村民集資蓋的，地主捐地，有的捐建材，有的出勞力；在鄉下，什麼活都有人會做，成本比城市低多了。每逢初一、十五各有一次聚餐，社區民眾每年每人交兩千元就可以吃二十四次，菜色還不錯，還可以打包帶回家。所以可以由廟公或廟方出面，與社區村里鄰長及民意代表協調，看看村裡有那些房子可以提供給藝術家使用。

然後由政府出面，請學者來審核，由藝術家提出下鄉計劃，外國的藝術家也可以，審核通過者，社區及廟方就將房子整理出來免費給藝術家使用，包含吃、水電、以及電腦、網路、耗材設備。由於政府效能不佳，動不動就有民代出來質疑浪費公帑，媒體又喜歡小題大作，真的很煩人，因而此類計劃儘量讓廟方來協調財源，由各社區在能力範圍內供養這些藝術家，不足的部份也可由企業贊助。

如此一來，藝術家在成名之前，就不用擔心吃住及欠缺創作空間、設備、材料等問題。藝術家也可以回饋鄉里，為社區的小朋友或大人開設免費或收費的藝術課程，讓藝術融入鄉野生活，讓文創可以往下紮根。

鄉村藝廊＋平凡幸福＋民宿

如果藝術家能與社區居民相處融洽，就可以進行第二階段，將社區打造成藝術村。就是類似社區整體營造，由藝術家為自己的社區進行規劃，將整個社區設計成一個大藝廊，提出建設計劃，然後以鄉為單位向大陸的銀行貸款，將鄉下徹底改造。前面有提過孫子兵法的「因糧於敵」，美女花凱子哥的錢，天經地義，全世界有那個凱子哥把妹不花錢？藝術村建設完成後，錢也不用還，叫大陸銀行自己來追欠款，有本事，就把蓋好的設施全拆了，讓中共得罪全台灣的鄉下人，看他敢不敢！

如果覺得這樣太霸道，也有折衷方法。把村子裡部份的空屋整理成民宿，找志工或花錢請人打掃，無償供大陸遊客使用，折抵貸款的錢。大陸遊客來台總是帶有統戰的色彩，既然是統戰，總是要有經費

吧，幫台灣建藝術村就算是投入經費了，而用享受的是大陸民眾，也不吃虧。有了免費的民宿，更容易吸引大陸遊客來村裡遊玩，又能推銷藝術家及藝術村，一舉好幾得。

另一個要做的事，就是結合廟方將社區總動員，協助將村裡的藝術家的成果，行銷出去。現在是網路時代，除了民間透過網路，政府也可以協助將藝術家及整個藝術村行銷到大陸，然後結合旅行社規劃自由行行程，吸引大陸觀光客來村裡買藝術品，這樣藝術家成名的速度就可以加快，比自己單打獨鬥強得多；同時，台灣的文創產業就可以在鄉村深根茁壯。

台灣小，可以玩的景點有限，每個村莊都發展自己的特色藝術，那台灣民眾在假日才有地方可以逛。例如「彩虹眷村」，也就是一個老伯伯閒著沒事畫呀畫的就畫出來了，連妻子都說：「我們也來畫線西村」。打著「藝術鄉村、平凡幸福」為口號，還可以吸引大陸知名人士來此定居，這才是發展鄉村經濟的長遠方向。

第二章

中華神劍

　　回顧中國歷史比較近代的農民起義革命、例如元末的朱元璋、明末的闖王、與清末的太平天國。

　　乾隆晚年寵信大貪官和坤，不論是地方士紳要求官位、還是大小官員要升官發財，全靠賄賂，導致官場風氣日益敗壞，到了道光年間，國力日益衰弱，貪污橫行，百姓苦不堪言；鴉片戰爭以後，滿清政府為支付戰爭賠款，加緊搜刮人民。統治更加腐敗。貪官污吏、土豪劣紳也乘機勒索百姓。不堪忍受煎熬的農民紛紛起義，叛亂四起。滿清的軍隊，綠營兵、八旗兵等又沒戰力，只會欺負老百姓，一打起仗就軟腳，讓太平天國有了可趁之機。

　　洪秀全看準百姓對官府的不滿，成立拜上帝會，吸收信徒，於1851年在廣西桂平縣金田村宣佈起義，定國號為太平天國。太平天國的幾個領袖在剛起義時，一窮二白，什麼都沒有，不拼命不行，大家既團結又努力，連克漢陽、武昌，再拿下南京，僅花了兩年時間就席捲長江，截斷清王朝的漕運，控制中國的心臟地區。沒想到才打下南京就開始享樂，每個王都是妻妾成群，其他人封侯的封侯，拜相的拜相，大家都在搶功勞，只想偏安東南，僅派孤軍北伐，錯失北上良機。

太平天國諸王不只各立山頭，還建立自己的派系互相排擠，總理國務、執掌實權的東王楊秀清自恃功高，對諸將帥都找藉口打擊，日益驕縱專橫，內部矛盾浮現，正好遇到曾國藩率湘軍反攻連戰皆捷，面對外在壓力，太平天國諸王又團結一致對外，等打退湘軍、擊潰清軍南北大營等主力部隊，清軍統帥向榮兵敗自殺，大獲全勝，就覺得江山早晚是自己的了，又開始內鬥。東王覬覦天王寶座想取而代之，引發自相殘殺，先是北王韋昌耀殺了東王楊秀清，接著天王洪秀全又殺了北王，然後翼王石達開奉天王之命回京主政，卻與天王互相猜忌，沒多久翼王石達開怕自己也被天王所害，索興率領大批精兵良將出走，自此太平天國元氣大傷，最後終被清朝所滅。

天行健，君子以自強不息

反觀明太祖朱元璋從投靠郭子興的義軍起家，不但身先士卒屢立戰功，麾下有徐達、湯和、藍玉、常遇春等諸多猛將，還禮賢下士，先後找來李善長、劉伯溫等賢才為其運籌帷幄，一邊攻城略地，一邊努力經營，聲勢日大。鄱陽湖一役以少勝多打敗陳友諒之後再無強敵，但朱元璋卻未曾鬆懈，戰戰兢兢；建國稱帝、把蒙古人趕走後，反而開始擔心過去一起出生入死、立下汗馬功勞的開國元勳會：「驕兵悍卒足以滅國」，更是小心謹慎的治國，除了督促群臣要勤政愛民，同時想出各種方法像是錦衣衛等情報組織來監控自己的「義兄、義弟、義子、義姪」，以防他們貪污害民，一查獲就殺頭，連自己的女婿也不寬容，持續努力一直到他嚥下最後一口氣，這樣才成就了明初盛世「洪武之治」。

《易經‧乾卦》：「天行健，君子以自強不息」，並沒有說：「君子努力三日，享樂兩日」，一本易經擺在那裡，沒有三千年也有兩千年了，台灣若能讀懂易經好好運用，不需要向西方學什麼「策略」、學什麼「國家競爭力」，也不會像現在這樣，好不容易開創了傲視全球的「經濟奇蹟」，日子開始好過一些，就以為自己很了不起，不光享樂還勤於內鬥，不出十年就陷入困境，淪落到需要靠大陸金援來過日子。這就是作者所創「神劍系列」第三個方法論「聖劍」的由來。

■ 從策略談起

策略，是管理領域最迷人的一部份，吸引眾人陶醉其中，然而大部份的人對其所知甚少，或是以為自己懂很多，其實很貧乏；很多所謂「大師」常將策略掛在嘴上，聽起來頭頭是道，卻沒什麼人曉得如何發揮作用、產生效益；或許連大師自己都不清楚。所以連大師所開的策略顧問公司也倒閉，戳破眾人心裡美麗的幻影時，就難免招致批評。

策略很重要，但搞得清楚的人並不多。一家企業的策略或決策可能存在風險，而且往往是重大風險的來源，所以也是風險管理的一部份。

在「打通風險管理任督二脈」這本書裡，作者曾解釋，重大風險大多與公司策略、高層決策有關，幾乎等同策略風險，另根據過去作者執行風險辨識與評估的經驗，一個風險演化成重大風險，甚至變成損失事件，大多是策略造成。其實風險是客體、策略才是主體，重大風險是依附在策略上，很多是因為決策過程中出錯導致，因而在探討策略風險之前，必須先瞭解策略的形成與決策的方法。

　　這裡所介紹的策略方法與觀念，皆為作者自創，這是因為作者強調「有效性」，即使是策略的方法也從實際可執行的角度出發，與一般打高空的論點不同。作者在創造方法論時有兩大原則：「不騙人、不胡扯」。十年前國內某知名內需型企業花大錢請國際知名策略大師來台為其把脈獻策，作者看媒體報導說策略大師對其未來發展策略只說了三個字：「Focus、Focus、Focus」。台灣市場這麼小，這麼大的企業，走 Focus 路線會活才有鬼；這名策略大師也不管這麼多，三個字說完拿了錢拍拍屁股就閃了。這是作者十年前就有的認知體會，而不是等他的策略顧問公司倒了才來放馬後炮。

　　「哀矜勿喜」，作者原本不想提這件事，以避免被認為「不夠厚道」，只是談策略，很難不提到這位大師。此外作者認為，顧問公司是一門生意，特別是策略顧問服務，就憑一張嘴在吹，經營的好不好與方法理論是否正確沒有多大關係。策略分析方法就算有問題，只要顧問吹得漂亮，說得一口好策略，客戶一樣會買單；所以大師開的顧問公司倒閉是經營出問題，而不是理論方法有問題，也因此作者對於很多專家學者在波特的公司倒了之後，跳出來指責其分析架構的缺陷，很不以為然。有本事就在他名氣最大時挑戰他，不要等他倒了才跟著落井下石。

策略三大領域

　　策略分析與管理的領域其實滿大的，有不同的特性適用不同的方法，所以在開始之前必須先予區隔澄清，否則容易混淆。

　　整個策略分析與管理的工作大致上可以區分為三大領域，第一個是策略的形成，包含收集相關資訊，研擬適當策略；此領域與一般人對於策略方法的認知較接近，講穿了就是一家公司接下來要往那個方向走，目標為何，或是怎麼走等等；這也是最困難的部份。

　　第二個領域是策略釐清，將已經訂好的策略展開到所有的部門或功能，訂定具體的目標，安排時程資源等等。第三個領域是策略的執行，追蹤所有部門推動策略的情形，進行跨部門協調，並於必要時調整策略與目標。

　　為何會有第二個領域與第三個領域？這是因為很多企業規模不小，就算高層想出了正確的策略，要讓這麼多個部門朝策略目標邁進，必須所有部門，甚至所有員工都瞭解公司的策略與目標，而且彼此協助才能達成，這個時候會有溝通、協調的問題出現，所以需要策略釐清的方法。

　　就算所有部門所有員工都瞭解公司的策略目標，也把彼此的工作分配好了，依然需要後續的管理，畢竟企業所處的環境不斷變化，當初研擬策略目標時的想法也不一定周嚴，需要持續追蹤、調整，甚至重新決策。這個部份與專案管理十分接近，可參考作者所著「研發制勝」裡的第三章「研發項目管理」（註：在大陸將專案管理稱為項目管理）。

■ 策略分析與策略釐清的差異

　　在這裡，我們舉一個案例來說明「策略分析」與「策略釐清」的差異。

某餐飲業「Ａ」公司，當年就是靠一個成功的策略而稱霸天下。時間要回到 1990 年代，「Ａ」剛進來台灣時，是由台灣企業取得代理權經營的，經過幾年的發展，也有了近百家分店，成績不錯。好像是外國母公司有一次請國際知名策略顧問公司「麥可惜」針對「Ａ」在台灣的發展提供策略建議。

「麥可惜」針對台灣的市場做了一番調查，大膽預測未來十年（約略是 1995～2005）台灣市場足以容納兩千家「Ａ」，而當時「Ａ」在台灣還不到一百家分店，因而「麥可惜」建議「Ａ」應大量的開分店來搶占市場。

據聞「Ａ」的外國母公司因此將代理權收回來自己經營，並以每年新開一百家分店的速度大力擴張，市占率快速攀升，隨著分店家數的成長，分攤下來的進貨成本及廣告費用也跟著降低，毛利率逐步上揚，廣告愈做愈大、品牌愈來愈強，而且在很多人口及消費有限的鄉鎮，「Ａ」先插旗開了分店，其他速食業者就失去了開店與之競爭的機會。

■ 成功的策略離不開策略釐清

從表面上來看，「Ａ」只要不斷增加分店家數，就可以擴大連鎖規模的優勢，藉由大量的分店分攤廣告支出，提升企業形象並降低成本；然而實際執行時並非如此單純，就在「Ａ」向前飛奔時，因為後勤部門的效率未能配合提升，導致在衝營運規模時遇到瓶頸。

由於資訊科技的運用不足，「Ａ」在處理各分店的會計帳務及現金收支時，是由一名會計人員負責 5-6 家分店所有帳務。這樣的分工

方式平時看不出有什麼問題，但是當分店家數急速擴張時，就會踢到鐵板。原本一百家分店只需要約三十名會計人員，分店數增加到二百家時需要六十名會計人員，增加到四百家時就需要一百二十名會計人員；到後來隨著連鎖規模的擴張，可能需要數百名的會計人員，沒有任何一家公司能夠同時聘用這麼多的會計人員，還可以確保帳目不出錯。

這個就是策略分析很成功，但少了策略釐清，未事先找出企業各功能部門在達成公司策略目標時可能出現的瓶頸，導致策略執行到一半，問題就浮現了；像這樣冒出來的問題可大可小，小的就是盡快改善，大的就會變成重大損失，成為公司策略風險的來源。所以策略分析是企業策略成功的關鍵，而策略釐清則是「策略風險管理」的關鍵。策略釐清沒做好，不但會影響策略目標的達成，還可能導致重大損失，結果就是看運氣。

為了達成在台灣開二千家分店的遠大目標，「Ａ」後來尋求某知名管理顧問公司的協助，徹底改善財務會計的流程及作業模式，得以在未增加任何會計人員的情形下，順利的以每年新開一百家分店的速度擴大營運規模。

執行力的迷思

企業是一個整合體，整個營運活動是由每一個細部作業彙集而成，當個別人員在工作的執行上遇到困難，就可能對整體的運作造成影響；如同機器一般，一顆小螺絲釘斷了就可能導致機件故障而使機器停止運轉。所以在追求速度以提升競爭力時，企業若想流程的運作

更有效率，必須藉由流程分析，找出並解決部門或個人在工作執行遭遇到的問題。

另一方面企業在提升運作效率的過程中，不能只改進主要作業部門的效率，也要關注支援性部門的情形，有時看起來無關大局的作業，反而是導致工作停滯的最大殺手。這個時候，逼出每個關鍵環節的執行力的觀念及方法，與找出每個關鍵環節的潛藏風險，是一樣的，所以企業診斷的方法，就是營運風險辨識的方法，而這個方法，就是作者所創「隨風飛舞第六式：風襲千里」。

目前，大部份的策略學者或企業主管，大多將前面作者說的「策略釐清」、「策略執行」這兩個領域當成是「執行力」的問題，也就是說，第一個領域形成了正確的策略，但企業無法達成目標，就說是執行力出了問題。這個現象背後所隱含的，是當代策略管理領域對於管理科學方法的知識貧乏或不足。當然每個企業的執行力高低有別，然而執行力有很大部份是管理方法造成的，也就是說知道方法、用對方法，企業就會有執行力，而不是把執行力當成一個虛無、形而上的東西，每當策略目標無法達成時就拿執行力不佳當垃圾桶。

很多企業即使全公司總動員也無法完成一個改善措施，或是達成一個策略目標，而作者卻可以在三個月之內幫一家企業同步推三十個改善措施並見到成效，一個人再怎麼了不起也不可能「力可敵國」，關鍵在於用對方法。所以過去曾經風靡一時的《執行力》這本書根本是錯誤的觀念與方法。當初那本書大賣特賣，作者拿起來翻沒幾頁就丟到一邊不想看了，後來被老闆逼著一定要看，還要提供顧問服務；難怪很多管理顧問公司無法幫企業解決問題。

■ 策略釐清的方法

影響執行力強弱的因素大致上有兩個：「方法」與「意志力」，從比例來看，大約是八比二，也就是說，方法對執行力的影響遠大於意志力。大多數的大老闆不缺意志力，缺的是方法，所以常常是大老闆意志堅定，搞了半天仍一事無成。當年轟動一時的「執行力」這本書主要是在帶觀念，一個人人皆知的觀念，在方法論部份卻乏善可陳；不但對解決問題沒有幫助，反而把大老闆引到錯誤方向。

從作者的經驗來看，提升執行力的兩大方法，就是策略釐清與專案管理，所以第二、三個領域的方法對策略管理很重要；如果企業好不容易研擬出一個策略卻無法執行，那要這個策略作什麼？

在第二個領域部份，最好的方法就是 Arthur Andersen 的策略釐清方法論（Strategy Articulation）。而第三個領域，最好的方法還是 Arthur Andersen 的專案管理體系。

專案管理其實是 Arthur Andersen 一個不為人知的寶貝。Arthur Andersen 是會計師事務所，會計師的主要工作是查帳，每家企業客戶的查帳工作其實就是一個專案，也就是說，Arthur Andersen 的所有工作都是專案性質，整個公司的運作機制是因應專案而生，這在一百五十幾年前與其他以生產線為主的產業有很大的差異，相較之下製造業要到 1980、甚至 1990 年代才出現以研發專案為營運重心的產業。

與其他事務所不同，Arthur Andersen 的管理體系是經過一百多年演化粹練而成，只能用偉大、完美、超乎想像等字眼來形容，這其實是人類文明在管理學最偉大的成就之一，而且只要有這一套，其他的

管理學都可以消失，但全世界沒有人知道這件事，連 Arthur Andersen 自己都不知道，這就像全世界沒有人知道經濟學是錯的一樣。只能說一個人如果一直生活在一個完美幸福的世界，從未與外界或他人比較，自然不會知道自己的生活有多完美幸福。

　　作者有幸曾在 Arthur Andersen 服務，見識過這套專案管理體系，離職之後去幫高科技業思考研發專案管理的方法時，才發現這套專案管理體系有多偉大。很遺憾，作者沒有能力讓全世界的人都知道有這個方法的存在，只能在內心崇拜，讚嘆，也很遺憾這個偉大的方法論已隨著 Arthur Andersen 消失，只剩台灣的勤業眾信會計師事務所還保留一部份。

　　這幾年有國際機構發佈專案管理的方法，並提供專案管理師的認證考試與執照，很可惜沒什麼用。與 Arthur Andersen 相比，專案管理師執照就像是沒有靈魂、沒有血肉的空殼，就算企業上上下下所有人都拿到專案管理師執照，對提升執行力依然沒有幫助。想要提升執行力，可以向台灣的高科技業學習。十年前台灣高科技業的研發專案管理，就已經是全世界僅次於航太工業，第二複雜的「專案管理運作模式」（這個要參考作者所發明一系列的研發管理方法論，「專案管理運作模式」這個名詞是作者在 2000 年時發明的）、這是效能極強的專案管理做法，知名代工大廠仁寶就是其中的佼佼者。

中華神劍

　　Arthur Andersen 在策略領域的服務對自己的定位很清楚，只做「策略釐清」，不做「策略分析」，後者比較知名的是麥肯錫顧問公司及麥克波特等策略大師。作者後來比較能體會 Arthur Andersen 的想法。

2004 年，作者所創的第三個系列方法論「資訊安全─閃電系列」堂堂進入第四代「雷震王庭」，那時作者正在思考資訊安全管理的策略，開始研讀西方的策略分析方法如麥克波特等大師的著作，以及 SWOT 等分析工具。如果作者不去研讀這些策略書籍，還可以在內心保留一些憧憬幻想，研讀了之後覺得十分遺憾，一方面核心理論簡陋粗糙、邏輯不通，另一方面使用困難，得不出比較有意義有深度的結論、還容易出錯。講穿了，西方當代策略分析領域拿不出一個比較「可靠」的方法，全靠一張嘴巴隨便講講，難怪 Arthur Andersen 不願提供策略分析的服務。

那時作者興起了寫一個策略分析方法與當代策略大師一爭高下的念頭。2004 年底剛好有一個客戶要我們提供策略服務，於是作者寫了一個策略分析的方法，並藉用金庸小說《倚天屠龍記》裡「倚天不出，誰與爭鋒」這句名言，取名為「神兵系列」，即「神兵爭鋒」，因為華人所創，又名「中華神兵」；這次為了配合本書書名，改名為「中華神劍」。這個系列的方法論，當初規劃區分成三個部份，分別以三把劍命名：

- 第一代「玄鐵」：重劍無鋒，大巧不工
- 第二代「倚天」：俠之大者持此劍，號令群雄
- 第三代「金剛」：聖劍金剛

重劍無鋒，大巧不工

第一代的方法論「玄鐵」即 2004 年作者為提供策略服務所創，命名取材自金庸小說「神鵰俠侶」裡，劍魔獨孤求敗所持有的玄鐵劍，後來因種種機緣巧合由男主角楊過所得。此劍重達八十斤，黑沈沈的，

並不鋒利，但在強大內力揮動下卻是無堅不摧、無功不克，獨孤求敗稱之為「重劍無鋒，大巧不工」，後來楊過化身為神鵰俠持玄鐵劍，縱橫大江南北十六年，手下無一合之將。由於此方法論的特質與此劍相似，因而命名。

作者在學生時期花了十幾年時間鑽研各名家武俠小說的武功門派，彙集各家之長得出一個結論，那就是一個劍客之所以能成為絕世高手、技壓群雄，必須具備三個條件，一是劍法，二是使劍的手法，三是強大的內力；這個觀點很適合來說明「玄鐵」這個方法論。

「玄鐵」這個方法論，外表看起來很簡略，整個策略分析專案只開四次會議就完成了，然而每個會議其實都是由很複雜的思考過程濃縮而成，正所謂以簡馭繁，化千百劍為一劍、而一劍中又隱含了千百劍；「劍法」指的就是這套「以簡馭繁」的思考步驟。

這套劍法，是從作者所創「策略分析：定位主義」發展而來。由於玄鐵劍太重，靈動非其所長，劍招不走偏鋒奇險，威力才是關鍵，因而採正道，光明正大，大開大合，只有四大招：

第一招：先釐清自身所處產業的概況，包含與客戶、供應廠商之間的關係，自身的各項條件以及在產業中的地位，還有未來三年內可能出現的變化或趨勢。

第二招：確認企業的願景、使命。

第三招：列出所有可能的策略選項，釐清每個選項要達成的目標，再從多個角度對每個策略選項進行評估，依據評估結果的總分排出先後順序，然後進行最後挑選。

第四招：執行策略釐清，將每個挑選出來的策略選項，列出所有的功能部門應執行的工作與應達成的目標，並開出資源需求。

　　以上這四招看起來不算很特別，其實幾乎已涵蓋目前所有能找到的策略分析方法與觀念，這就像因為劍身太重，劍招並非其所長。「玄鐵」這套方法論要能展現其威力，或講得更簡單一點，想要揮得動玄鐵劍施展劍法，關鍵在於使劍的手法，以及強大的內力作後盾。

　　把一家公司十多位甚至是二十位高階主管聚在一起共同討論策略，還要讓每次會議都能在 6-8 個小時內完成，過程中必須維持方法秩序與進度，不能被太細膩或無謂的爭論絆住，又要顧及有足夠深度的討論，讓成果具有實質意義，不致於流為空談，而且是一次指揮所有高階主管一起進行思考及討論，主持會議的顧問其引導會議的技能（Facility skill）必須到大師級的水準；這就是作者所指「使劍的手法」。

　　除此之外還需要有很強大的顧問能量，這就像必須有很深厚的內力才能使得動玄鐵劍一般；當初訂的標準是其邏輯辨證能力必須達到「無敵」的境界；這裡所謂的「無敵」、並不是「天下第一」的概念，而是類似「仁者無敵」的概念。這個境界是作者用獨孤九劍劍法的精髓作為理論基礎而訂出來的，有一套小的方法論，後來擴大變成作者第九個系列的方法論「領導統御之獨孤九劍」。

　　「玄鐵」這個方法論曾為兩個客戶提供服務，專案完成之後客戶都有買後續服務，應該算是客戶對此服務滿意的客觀證據。當初這套方法是專為中小型企業所設計，特別是本身沒有在做策略分析與管理的企業，比較不適合太大、太複雜的企業或金融業；金融業不是不能用此方法，而是因為其策略的性質較為特殊，產業的限制也多，風險的影響很大，會導致此方法的功效大打折扣。

俠之大者持此劍，號令群雄

第二代方法論「倚天」與第一代的差別，在於完整度。

「玄鐵」畢竟是個極為簡化的方法，有個小插曲描繪的甚為傳神。在方法創建時，作者的一個同事曾待過知名策略管理顧問公司，看了「玄鐵」這個方法後很不高興的向作者抗議：「四天就能把策略分析做起來？如果你的方法可行，那我之前那家公司的策略服務就不用賣了！」作者只好安撫他：「策略分析的專案有很多種做法，可以花上一整年，也可以花上幾個月，或是幾周，沒有固定的期間；這個方法是比較簡化的，姑且稱為『一日法』，當然不能跟你之前公司的服務比」。所以「玄鐵」只適合顧問使用，一般人難以學習，作者打算開發第二代方法論「倚天」，降低難度並提高完整性，成為一般企業可學習運用的方法，只是很可惜沒有機會將之完成。

為何取名為「倚天」？在金庸小說《倚天屠龍記》裡，倚天劍中藏著「武穆遺書」，就是北宋抗金名將岳飛的兵法（紙本的燃點很低，兵器鍛造時需要接近千度的高溫，紙本放入兵器經高溫粹練還可以完好無缺！金庸先生這個牛皮吹得也太大了；不管他，他這樣講我們就這樣信）。故事的背景時代是元朝，郭靖跟黃蓉這對夫妻打造倚天劍，是希望有一天有緣人能得到「武穆遺書」，習得兵法，號召天下英雄共同推翻元朝，將蒙古人趕出中原，所以取其精神稱之為「俠之大者持此劍，號領群雄」。這有點像作者在創造此方法時也是期待大老闆學會後，可以帶領企業從競爭中脫穎而出，故名為「倚天」。

聖劍金剛

金剛劍，是不動明王的持劍。

不動明王是大日如來教令輪身，發願守護所有修行者。其身通體全藍，怒髮沖天，外形剛猛，右手持劍，左手持索，右目上觀，左目下觀，現忿怒像，以三昧真火，燒一切業障。右手所持之劍即金剛劍，斬無明、斷煩惱根，同時護持不退轉之心。

此方法論源自於劉君祖老師所授「決策易」的啟發，想將易經裡各卦各爻的千變萬幻，轉化成企業可使用的情境案例；另一方面想藉由佛學裡修行禪定的方法，來解決企業在決策過程中常常出現的「誤判情勢」、「決策錯誤」等問題。「誤判情勢」、「決策錯誤」這些在當代西方策略管理領域，好像還沒有人討論，相較之下老祖宗在三千年前就已提出適當的解決方法。中華民族的後代子孫呀，老祖宗留了龐大遺產卻不會用，反而向西方人學策略管理，真是汗顏。

當年在作者開創了「玄鐵」方法論並為兩個客戶提供服務後，我的老闆才發覺此方法論利潤很高，市場需求也強，他所接觸的企業老闆都很有興趣，命我成立一個團隊主推策略服務。然而作者認為台灣並沒有環境可以培養出策略大師，加上自己的身份、地位、學經歷背景都不足；相較之下台灣以電子高科技業聞名，要培養出研發管理大師的機率較高，所以作者將此方法束諸高閣，專攻研發管理服務。

本篇的目的並不是要介紹「玄鐵」、「倚天」等方法，而是作者在創造策略方法的過程中，另外發明了很多觀念，例如「策略分析：定位主義 Positionism」、在第一章提過的「取徑 Approach」、「韓氏一般性

競爭策略」、「企業動物學」、「策略驅動模式分析」、「正奇之道」等等，從這些觀念可以得到很多真知灼見。本章要介紹的主要是「正奇之道」，因而其他觀念只是概略提一下：

■ 策略分析：定位主義（Positionism）

這是作者在十多年前寫的，當年倉促之間匆匆記了一下，事隔多年筆記已遺失，所以作者也忘了當年寫了些什麼，依稀還剩下些印象。定位主義主要走的是「正道」，大致上是說在進行策略分析或思考之前，要先搞清楚自己所處的環境、自身擁有的條件、以及在環境中的地位，然後循「正道」來發展。

■ 取徑 Approach

思考競爭策略時有一個很大的關鍵，那就是看事情、想事情的角度，會決定得到什麼樣的策略，而這個關鍵，作者稱之為「取徑（Approach）」，這是作者所獨創，獨步全球的策略思維方式。

談到「取徑（Approach）」就讓作者回想起 2004 年為企業提供策略服務的場景。大部份的企業，策略目標都是用喊的；例如今年已達成十億的業績，大老闆就喊明年目標「十二億」，事業主管聽了之後就還個價「十億五千萬」，喊來喊去最後以「十一億」成交。這不就是菜市場討價還價那一套，這叫哪門子的策略會議？

作者並不是說這樣子不對，而是說，這不是策略，也不是策略思維。作者在提供策略服務時，是不玩這種喊價遊戲的。那時有一個企

業客戶有一個事業單位，每年的營業額是六億，在作者幫這家企業完成策略服務的結案會議上，作者會議結束時對所有高階主管講：「這次我們的服務就到這邊，下次如果還有機會來服務，我們就不談什麼六億、七億的了，我們來聊聊二十二億」。讀者看到作者在客戶端的結案會議上講這種「瘋話」，該事業單位主管一定會像被針扎到一樣跳起來拍桌大罵說：「絕對不可能」。錯，該名事業單位主管聽到作者這翻話，整個人就像被電到一樣，一副恍然大悟的表情，直說：「啊，二十二億，有機會！可以談」。

為何會有這樣當頭棒喝、醍醐灌頂的效果，是因為從六億、七億的角度想策略，跟從二十二億的角度想策略，得到的東西完全不一樣。取徑大多是從別人想像不到的角度來思考策略，走的是奇道，即「劍走偏鋒」，而且是大奇道，能想出策略的機率很低；一旦想出策略，如果不是風險很高，就是「千載難逢」的機會；第一章的「北伐」與第三章的「鶴立雞群」就是最好的例子。

■ 韓氏一般性競爭策略

作者發明的方法論多如天上繁星，已很久很久不用自己的姓名來命名了。這個概念之所以會以作者自己的姓氏命名，並不是作者好名，而是要與麥克波特的「一般性競爭策略」作區隔。他所提的「低成本、差異化、聚焦」等三個策略，作者稱之為「麥氏一般性競爭策略」，而作者所寫的「韓氏一般性競爭策略」，因為當年的資料已經找不到了，一時之間也想不起來這麼多，所以內容就不寫了。

　　麥克波特「低成本、差異化、聚焦」這三個競爭策略，其中兩個的邏輯是錯的，剩下的一個邏輯也錯一半，講穿了，一無是處，這也是讓作者對他感到不滿的地方；由於本書篇幅有限，不在這裡詳細解釋。

　　第二個差異，為什麼「麥氏一般性競爭策略」是三個，而不是四個五個？或一個兩個？答不出來了吧。

　　那「韓氏一般性競爭策略」有幾個？老實說，作者也忘了有幾個，只記得有很多個，那麼作者憑什麼瞧不起麥克波特？因為產出「一般性競爭策略」的來源是不同的，這就叫「行家一伸手，便知有沒有」。

　　差別在兩個地方，作者將「一般性競爭策略」回歸到客戶的需求，客戶的需求或是考量的項目有多少種，「一般性競爭策略」就有多少種；不同客戶有不同的需求或考量，因而「一般性競爭策略」的數目也不是固定的，而且會隨著環境變化、客戶需求變化而改變。

　　作者是十年前一看到麥克波特的一般性競爭策略，就察覺其問題，國內外專家學者是等到他的顧問公司破產倒閉了，才來檢討他的五力分析與價值鍊等管理架構為何會失靈，像是史提夫丹寧說：「麥克波特的五力分析是零和遊戲概念，企業只要盡力跟供應商取得最便宜的價格，把潛在競爭者堵死，就可以得到勝利。但在現今講求創新的世代，重點已經不是殺死敵人，而是要替客戶創造更新的價值」。

　　另一個差別是「完整性」，這個很難解釋，全世界不管是專攻學術或實務，寫理論或作研究的人，很少有人像作者這麼堅持「完整性」這個東西；必須要有「一切遍知」為基礎，還要有「愚公移山」的精神，才會什麼事都要講求「完整性」。

　　從完整性角度來看，丹寧也只講對了一部份，很多時候不只要替客戶創造更新的價值，而且是更多、更完整、更全面的價值，而所謂

的「完整、全面」必須從很多不同的構面來探討，而不是只限於一般管理學者、專家所熟知「品牌、價格、品質、功能」等類型，這才是「韓氏一般性競爭策略」的真正含意，以及作者所創另一個策略分析觀念「取徑 Approach」的起源。

作者承認自己有時很愛現，當年將所有可能的「一般性競爭策略」用一條數學公式表達，作為未來量化學派以數學來呈現理論的基礎。

■ 企業動物學

「企業動物學」是作者所有作品中最有趣的一個，表面上看起來很詼諧，其實涵意非常深，有多深呢？這個方法體系是從金剛經：「佛告須菩提，爾所國土中，所有眾生若干種心，如來悉知。」發展出來的，夠深了吧！

「企業動物學」是企業在長遠發展的佈局、建立競爭優勢上，非常要的方法論，本來作者打算在「失落的紀律」這本書裡面介紹的，然而作者對台灣的金融業愈來愈失望，「失落的紀律」這本書若出版，可能會得罪太多人，易經有一卦象，在顛倒黑白的亂世中不能堅持正義，會惹來殺身之禍，所以這本書就不寫了。

■ 策略驅動模式分析

此方法與「企業動物學」同屬於作者所創「策略分析：動力學派」，其他的部份則屬於「機制主義學派」。

在作者為企業提供策略分析與管理的服務過程中，發現了一個從未聽人提過的問題，那就是策略目標雖然訂了，也分配到各部門目標了，卻沒有人願意踏出第一步；演變成董事長總經理在上面喊得聲嘶力竭，各部門主管在原地扭了幾下，仍是毫無進展。

能否踏出關鍵的第一步，再帶動其他部門朝策略目標前進，變成策略能否落實執行的關鍵。為了幫企業找出這個突破點，作者發明了兩個方法論：「策略驅動模式分析」與「企業動物學」。如果說機制主義學派的探討是軀體，那動力學派的鑽研就是靈魂。

■ 優勢策略與劣勢策略

優勢策略與劣勢策略是作者自創的策略概念，源自於作者在 2004年所創的「策略分析：定位主義」。這是因為，影響一個人或企業對策略思考的因素很多（策略是人想出來的，所以要先解決「思考」的問題），其中影響最大的，就是決策者所處的環境，及其在環境中的地位，所以策略分析要從釐清其環境及其地位出發，這就是「正奇之道」裡的「正道」，基本的概念是不要太好高務遠，要從自己有把握的先做。

此時讀者可能會覺得困惑，因為第一章「台灣大戰略」裡的「北伐」策略時，作者曾介紹「取徑 Approach」這個觀念，有提到真正精采絕倫的策略必然是從不可能的角度下去思考，然而這是「奇道」，而且是「千載難逢」，久久才會遇到一次。日子每天都要過，每天都要做的策略就要從「正道」著手，「奇道」偶一為之還可以，如果一個企業每天都在「出奇致勝」那會是一件很可怕的事，結果不是很偉大，就是死很慘。

禍兮福之所依　福兮禍之所伏

在此先用一個歷史故事說明西方策略分析方法，何以可能導致企業做出錯誤決策，我們又如何從易經的觀念中看出西方策略分析邏輯上的問題。

易經的六十四卦，是由「陰爻」與「陽爻」組成，最具代表性的就是由陰與陽所組成的太極圖。整個太極圖的圓圈分成黑色與白色兩塊，白色代表「陽」，黑色象徵「陰」，黑色與白色各占圓形的一半又互相糾纏。除此之外在代表陽的白色區塊裡有一個小黑點，在代表陰的黑色的區塊裡有一個小白點，這些都有很深的意義。

在易經的觀念，陽中有陰，陰中有陽，在黑色的區塊裡的小白點，象徵著：「即使是小人勢力可以一手遮天，仍有一點陽氣存在，等時機到來，就會反撲，撥亂反正。」而白色的區塊裡的小黑點，則象徵：「即使是王者權傾天下，仍有一點陰氣存在，等時機到來，就整個翻盤，由小人竊佔王位。」

從風險與策略來看，就是機會中帶有風險，風險中也有機會，正所謂「禍兮福之所依　福兮禍之所伏」。智者能在一片大好時看到潛藏的風險，也能在一片黑暗，山窮水盡時，看到一線生機。作者在前一本書《風險管理之預警機制》介紹了幾個以風險為核心的競爭策略，就是在風險中看到機會，就是來自易經的概念。

反觀西方最常用的策略分析方法：SWOT 分析，將機會與威脅切割開來，將優勢與劣勢分開。看不到機會中的威脅，及威脅中的機會，

正是決策的最大盲點，所以 SWOT 是個錯誤的方法論，很容易導致企業做出策略決策。

從三家分晉看 SWOT 問題

SWOT 分析的邏輯錯誤，可以在兩千四百年前中國的歷史故事「三家分晉」裡一覽無遺。三家分晉是指春秋時期，晉國被韓、趙、魏三氏族所瓜分的事件。

春秋末年，五霸之一的晉國國勢仍強，但國君已無實權，朝政被智、趙、韓、魏四大家族把持。這四家門閥勢力並不均等，其實是一大三小，以智氏最強。若從現在的 SWOT 分析來看，那時智氏勢力遠比其他三氏強，他下的命令其他人不敢不從，這是優勢；當時的晉哀公只是名義上的國君，無實質統治權，這是機會。所以依據 SWOT 分析，智氏有機會又有優勢，最佳的選擇就是不斷削弱其他氏族的力量，進而消滅之，然後廢掉晉哀公取而代之。所以當時智氏的領導人，擔任正卿的智伯荀瑤恃強向韓康子、魏桓子等索得土地，又向趙襄子索地遭拒後，於周貞定王十四年，西元前 455 年攻打趙氏，並脅迫韓、魏兩家出兵合圍。

不過從易經的角度來看，陰中有陽、陽中有陰，智氏的優勢其實藏有劣勢，機會反而是威脅。晉哀公既然已只是名義上的共主，有他在位並不會對其他氏族造成威脅，相反的，若是智氏來當國君，其他三氏將死無葬身之地。

智氏的勢力強大，其他三氏沒人能與之對抗，看其來是優勢，其實反而激起其他三氏的危機感，有了動機團結起來對付他。所以當時

被圍攻的趙襄子派人向韓、魏兩家痛陳利害，唇亡齒寒，說服他們倒戈，就在智伯荀瑤自以為勝券在握、沈醉於即將成為晉國之主的白日夢時，趙魏韓三姓聯手放水倒灌智氏軍營，大破智軍，擒殺智伯荀瑤，然後盡滅智氏宗族，瓜分其地，是謂晉陽之戰。此戰為日後「三家分晉」奠定了基礎。

其他三姓遠比智氏弱小，只能俯首稱臣，沒人敢捋虎鬚；智氏採行了符合 SWOT 的策略，反而將三氏逼上絕路不得不反，所以作者才說，知名的西方策略分析工具 SWOT 的邏輯是錯的，而且錯誤的例子多的是。例如企業常常遇到的場景，是競爭對手倒閉，通常會以為是機會，其實不必然。如果這家企業有足夠的實力可以趁對手倒閉時搶占市場，那這確實是個機會，但如果這家企業實力不足，難以瓜分市場，有另一較強大的競爭對手，反而趁此機會將市場全部搶去，變成更壯大，威脅到自己的生存，此時競爭對手倒閉就不再是機會，反而是威脅。

星巴克與 SWOT

不是只有作者有這樣的看法，最近知名雜誌刊登專家學者檢討 SWOT 分析的問題，也認為若只從表面資訊判斷，SWOT 很容易引領決策者陷入險境：「1980 年代星巴克決定走向連鎖之路時，美國人一天喝的咖啡量已達到兩杯的飽和點，一般人看來這是威脅，但在星巴克眼中卻是機會，因為只要能提供更好的情境，就能改變人們對咖啡的看法，還願意付更多錢。」

　　與這位專家學者的論點比較起來，差別在於作者十年前提供策略服務時，就對所有客戶說：「我絕對不做 SWOT，因為 SWOT 是錯的，如果你們想做 SWOT 就另請高明」，所有人當場傻眼，乖乖的照作者的方法「玄鐵」來做。

　　再提另一個例子，台灣知名製造業鴻海集團雖然很有競爭力，但沒有面板廠，所以從面板角度來看，鴻海居於劣勢，然而鴻海後來吃掉奇美，甚至要將夏普買下來，如此一來，劣勢就不再是劣勢，而是優勢。作者就是發現 SWOT 的邏輯錯誤，問題多多，才自己發明方法論；另外 SWOT 的分析過程，使用的圖形是類似經濟學常見的 Normal form game，其中最有名的就是囚犯困局與賽局理論，作者也已在去年證明聶須均衡不存在，並指明這個分析思考方式的邏輯根本就是錯的，會讓決策者昧於事實，做出錯誤決定。然而諾貝爾多次頒發經濟學獎給研究賽局理論的學者，包含聶須均衡的發明人約翰聶須，並在軍事國防等很多產業都大量在用，所有人讚不絕口，唯獨作者有勇氣大聲說賽局理論是錯的，還用約翰聶須的方法證明了聶須均衡不存在，「雖千萬人，吾往矣！」。

正奇之道

　　現在作者要介紹的是一個很難清楚界定的策略概念，這個概念是作者在 2004 年想出來的，混雜了多種特質，由於難以界定，這麼多年來一直想不出比較適當的名稱，這在作者的作品中是極少數的特例，足以證明策略分析方法的難度確實比較高。

這個策略概念，作者暫且稱之為「正奇之道」。雖然作者將之稱為策略，但很明顯看得出來指的是各種機會，然而又不單純是機會，而是與決策或策略模式合為一體，例如證券實證研究裡常有的選股或進出策略，又融合了資訊的收集與對情勢的判斷；並非單純的機會，所以才稱為策略。此外從其中又可進行策略風險分析，因而從這個角度出發將整個策略概念命名為「正奇之道」。

「正奇之道」裡各個策略的劃分，是從決策的結果著手，應該是說從制定決策時對於結果的期望來看；所以一開始介紹時，是先從統計學裡期望值的概念出發。

企業的決策者在仔細評估所處環境的情勢，可能研擬出一個或多個策略方向或策略目標，然後決定是否要採行某個策略，或是在幾個策略中進行比較。這些策略選項可依據其可能出現的結果與機率值（例如結果是賺或賠，以及賺賠的可能性高低），區分為以下幾種類型，作者稱之為以下幾種策略：

■ 千載難逢的策略（機會）

例如全球的風險性資產，不論股市或商品，在經歷次貸風暴跌到谷底後於 2010 年出現一波大反彈，此時隨便買隨便賺，獲利最少三成，多的可達兩三倍；這原本是個「千載難逢的機會」，如果企業決定把握這個機會進場投資股市，那這個決策就稱之為「千載難逢的策略」。作者之所以稱之為「策略」，是因為不是單指「機會」，而是決策者在面對此機會時會「決定進場」，所以指的是「機會+決策」。

　　有機會不代表一定會把握，例如新聞報導很多明星常投資股票，但每個人的策略與結果都不同，主持界的大哥大張菲就常常套牢賠錢，也有人只賺不賠。例如某位藝人，其投資股票的策略就是：「只在股價指數低於四千五百點以下進場」，以過去台灣股市歷史趨勢來看，四千五百點以下都是崩盤後的谷底，隨便買隨便賺，所以此藝人的股市投資策略就是「千載難逢的策略」；因為這個名稱聽起來有點怪，所以作者有時會直接以「千載難逢的機會」來代替。

　　「千載難逢的策略」並不只限於股市，企業會面臨各式各樣的機會，開發新產品、進入新市場、併購等等。有些極為保守的企業主，只在決策的後果不會出現損失，或是損失很小且發生的機率極低，但獲利機率極高且報酬非常高時，才會出手，這樣就符合「千載難逢的策略」；這個就是作者在這裡要表達的意思。

■ 贏家策略

　　指企業主願意出手的機會，可能導致的損失不大（最多小賠）且發生的機率小，然而獲利的可能性很大，但報酬不高，在平均水準或以下；從決策後果的整體來看（也就是說從期望值的觀念來看）獲利大於損失，而獲利的可能性也高於損失，但並不是大賺。

德川家康的贏家策略

　　作者曾在前一本書《打通風險管理任督二脈》裡用日本戰國時代的幾位名將的人格特質來介紹這個概念。

在日本有一個流傳很久的預言故事。有人問戰國時代的梟雄織田信長「如果你養了一隻鳥，但牠都不叫，你會怎麼處理？」，「我會一劍殺了牠」織田信長如是說。

這個人再問豐臣秀吉同樣的問題「如果你養了一隻鳥，但牠都不叫，你會怎麼處理？」，「我會用一根小木條，逗逗牠，讓牠叫」豐臣秀吉如是說。這個人最後問了德川家康同樣的問題「如果你養了一隻鳥，但牠都不叫，你會怎麼處理？」，德川家康說：「我會在這支鳥旁邊等著，耐心的等牠叫」。

所謂的小鳥叫，其實是指統一天下的機會。三個人的個性，織田信長跟本不理會機會是否成熟，說幹就幹。豐臣秀吉會設法讓機會快點成熟；然而機會並不是人能控制的，有時所謂「快點成熟」只是個自己認為的假象。德川家康則是在一旁等候，等時機成熟再出手。最後是德川家康取得天下，織田信長與豐臣秀吉雖然一時聲勢大振，但下場都不好。其實等小鳥叫，並不是件容易的事。德川家康的理智必須一直大於慾望，這很難。更難的是不知道會等多久。一年？兩年？十年？二十年？說不定等到自己都入土了機會還沒出現。但德川家康心裡清楚，只要自己不冒然踩到陷阱，留得青山在就有爭天下的機會，一旦踩到陷阱就全功盡棄。

這裡所指的「贏家策略」指的就是德川家康使用的策略，只在有把握的時候才出手，不用賺太多，但至少不能賠，如果沒有適當的機會，就靜靜等候。

「贏家策略」通常會與作者另一個自創的策略觀念「優勢競爭策略」結合在一起。能採用「贏家策略」的，必須有能力「好整以暇」，

穩紮穩打，沒把握決不出手，這通常是企業已佔據領先地位，擁有優勢，然後藉由擴大其優勢拉開與競爭者的差距來獲利。

然而「已佔據領先地位」不必然代表企業一定能勝出，還要看訂的策略是否適當，此時「贏家策略」與「優勢競爭策略」有另一個更深層的涵意，那就是傑出的領導人在處於優勢時，會想出一些策略，這些策略甚至可以公布讓所有競爭對手都知道，就算這樣，競爭對手只能眼睜睜看著他採行這些策略並獲得勝利，自己卻一籌莫展，無計可施；策略高明至斯，已經達到一種「境界」，難以用言詞形容，就看讀者能不能體會。

在作者的經驗裡，這是做得到的，也是最高明的策略，作者作品裡的第五個系列「國家安全—霜之哀傷系列」就有這樣的策略。此外唐太宗李世民的用兵之法也達到這樣的境界；同樣處於優勢，唐太宗的哥哥李元吉率兵出征一敗塗地，李世民卻百戰百勝，這代表即使同樣處於優勢，也不是每個人都能贏得勝利；對此有興趣的讀者可以參考黃易小說「大唐雙龍傳」第四十七集李世民攻打洛陽的策略。

在當代的例子就是三星或蘋果。三星與蘋果的競爭策略幾乎人人皆知，那又如何，台灣的科技大廠只能眼睜睜看他們攻城略地，賺進大把鈔票，卻無可奈何，追也追不上。

■ 突圍策略

這是指企業所採行的策略，出現損失結果的可能性略小於獲利，但可能的損失金額與獲利金額皆很大。換另一種方式來講，決策者並沒有很大的把握一定能成功，已帶有碰運氣的性質。

通常會採用這種策略的企業並不具有產業優勢，但還有一定的地位與資源，為了追上競爭者，採取風險性較高的行動，希望突破困境殺出重圍；然而一旦出錯，可能會讓自己處境更加惡化。

例如面板雙虎的競爭力長期不如韓廠三星與 LGD，加上陸廠崛起兩邊夾擊，決定壓重注在 AMOLED，主觀認為會成功而且可以反敗為勝，一旦賭錯就會陷入困境。如果不採取這樣的策略，局面對自己將愈來愈不利，趁手上還有籌碼可翻盤時，選一個自己比較有把握的項目，用自己的能力與努力來扭轉乾坤，這個就是突圍策略。

■ 公平（遊戲的）策略 Fair game strategy

這是指企業所採行的策略，出現損失或者獲利的可能性剛好相當，一半一半，而且此結果通常是企業無法左右的，無法藉由自身的本領或努力來提高成功機會或減少損失，例如進股市買股票，輸贏機會一半一半。此策略還有分等級，如果買的是績優股，風險較低（賺或賠的幅度比較小），則為公平遊戲策略，如果買的是中小型企業飆股，風險性較高，後者會被歸類為賭徒策略。

■ 賭徒策略

這是指企業所採行的策略，有很大的可能性會出現損失，而且損失金額很大，但有很小的機率會獲勝，能獲得更大的報酬；但整體而言獲利的期望值小於損失。

會採行賭徒策略的企業通常是陷入絕境，反正眼看著快倒了，決定孤注一擲，把手上的籌碼全扔進去，心存僥倖的想靠一把翻身。賭徒策略是本書第四章「驟死戰」要探討的壽險業投資策略風險的主題。

■ 愚者策略─舍爾靈龜

這是指企業所採行的策略，只有損失，沒有獲利，而且連老本都賠掉。看起來很愚笨，故稱愚者策略，但一直存在且發生，古有楚懷王，現有產業西進。

楚懷王，羋姓，熊氏，名槐，楚威王之子，任用佞臣令尹子蘭、上官大夫靳尚，寵愛南后鄭袖，排斥左徒大夫屈原，為人利令智昏，國事日非。

西元前 313 年，秦國張儀欺騙楚懷王，用割讓土地六百里給楚國為條件，要楚國與齊國絕交，楚懷王中計，與齊國斷交後只得六里地。楚懷王惱怒不已，發兵進攻秦國，被魏章大破於丹陽，懷王再召集全國的部隊，發動進攻，再慘敗於藍田。後年秦國攻取召陵，楚國三戰皆敗，走向沒落。

西元前 299 年秦國攻佔了楚國八座城池，秦昭王約楚懷王在武關會面。楚懷王不聽屈原勸告，決定前往武關，結果被秦國扣留，秦王脅迫楚懷王割地，懷王不肯。楚懷王被扣留期間，楚人立太子為王，是為楚頃襄王。三年後楚懷王在秦國病逝，秦國把遺體送還楚國，「楚人皆憐之，如悲親戚」。

沒有人會在明知結果不好的情況下決定採行愚者策略，主要是誤判情勢所致。誤判情勢是策略風險最大的來源，也是第四章「驟死戰」的重點。就金融業而言，這是作者在 2008 年發現的重大潛在風險，當時是藉由《易經·頤卦》的涵義，說明銀行業摻股大陸銀行可能面臨到的風險。

《易經·頤卦·初九》：「舍爾靈龜，觀我朵頤，兇」，此爻的意思是指，某個人或某家公司雖處低位，還有些家產老本，看著大陸知名企業地位很高，想與之結盟尋求獲利，沒想到大陸企業只是貪圖自己老本，給了很多承諾，誘騙這個企業獻上老本，然後一口吃掉。這個企業不曉得被騙，眼看著自己的老本被對方吃掉，而且吃得很開心，最後對方不守承諾，只好落魄回台灣。

就百貨業而言，國內百貨公司的靈龜，就是精品的經營專業及品牌關係。這真的只是一點點資源，進到大陸，天時地利人和全沒了；台灣某知名百貨業者，幾年前仗著自己的經營專業及精品品牌關係，與北京某企業合資開設百貨公司，沒想到對方將自己利用乾淨，營運一上軌道，不但將經營權跟股權吃掉，還把高階主管扣留。該家族透過層層關係四處請托，才把人救了回來。

銀行西進摻股也是一樣，如果能保有這點靈龜就有談判籌碼，一旦靈龜被吃掉就大勢已去，會被一腳踢開。

從正奇之道來看策略風險

　　企業時時刻刻都面臨內外部環境的變化，各種機會與決策的挑戰會不斷出現。從長遠角度來看，一家企業若能發掘出較多的贏家策略機會並有效掌握，或是把突圍策略做好而得到好的結果，將會勝出。所以從這個策略理論與角度出發，有三件事很重要，分別是：「對局勢的判斷是否正確」、「經營管理的作用或競爭力」、「風險管理的角色」。

　　第一個項目，「對局勢的判斷是否正確」，是策略風險最大的來源。因為誤判，把「愚者策略」的機會看成是「突圍策略」，或是把「賭徒策略」的機會看成是「贏家策略」或「千載難逢」，以為勝券操之在我而將所有籌碼全押下去，其實只是在碰運氣，下場通常是一敗塗地。

　　第二個項目「經營管理的作用或競爭力」，例如某個策略由一般的企業來執行時，只能賺一百元，若由某家企業來做，可以賺到兩百甚至三百，這是因為這家企業有獨到的經營能力，例如國內某知名銀行，就是能在信用卡及財富管理業務領域大賺特賺，其他銀行望塵莫及，因此這家銀行就能藉由擴大獲利來彌補損失，就算摔了一跤，也不過是把之前賺的全吐回去而已，不致於傷到根本。但這個不是本書要探討的議題。

　　第三個項目「風險管理」的作用在降低損失。如果能在事前找出潛在風險，風管能力強的企業，可以採取行動降低損失，提高獲勝的機會。此外某些策略會有長遠的影響，例如「北風：壽險業匯率避險策略風險」，可能因為改朝換代，領導人更替而被忽略了，過了幾年太平日子之後忽然因情勢逆轉而出事，所以針對這些策略對未來的長遠影

響需要比較特別的方法來管理，即作者所創「隨風飛舞第七式：風動」。

從定位出發

中國有句古話：「人太窮則無志」，台灣諺語：「要顧肚子還是顧佛祖」，當一個人連住的地方都沒有，飯都吃不飽，通常心裡所想最重要的事就是尾搖乞憐設法要一口飯吃，此時能想什麼策略？如果想藉由一個奇策來一步登天，這叫玩命，不叫策略。

反過來說，吃都吃不飽，想策略幹嘛！要也是想如何能得到一口飯的策略，所以一個人或企業所處的環境，以及其地位，會決定：

- 他的視野，以及會去思考什麼樣的策略議題
- 可運用的資源，以及可採行的方法
- 潛意識，或者無明、業力對決策的影響

第三點，就是第四章「驟死戰」要討論的議題。例如說，某個人遇到一個機會，看起來是有可能成功，但也隱含風險，他所處的環境會是他能否做出理性決策最重要的因素。例如假設這個人有財務壓力，急需收入或現金，心一急起了無明，可能迫於現實壓力決定抓住這個機會採取行動，倉促之下踩到陷阱，結果一敗塗地。相反的如果這個人的環境很富裕，不缺錢，就可以好整以暇的好好想想這個機會是否潛藏陷阱，甚至保守一點根本不考慮這個機會，於是避開了可能損失。所以作者才說「誤判情勢、決策錯誤」才是策略風險最大的來源。

例如 2012 年三月日本剛挑起釣魚台爭議時，很多人批評馬政府處理釣魚台爭議時無實際行動；但以台灣的條件，能有什麼實際行動。

　　台灣已是今非昔比，與大陸及日本比起來弱小許多，要比軍力，打又打不贏，要比經濟，台灣左邊靠大陸遊客支撐內需，右邊指望與日本企業「聯日抗韓」，在這樣的情況下要維護釣魚台主權，就像一個年青人沒賺錢能力住在家裡靠父母養，當賴家王老五，結果看電視時竟然想從父母手裡搶搖控器一樣，以為家裡沒大人。如果台灣能讓釣魚台這把火不要燒到自己身上，已是萬幸。所以，沒搞清楚自己的定位就冒然採取策略行動，或是所採行的策略與自己的環境、定位不符，這是「大兇」，這個是作者所創「策略分析之定位主義」在風險管理的應用。

　　所以從定位主義來看，策略風險的第二大來源就是「企業所採行的策略與自己的環境、定位不匹配」。例如本身不具備優勢（或是處於劣勢），卻學別人採行贏家策略，結果事倍功半，與競爭對手的差距愈來愈大。或者自己明明擁有優勢，卻在一時的壓力下誤判情勢，在沒有必要的情況下突然採行「賭徒策略」，結果一敗塗地，從前段班掉到後段班，甚至關門大吉，此即第四章「驟死戰」所談的投資策略風險。

　　個人或企業所處的環境種類很多，作者暫時簡單劃分為兩類：「具有優勢，或處於劣勢」，而在這兩種情況下，思考策略的方式與方向都不同，所以這是策略分析很重要的起點。但所謂優勢策略與劣勢策略，只是個概念，而不是方法，並沒有具體做法，只是提醒在策略分析之前，要先想清楚這個問題。

第三章

鶴立雞群

2011 年希臘主權債務危機爆發，牽扯出歐盟各國債務破錶，歐元可能解體的傳聞甚囂塵上，全球各主要金融市場為之動盪，景氣同步下滑，被二次衰退的陰霾所籠罩。就在各國為高失業率、需求不振所苦，大陸已上市的銀行業 2011 一整年的獲利卻超過六兆台幣，大幅成長約 50%，創下歷史新高；這些銀行每天一開門就賺進約三百億台幣，光是五大國有銀行 2012 年淨利潤總額高達七千八百多億元（約新台幣 3.8 兆元），平均每日淨賺逾二十一億元（約新台幣一百億元）利潤比石油、菸草等壟斷行業的暴利還高。

主要的原因是大陸存貸利差過高；以一年期存款為例，定存利率為 3.5%，貸款利率為 6.6%，在未考慮活存的情況下就有 3% 利差；中小企業在大陸政府緊縮信貸為房市降溫的壓力下，放貸利率可達到 8.3%，算起來銀行利差高達 5%；來自放款的利息收入至少占銀行營收的八成。

大陸銀行業坐擁利差金山，吃虧的卻是老百姓。次貸風暴後大陸為刺激景氣推動四兆救市措施引發通膨，依據官方數字，2011 年全年物價指數漲幅高達 5.4%，與一年期定存利率 3.5% 相比，等於是實質負利率 2%，其中差額全進了銀行口袋。

除了坐享利差暴利，大陸銀行業還巧立名目賺取高額手續費。根據媒體報導，有大陸學者針對銀行收費進行調查，統計過去七年銀行業向客戶收取手續費的項目從三百多種增加到三千種，暴增十倍，上市銀行賺到的手續費及佣金淨收入，幾乎占了淨利潤的半壁江山。難怪有商業銀行行長看到企業利潤那麼低，銀行利潤那麼高，自己都不好意思公布。

跨過兩百公里的海峽看看台灣這邊，銀行業卻飽受市場過度競爭及低利差之苦，這兩年平均利差只有 1%多，全年獲利能超過一百億的銀行不到十家，整體銀行業的淨利加起來不過兩千億，幾乎是對岸的零頭，與大陸銀行業的暴利相比，真的是差很大，這也是台灣銀行業一直想進軍大陸最主要的原因。

大陸銀行業快速成長，並不只是這一兩年的事。早在十多年前，大陸銀行業在全球金融市場只能用藉藉無名來形容，經歷改革開放三十年的快速成長，民間財富日益雄厚，為金融業打下了良好的根基，終於在這幾年看到成果。

根據英國《銀行家》雜誌的資料，在 1989 年大陸只有八家銀行擠進全球一千大銀行排行榜，不過二十年光景，就有將近百家銀行上榜，成長了約十倍；這近百家銀行的總資本占全球一千家銀行總資本的 9%，稅前淨利則高達一千家銀行的 25%，更不用提全球前十大銀行中有三家是大陸國有銀行，分別是中國工商銀行、中國建設銀行和中國銀行。

很可惜的是台灣銀行業並未趕上大陸這段成長期。在過去，台灣銀行業比大陸先進得多，今非昔比，大陸大型國有銀行的分行家數少則一萬多家，多則四萬家，相較之下台灣銀行業分行家數最多的不過

兩百多家，大約只是對岸的兩百分之一，如果從分行家數角度來看，台灣數一數二的大銀行也只不過是大陸的第三級城市銀行。

銀行業西進不得其門而入

雖然台灣的銀行業者一直覬覦大陸市場，卻不得其門而入。早在2003 年就有台灣銀行、國泰世華與彰化銀行等三家銀行獲得許可西進大陸設置辦事處，一直到 2010 年大陸央行才允許六家台灣的銀行可以在大陸營業，每家銀行也只能設三間分支行，真的是「聊勝於無」。

作者在前一本書《風險管理之預警機制》的第二章探討台灣銀行業建立跨國備援機制的議題時，即已解釋無論是從服務既有客戶、搶占新市場、提升競爭力及獲利能力等面向來看，西進大陸都是台灣銀行業者跨出海外的首選之地，然而受限於兩岸政治紛爭，大陸市場是看得到吃不到，不但可經營的業務類型受到限制，也不知要等到何時才能增加營業據點，西進大陸變成有志難伸。

因為這些理由，不少台灣銀行業者把腦筋動到摻股當地銀行，希望趁還有些優勢時，搭上大陸金融市場快速發展的最後一班列車。然而比較有機會接洽的大陸第三級銀行，大多非上市櫃公司，不但開價很高，財務也不透明。作者曾在前一本書《風險管理之預警機制》的第七章，分析過去幾年大陸於以擴大政府支出方式刺激景氣，導致地方政府舉債高達十四兆，這些錢都是從地方銀行搬出去的，加上房地產業者土建融資貸款，地方城市銀行未來可能面臨信用違約的風險，這個洞有多大根本難以估計，此時談西進摻股，無異徒步走過地雷區。

只有某金控在之前曾繞道香港以相當便宜的價格吃到一家看起來還不錯的銀行，搶到先機。

另一條比較保險的路，是摻股大陸的外資銀行。然而這些外資銀行大多是跨國金融集團佈區大中華市場的重要據點，不太可能割愛，其他小型外資銀行數量較少，摻股機會有限。就算真的摻股成功，分行家數也不過是從原本的三家擴充到幾十家或上百家，也就是說從約占大陸大銀行規模的萬分之幾，進步到千分之幾，一樣是連對方的零頭都不到。當然，這對提升台灣銀行業者自身的營收與獲利，已有很大幫助。

也就是說，不論是靠自己，還是摻股，目前台灣銀行業的西進策略思維的取徑（Approach）大同小異，都只是在萬分之幾或千分之幾之間做選擇，如此一來能想出來的策略就有限。

那有沒有可能從另一種角度來思考，就像作者在第一章「台灣大戰略」提到的，例如從台灣銀行業橫掃千軍、擊敗所有陸資外資銀行、稱霸中原的角度思考西進策略？當然，以大陸國有銀行家大業大、根基深厚、以及與政府單位的關係，要在實質上擊敗他們，那是「挾泰山以超北海，非不為也，是不能也」；但有沒有可能在某種層面擊敗他們，到最後獲得實質稱霸天下的機會？答案就是作者提出的這個策略：「鶴立雞群」。

雞與鶴

在此會分別從幾個角度，由淺入深的解釋「鶴立雞群」這個策略。首先，我們來看「雞」與「鶴」的差別。不知讀者有沒有到過養雞場

或雞舍，特別是傳統以比較開放的空間來飼養的養雞場，以鐵柵欄隔成一個一個區塊，每個區塊中間有幾個裝水或飼料的裝置，雞隻在所屬的區塊中自由活動。放眼望去，一整片，可能有幾百或幾千隻。

如果作者在這群雞之中，放了一隻雞要讀者去找，找得到嗎？可能會很困難，因為密密麻麻的，看起來都差不多，怎麼找？

那如果作者放的不是一隻雞，而是一隻鶴呢？應該就很容易找了，畢竟雞跟鶴的體型差那麼多，一眼就看到了，所以中文才有一句成語叫鶴立雞群。這個策略就是這個意思。

就算養雞場有幾千幾萬隻雞，鶴只有一隻，即使將雞跟鶴混在一起，還是能一眼就看到鶴，得知鶴的存在。所以鶴的辨識度相當高，比雞高多了，不會被雞群所淹沒或掩蓋。

這是從能見度來看，如果從價值來比較呢？用一隻雞的價值跟一萬隻雞的價值來比，孰輕孰重？很明顯的，是一萬隻雞的價值較高，就算這單獨的一隻雞再肥再大再漂亮，也就只有一隻。雞的主要功用是殺來吃，從食用角度來看，一萬隻雞的價值肯定比一隻雞高。

但如果是拿一隻鶴的價值跟一萬隻雞比呢？孰輕孰重？這就不一定了。

以目前的市場行情來計算，一隻雞的批發價約一百元台幣，一萬隻雞就是一百萬，但鶴的價值呢？有沒有超過一百萬？很可能，特別是當全世界只有這隻鶴時，其價值絕對不只一百萬，因為雞的功用是食用，但鶴的功用是觀賞，怡情養性，這個價值不是食用可以比較的。從飼養珍禽異獸以炫耀財富的角度來看，大陸這幾年有些富人瘋西藏獒犬，高檔獒犬甚至有「狗王」之稱，聽說動輒上千萬。獒犬都有這種身價了，何況是鶴。

　　所以當對方有幾萬隻雞，而你只有一隻雞，如果只把眼光放在雞上，是絕對比不過的；但如果將焦點從雞轉到鶴上，那贏的機率就非常高，「不要在敵人具有優勢的戰場上與之決戰，而是另闢一個自己擁有絕對優勢的戰場，利用敵人的傲慢大意，將敵人引過來再將之殲滅」，這是作者常有的策略思維，例如以作者的學術和社會地位，絕對無法與諾貝爾經濟學獎得主相提並論，那作者的策略就是證明經濟理論是錯的，打破其權威地位，再推出號稱「真正正確」的經濟學，這樣才有機會贏過那些諾貝爾獎得主。

　　這樣的策略思維方式，是作者的第五個系列方法論，新華漢兵學的：「以強擊弱、以弱擊虛、以虛擊空」的精義，結合作者獨創的「閃電法：資訊資產與風險分析」，以及獨步全球的策略分析觀念「取徑Approach」，總共結合三種方法概念精髓的合成體，而其核心能力，就是作者想介紹給學術界的非數學化思考分析方法之一的「抽象拓璞學」。

西進賣雞

　　比較過雞與鶴的差異之後，我們將此觀念用在台灣銀行業西進策略上，用另一種比喻方式來說明。我們先暫時把銀行業者假裝成養雞業者，一家一家的分支行，就當成是一隻一隻的雞。雞有雞市，大陸的雞市大，成交量高，獲利也好，所以台灣的養雞業者（也就是銀行業者）很想到大陸的雞市做生意。

　　假設最近大陸雞市開放台灣養雞業者去進行交易，一到雞市，看到各養雞業者（銀行業者）把自己的雞（分行）拿出來賣。第一家養雞業者（大中國銀行）上台說：「各位買家們看看，我有一萬多隻雞，

又肥又大，跟我買吧」。第二家養雞業者（大中國工商銀行）也上台說：「各位買家們看看，我也有一萬多隻雞，也是又肥又大，跟我買吧。」。第三家養雞業者（大中國農業銀行）更是大聲說：「各位買家們看看，我有四萬多隻雞，比他們都多，更肥更大，跟我買吧。」

接著，換台灣的銀行業者上台了，第一家說：「各位買家們看看，我有三隻雞，養得也還可以，跟我買吧」。請問，有人會理他嗎？好吧，換另一個吃到陸資銀行的金控上台了，也說：「各位買家們看看，我比他們好，有五十隻雞，養得也還可以，跟我買吧。」請問，有人會理他嗎？唉，真可憐。

台灣的銀行業者幾乎都上台過了，剩最後一家，這家銀行上台說：「燈光燈光，照過來照過來，大家看看，看看，我手上的可不是雞，這是隻鶴，而且是日本國寶丹頂鶴，跟我買吧。」讀者認為現場會有什麼反應？當燈光都打在這隻鶴上，所有人都靜了下來，看看，這隻鶴是多麼的高雅，單腳而立，低頭用嘴梳梳羽毛，抬起頭來，昂首闊步，風度翩翩，揮一揮翅膀不帶走一片雲彩。「真的是鶴耶」有人忍不住說了出來。接著有人喊：「我要買，我要買」，然後有人舉手出價，「我也要買，不管價錢有多高，我要定了」，這時大中國銀行行長走過來拍拍這家銀行的肩膀說：「你這鶴哪來的？我們合作多弄幾隻！你看如何」，這算不算橫掃千軍、打敗陸資外資台資、稱霸中原？

初夜權

這策略也不是作者想出來的，靈感來自於電影藝妓回憶錄，取材自其中的一段情節，一位好心的當紅藝妓「豆葉」要幫一位年輕藝妓

「小百合」，要將她捧紅，然後將她的初夜權賣到最高價，好為她贖身，還她自由。

　　或許會有衛道之士認為作者物化女性，也可能會有人攻擊作者將銀行與色情行業相提並論，因而作者在本書的免責聲明即已強調，為了讓想法與概念更淺顯易懂，作者都是拿現成的材料來比喻，剛好只有「藝妓回憶錄」有這個情節，沒別的選擇，而不是作者故意選販賣初夜做例子來比喻銀行業西進大陸策略。

　　經濟學裡有一個地位非常崇高的學派叫「芝加哥學派」，曾有一個偉大的經濟學家叫「史蒂格勒 George J. Stigler」，他曾提出一個偉大的原則叫「適者生存原則 Survivor Principle」：「假設在自由競爭的環境下，凡長期能存活下來的廠商一定是有效率的廠商」。台灣在幾年前就爆出知名女主播高價陪日本商人吃飯的風波，被指控收了昂貴珠寶卻不「辦事」，以及女明星高價陪睡的事件，最近又傳出香港名模高價陪睡爭議，從另一個角度來看，此類服務自古就有，如今依然；依據適者生存原則，不論衛道人士再怎麼討厭販賣初夜這檔事，自然有其經濟意義。

　　另外從佛學角度來看，販賣初夜是一種「相」，而經營銀行也是一種「相」，所以拿這個來做比喻，也不算是在貶低銀行業。

藝妓回憶錄／Memoirs of a Geisha

　　這是 2005 年的電影，改編自亞瑟高登暢銷名著，勞勃馬歇爾導演，三大華人女星章子怡、鞏俐、楊紫瓊聯合主演，描述二次大戰前後的日本，一段藝伎與富商間的戀情。

　　故事的一開始是一個小女生在九歲的時候，母親生重病，打漁為生的父親為了籌措醫藥費，將小女孩千代子和姐姐左津賣給一個人口販

子，隨後輾轉被帶到風化業集中地祇園，小女孩運氣不錯被某間置屋的姆媽允許留下來，成為藝伎學徒，藝名小百合，姐姐卻被賣到妓女戶。

小女孩的運氣雖然比姐姐好，但置屋為了訓練她必須花很多錢送她去上課，加上伙食費醫藥費，這些都要靠她以後賣藝甚至賣身來償還，過程中遇到一個好心的當紅藝妓「豆葉」，為她安排了一場舞蹈表演，一炮而紅，以破天荒的高價賣出初夜，換回了自己的自由，甚至，成為置屋的繼承人。

當作者看到電影中小百合跳舞表演的那一幕，那真不簡單，其編舞有現代舞的影子，加上舞台、燈光、音效、雪花效果，作者也看呆了：「這是舞蹈家耶，有人這樣標售初夜的喔，那不就天價，肯定比嫩模、明星、主播價碼都高」。

權、錢、名

翻開歷史，不論是中國或是外國，富商巨賈賺大錢的方式大同小異，靠的不外乎權、錢、名。「錢」是指家財萬貫，資本雄厚，例如古代的山西錢莊，因為自己有家底，能藉由資金借貸來賺錢，或是台灣有些人花大錢取得國外知名商品的獨家代理權，像是汽車、精品等等，做獨門生意賺錢獲利。

從銀行業西進來看，所謂的「錢」指的就是大金控資本雄厚，花大錢將大陸某銀行所有股權全買下來，馬上可以像大陸其他銀行業者一樣坐享利差暴利。作者在前一本書《風險管理之預警機制》的第七章曾提過，之前新加坡星展銀行曾經想花七十億美金買印尼當地的最大銀行，未能成功，現在謎底揭曉，原來是印尼銀行非常賺錢。受惠

於消費者信貸業務需求暢旺，印尼銀行業蓬勃發展，躍居全球最賺錢的銀行。印尼前五大銀行平均股東權益報酬率（ROE）達 23%。相形之下，規模類似的中國銀行業平均 ROE 為 21%，美國只有 9%。這主要因為印尼大型銀行利差高達七個百分點，是二十大經濟體中最高。

看準某個行業或某家店面獲利高，花大錢買下來，就可以躺著賺，這就是靠「錢」生財。

第二種方法是靠「權」，例如跟大陸國家領導人攀上關係，在其庇蔭下，獲得從事某個行業的機會而賺錢。聽說不少大陸高幹自身確是清廉，然而其子女或親戚藉著其勢頭，做生意大發其財。近代最著名的例子，就是大商人宋查理將三個女兒宋靄齡、宋慶齡、宋美齡，分別嫁給山西大戶孔祥熙、國父孫中山、蔣公蔣中正；宋氏一門的財富、聲望、政治影響力隨著三姊妹夫婿的事業發展，迅速攀漲，人稱「宋氏皇朝」。

所以從「權」的角度來看銀行業西進策略，想大展宏圖最直接的方式就是與大陸領導人結上姻親，例如將自己的女兒嫁給領導人的兒子，對方自然會找個機會，讓其摻股某家優質的城市銀行。只是這種機會可遇不可求，知易行難。

除了錢與權之外，還有第三種方法，就是取得很大的名氣。例如想西進的台灣銀行業者，一舉成名，變成大陸最知名的銀行品牌，像周杰倫、林志玲，或誠品書店，如此一來即使沒有龐大資金或是政商關係做靠山，一樣能大發利市。

有資格進軍大陸的銀行，在台灣都是大名鼎鼎，無人不知那家不曉，打廣告是為了企業形象，而不是為了讓別人知道自己的存在。靠著名氣，在台灣推展業務自然順風順水，久而久之，就會忘了名氣的

重要性，這個缺點，在西進大陸時就表露無疑，因為台灣所有的大銀行，在大陸，都沒有名氣，本身的資金也無法與大陸中型以上的銀行相比，那問題就來了，想摻股，別人為什麼要跟你合作？

大陸銀行業因為同業關係，大多知道台灣有那幾家大銀行，但大陸民眾對台灣銀行業很陌生，那大陸銀行業與台灣合作結盟的動機是什麼？要資金，沒人家資金多，要關係，台灣銀行業在大陸什麼關係都沒有，要名氣也沒名氣，那大陸銀行業圖的就是台灣僅有的一點專業，就像大陸企業找台灣知名百貨業者在北京合開百貨公司一樣，等專業學到手，就一腳踢開，這就是摻股大陸銀行的風險「舍爾靈龜」。

台灣銀行業處於劣勢，不論是想摻股大陸的城市銀行或外資銀行，總是別人挑自己，而不是自己挑別人，遇到一個好的對象想摻股，問題是，自己有什麼吸引對方的條件？所以如果台灣銀行業運用「鶴立雞群」這個策略而得到很大的名氣，外資自然會貼過來，到時，可能不是只吃一家，而是很多家。

所以才說，西進大陸，目前所有的台灣銀行業都是著眼於能開幾家分行，每年盈餘成長多少，這是一種思維方式；如果著眼於能取得多大的權，或多大的名，再藉此獲得龐大的資源，則是另一種思維方式，會得到完全不一樣的策略。

台灣良心

這樣的大名氣，就是台灣的良心；例如台灣某銀行業，在大陸開了一家分行，雖然僅有一個據點，但這家分行被大陸民眾視為台灣良心的代表，可以讓客戶絕對安心放心，甚至被認為是中華文化的精華，

是中華民族最寶貴的資產，獨一無二，不但沒有任何一家大陸銀行比得上，所有西方知名銀行也都比不上，這家分行是中華民族未來的希望，大陸金融業未來的希望，這就是足以橫掃千軍，稱霸中原的「大名」。

我們再從另一個角度解釋「鶴立雞群」這個策略。其中的雞呢，指的就是銀行提供各項服務來賺錢，所以一家分行就是一隻雞，而鶴呢，則是提供台灣的良心，用台灣良心、善心、熱情來感化整個大陸已過度功利化的社會。雞跟鶴同樣是鳥類，但是完全不同的動物；也就是說雖然都是提供銀行服務，但因為心態不同，給人的感受就完全不同。

我們用另一個例子來解釋這個概念。作者在前一本書《風險管理之預警機制》有解釋過，跟同樣是銀行，同樣是進行放貸，華爾街人士貪婪不擇手段賺黑心錢，把有毒資產包裝成保本商品賣給無知的投資人然後再放空套利，或是瑞士銀行幫貪污、逃稅的人保管財富賺取手續費，這些都是「雞」。相較之下，有些人卻保有良心，積德行善，像阿庫拉那樣成立微型銀行幫助窮人脫離困境，這個就是「鶴」。

西進大陸千載難逢的機會

台灣真的是寶島，雖然沒什麼天然資源，但老天爺就是給了這麼多好機會。早年台灣的機會，例如家庭即工廠、加工出口區、發展電子工業等，是靠自己努力創造出來的，天助自助者；這兩年台灣有很多好機會是天上掉下來的，卻沒人察覺，也未加以把握利用，白白浪費。

　　2011 年，老天爺針對西進大陸給了台灣銀行業一個千載難逢的好機會，這個機會來自於大陸「黑心」勢力的崛起，其中鬧得最大的，就是毒牛奶事件。

　　2008 年初，大陸有幾間地方醫院陸續發現嬰兒患腎結石的病例，接下來一段期間，類似的病例愈來愈多，經醫院初步調查發現這些嬰兒均曾食用三鹿集團的配方奶粉，於是向上通報；後來河北省檢疫局對三鹿集團所產的嬰幼兒系列奶粉進行檢測，發現多數含有工業化學藥劑三聚氰胺，原來是不肖商人為了降低成本，將三聚氰胺加入低品質或稀釋的奶品中，可以欺騙檢驗員，以為奶粉含有足夠的蛋白質。這件重大食品安全事故一共造成全大陸 29 萬嬰幼兒的泌尿系統異常，其中六人死亡，家長極大恐慌，紛紛改買價格較高的進口奶粉。在輿論壓力下，相關官員被迫下台，三鹿公司宣告倒閉，董事長等高階主管被判刑，將三聚氰胺加入奶粉中的人被判死刑。

　　這並不是第一樁曝光的大陸黑心商品事件，大陸很多不肖業者為了賺取暴利，黑心商品多到數不清，由於大陸是獨裁專制體制，媒體及報紙由政府掌握，為了避免民眾恐慌，過去黑心商品曝光時，不會有太多報導，一直到三鹿毒奶粉事件，由於受害嬰兒人數眾多，造成家長極度恐慌；父母疼愛小孩是人之天性，特別是大陸一胎化政策下，大部份家庭只有一個小孩，自然特別溺愛，素有小皇帝之稱，家長花錢買知名品牌奶粉卻喝到毒牛奶，導致小朋友泌尿系統異常甚至死亡，反彈就大，為了平息民怨，破天荒的抓幾名官員開刀；從此之後，大陸民眾愈來愈關心自身權益，加上部份媒體打破禁忌追根究底，甚至臥底採訪，黑心商品報導愈來愈多，愈來愈驚人：

- 使用化學藥品合成的假雞蛋。
- 將工業用鹽重新包裝成假食鹽，以低於食用鹽市價六成的價格銷售。
- 使用糞水、餿水以及有毒化工染料硫酸亞鐵泡製臭豆腐。
- 出口到日本的水餃被檢驗出含有農藥甲胺磷及 DDT 成份，造成二百多人中毒。
- 在珍珠奶茶中的粉圓添加塑膠，以增加其彈性，而這種添加方式早已在全大陸的米線、米粉中大量使用。
- 羊肉販以羊尿浸泡鴨肉，使鴨肉帶有羊羶味，冒充羊肉販賣。
- 使用消炎藥、抗生素、生長激素將原本十天才能長好的豆芽，加速到只要三天即可出貨。
- 將餐廳排放至水溝中的膏狀廢油撈取後，經過濾、加熱、沉澱、分離等程序，提煉成為「食用油」，再以低價轉賣給餐館。

由於黑心商品實在太多太可怕，無所不包，不但大陸民眾痛罵，外國人也罵，大陸的商品特別是食品的最大品牌形象就是黑心，名揚海內外；很多人看到中國製造，心裡就沉了下來，特別是作者，絕對不買大陸出口的食品或農產品，只是很多都冒充是台灣本土的，很令人頭疼。

大陸幅員太遼闊，缺乏具公信力的標準檢驗機構，官商勾結又嚴重，在暴利驅使下，抓不勝抓。大陸官方也知道黑心食品問題嚴重，因而針對政府高層人員所吃的蔬菜肉品等食物，據聞有專屬的管道提供以確保安全，至於一般民眾，能吃飽比較重要，就管不了那麼多了。

黑心銀行

這兩年，大陸的黑心商品範圍擴大到其他產業，像是金融業，包括證券、保險、銀行等等。大陸的產險業常常被保戶質疑為了降低理賠費用，很多該賠的項目刻意不賠，引發很多糾紛，由於大陸司法制度不公正，就算民眾提告也無法求償。

證券業也是，除了次貸前大陸民眾瘋股票的那段期間，本益比五十倍一百倍的股票很常見，嚴重偏離基本面，投資股市全憑運氣，純粹是賭博，而且上市公司財報不但造假，還有大型會計師事務所簽證，假到美國去，連美國投資人都吃了大虧，氣得美國證管會揚言要親自派人來大陸查帳；兼且內線交易盛行、官商勾結藉由股票上市撈錢，得手後公司就原形畢露倒閉，成為常態。前年大陸有一句話：「中籤如中標」，原本散戶抽股票是為了賺價差，沒想到抽到的股票一上市就無量下跌，常常跌破淨值甚至價格腰斬，大陸股民虧損太多，次貸風暴後終於認清真相紛紛撤出股市，轉往房市，導致大陸雖然經濟持續高度成長，股市表現卻極差，與一般認知的「股市是經濟的櫥窗」、「股市是經濟先行指標」、「股市漲代表經濟景氣，股市疲憊不振時代表經濟即將衰退」的常理背離。

大陸銀行業更是問題多多。改革開放後，大陸各方面都向西方先進國家學習，把他們當成老師，銀行業也是，除了開放部份國外知名大銀行摻股以學習其專業，也模仿西方銀行的手法推展各項業務，只是不但比西方銀行更貪婪，黑心更是猶有過之，好的沒學到，壞得學一堆，變成黑心銀行，民眾大罵，連身為大股東的政府都看不下去，下令檢討。

次貸風暴突顯了美國華爾街肥貓的黑心與貪婪，為全球所唾棄。那時，美國知名投資銀行仗著自己的名氣大，全世界各金融機構和一般投資人對自己的信任，運用高深的數學掩蓋風險，將風險性較高的次級房貸包裝成高獲利低風險兼高信用評等的投資級商品，賣到全世界，導致次貸風暴，全球投資人哀鴻遍野，冰島等小國更是瞬間倒閉，全球齊聲大罵，抗議華爾街的示威活動漫延全世界。華爾街的佼佼者高勝在枱面上說服客戶購買其發行的次貸商品，枱面下將之放空以套利，得以在全球投資人大虧特虧時大撈一票，全身而退，更是貪婪黑心的代表。

與華爾街比起來，大陸銀行的黑心是全面性的，真可謂「青出於藍而勝於藍」，以不實手法銷售高風險投資商品給客戶只能算是「基本配備」，民眾最常使用的存款、提款、信用卡等黑心服務層出不窮。

大陸銀行業由於財富管理業務發展相對較慢，次貸風暴時大陸投資人雖然也有賠錢案例但數量並不多，而且那時出問題的大多是外資銀行。相較於其他國家的銀行業在次貸風暴後進行內部檢討，加強控管不當銷售行為，但大陸銀行業在追逐暴利及人員業績壓力下，變本加厲，已經不再只是「隱瞞商品風險」而已，根本就是蓄意詐欺加偽造文書。

打開新聞常常可以看到類似報導，大陸某民眾向知名英國銀行購買高額的理財產品，贖回時卻虧損了近八成，然而投資人每次收到的對帳單都載明「零虧損」，此外依規定在民眾購買之前必須仔細閱讀的「風險告知書」則是在購買兩年之後才寄到民眾手中；更奇怪的是，原先簽訂的客戶協議記載購買的是保本型商品，不知何時被「調包」成非保本商品。

存款變投資

除了像前面例子那樣，依舊販賣高風險投資商品，依舊不當銷售之外，大陸銀行在學了西方銀行「資產負債表外」、「商品包裝」、「話術扭曲」等手法之後，將之應用在存款業務，「貪由心上起，黑向膽邊生」令人嘆為觀止，無法無天到無法想像的地步。

最常見的是存款變投資、變保險。世界各國的銀行在不當銷售投資型商品時，最多也只是在民眾購買時未告知風險，或是強調買的是保本商品卻不提保護有下檔；此外在台灣比較惡劣的是以定存利率過低，誘勸民眾解定存來買投資型商品，並強調保本，還拿定存或政府公債來說明比喻；可是至少民眾知道自己是在進行投資而不是做定存。

作者所看到大陸不當銷售的案例是，民眾到銀行存錢，特別是老先生，堅持做存款（一般是做定存），銀行行員也告知老先生他的錢是做了存款，但實際上是幫客戶購買投資型商品或保險，一直到客戶想領錢但戶頭已經空了，或是子女幫忙詳細檢查開戶時所簽的資料，才知道被銀行人員騙了，而且錢根本要不回來，打官司也沒用。而在此過程中，銀行行員除了蓄意詐欺，有多起案例顯示行員在客戶簽完名之後再偽造文書，這些已經不是「告知不實」了，而是詐欺加偽造文書。

以定存名義幫建商吸金

過去兩年，大陸銀行欺騙客戶的手法變本加厲。由於前幾年大陸房市大漲，民眾苦不堪言，民怨沸騰，政府大力打房，緊縮銀根，把

很多地區的房市壓了下來，造成民企建商資金周轉困難。由於政府管制，銀行無法再放款給這些中小型建商，於是學了美國銀行業「資產負債表外」那一套，以比較高的利率的定存名義吸引民眾來存錢，然後將錢交給建商，問題是，從頭到尾都沒有「民眾存定存」與「放款給建商」這回事，而是銀行為了規避政府監督，以定存名義向民眾吸金，轉手將錢交給建商，所以民眾根本不知道他們變成建商的投資人。

這些建商就是因為體質不佳，在政府打房中無法向銀行借到錢，才用這個方式與銀行合作向民眾吸金，已有不少倒閉，銀行卻在賺到傭金之後，改口向民眾說他們的錢是「投資」，而不是「做定存」，引發兩造爭端。這是在連動債之後，大陸未來可能會引爆的「未爆彈」。

行長出馬高利吸金

其他國家銀行沒有的黑心行為大陸銀行有，別人有的當然是更加厲害。最常見的就是以銀行名義高利吸金。2011年大陸官方為了打壓房價高漲引發的民怨，逐步緊縮資金，導致原本借錢就很困難的民間中小企業根本借不到錢，造成民間高利貸盛行，借錢賺利息變成全民運動，因為利率太高太誘人，各種吸金手法紛紛出籠。其中之一就是行員打著銀行的招牌與名義以高利招攬存款，民眾以為自己是透過關係才向銀行爭取到較高的利息，其實都進了行員自己的口袋，然後一走了之。

撫順市某農村信用合作社，數名存款人戶頭裡的錢就這樣被捲走了。警方介入調查後發現，原來是信合社離職員工盜取了客戶的存款，

這名員工利用職務之便，騙親友到信合社存款，然後盜取親友戶頭的資訊，以掛失名義提取存款約三百萬台幣。

2011 年底，在浙江溫州、江蘇丹陽、江陰、南京、徐州，有八家大型銀行的員工分別參與民間借貸，並於資金鏈斷裂後外逃。像這種銀行行員或證券營業員以公司名義吸收存款或是募集資金的現象在世界各國都有，不算新聞，大陸強的是，出面以高利攬儲的是分行行長自己，這才叫厲害；幾年前某大陸大型國有銀行的哈爾濱河松街支行的主任吸了八億新台幣外逃，2012 年江陰農行行長非法集資超過十億新台幣，捲款舉家逃往海外，這些都只是冰山一角。連分支行的最高主管都加入詐騙名義，講得頭頭是道，誰能不上當。

更令人氣憤的是，一旦發生行員工攜款外逃事件，大陸銀行的共同做法就是封鎖消息，以高壓手段控制內部及新聞媒體，然後把相關人員開除了事，對於民眾求償一概不予理會，有些銀行甚至偽造涉案員工早在出事一年之前就已離職的文件，結果被債權人覓得證據、告上法庭才獲得賠償。

銀行與地下錢莊合為一體

在台灣，地下錢莊是地下錢莊，銀行是銀行，涇渭分明，民眾要跟地下錢莊借錢是自己的選擇，怪不得變人，但在大陸，很多地下錢莊與銀行有「緊密的合作關係」。

大陸有一位生意人急著要買美金將錢匯到往國外，如果到銀行辦理，不但耗費時間，而且要受政府所訂的每人每年購匯額度限制，根本行不通，於是朋友介紹他到一家地下錢莊辦理。沒想到他到這家地

下錢莊一看，不但就位在銀行的營業大廳，連人員都穿銀行制服，出來接待的也是銀行主管。

原來這家地下錢莊是這間分行的「合作夥伴」，地下錢莊有了銀行的加持，贏得客戶信任生意源源不絕，銀行則配合接受偽造的合約開立信用狀賺取高額手續費及利息。

大陸政府為了打壓房市緊縮銀根，訂定高標準的存貸比，時間一到各銀行分行必須吸收到足夠的存款才能過關，導致每一季季底都要全員出動四出吸錢，在政府龐大壓力下，造假事件層出不窮。這名生意人拜訪的這家分行每到季末考核存貸比時，就會動用「合作夥伴」地下錢莊的資金，別的分行要靠人海戰術才能完成的任務，這家分行單靠地下錢莊就輕鬆搞定。

銀行的基層分行為了招攬存款，賺取手續費，居然可以與地下錢莊混在一起，在台灣根本想像不到的現象，在大陸卻很常見。

在大陸，存款會不見

民眾將錢存在銀行一個很原始的理由是怕被偷，放銀行有保障，而且到處都有 ATM 可以提領，也很方便。問題是，在大陸，民眾將錢存在銀行可能會不見，而且銀行不賠。

現行大陸的金融卡還是舊式的磁條卡片，不像台灣用的是 IC 金融卡，防偽效果較佳，導致偽造金融卡在大陸很普遍。大陸駭客能力又強，政府為了與美國抗衡花錢培養駭客，俗稱網軍，這些人難免將技術流入民間，導致不肖業者研發出各種破解密碼的方法，並透過網路教學大量散播，於是製偽卡盜領存款在大陸成為最便利的犯罪取財方式。

例如某位存款戶人在深圳，金融卡及存摺一直在手上，密碼也從未外流，某天到銀行查詢自己的保險分紅是否入帳時才發現戶頭裡的錢不見了，請銀行提供交易明細，是一個多月前在短短十分鐘之內被人分別在廣西柳州、四川宜賓透過 ATM 交易及信用卡刷卡盜走。

或是某些存款人的帳戶與金融卡已正常使用了好幾年，某天去銀行領錢時，輸入的取款密碼始終顯示錯誤，查詢帳戶餘額才發現，戶頭內竟然只剩下一百元，原本存的六十多萬要結婚用的錢全不見了。追查之後才發現他戶頭的錢是被人分別從珠海和東莞兩地在短短五分鐘之內以 ATM 分十八次取款及轉帳盜領一空。

像這樣的事件在大陸天天發生，多到數不清，銀行一律不賠，告也沒有用，因為銀行會堅持無法證明資金被盜取是偽卡交易造成，同時主張提款交易是通過正確的密碼驗證完成的，銀行只是正常履約，或推說是存款戶將密碼外洩給別人。而法院也都是以證據不足判存款人敗訴。

作者還看過一個最誇張的例子。據被害的商人說，他接到客戶電話說貨款已匯入其戶頭，於是拿著存摺到銀行櫃枱辦理，先請行員確認客戶的錢確實已匯入，然後要辦理取款，就在行員向他確認錢已匯入戶頭後到他取款這短短幾分鐘時間，戶頭裡的錢已被盜領一空，而且銀行也查不出來犯罪集團是怎麼辦到的，變成一樁懸案。

信用卡被盜刷

除了存款會不見，更常見的是信用卡被盜刷。盜刷信用卡在大陸已是犯罪集團的全民運動，變成急需用錢的人撈錢的最佳管道。除了磁條卡片易於仿造之外，盜刷信用卡在大陸已形成產業鍊。從製偽卡、

車手取錢、店家配合、銀行配合，更大的因素是網路交易與教學。駭客看準市場需求龐大，將製造偽卡及盜刷所需的設備（複製器）作成一套，在網路上販售，一套賣約八千人民幣（約四萬新台幣），還附贈教學光碟，標榜只需五分鐘就能仿製出一張銀行卡，保證一學就會，學不會就退費。由於服務太便利，導致一般民眾或店家遇到急缺資金或周轉不靈時，也加入盜刷信用卡的行列，更不用說其他以盜刷為業的犯罪集團。

某個建築商人就吃了大虧，金融卡兼信用卡明明在自己手中，也沒有被掉包，可是帳戶內五百多萬存款卻被他人刷走，莫名「蒸發」。這名建築商某天手機忽然收到銀行發來的簡訊，稱自己帳戶裡卡裡的五百多萬存款已在當天上午 11 點在一家珠寶店全部刷卡消費掉了，這五百多萬是他要發給員工的工資。

警方調查發現，犯罪集團在銀行 ATM 機加裝側錄機，獲取存款戶的金融卡兼信用卡卡號及密碼等資料，而且用的是無線接收裝置，技術相當先進。發生這種事，除非抓到人拿回錢，否則大陸的銀行是不賠的，只能自認倒楣。

除了銀行不負責任的態度外，更令人痛恨的，是整個犯罪過程中有銀行摻一腳。2012 年上海市閘北區人民法院宣判了一起利用新技術及無磁交易方式進行的信用卡詐騙案，由十三個人組成的犯罪集團在網路上購買信用卡資料、製作偽卡並猜中密碼、透過網路代繳公用事業費轉帳提現的方式，盜刷信用卡取現，造成多名持卡人損失達三百多萬元。此案背後，竟然是多家銀行的員工公然非法販賣客戶個人資料。要不然就是犯罪集團盜刷時使用的刷卡機，是向銀行行員購買的，真是令人觸目驚心。

超額收費

除了存款會不見，信用卡會被盜刷，另一個更普遍的是超收費用，連窮人的小額存款都不放過。

前面已提過，大陸銀行業除了坐享利差暴利，還巧立名目賺手續費。根據媒體報導，有大陸學者針對銀行收費進行調查，統計過去七年銀行業向客戶收取手續費的項目從三百多種增加到三千種，暴增十倍，從這裡賺到的手續費及佣金淨收入，幾乎占了上市銀行淨利的半壁江山。

2012 年初，某客戶請北京花旗銀行提供交易明細，銀行印了一份 96 頁的對帳單然後向客戶索取 4200 元（約台幣 2 萬元）的費用，引起大陸社會廣泛關注。其實大陸銀行巧立名目向客戶收費已是常態，引發民眾強烈反彈，依據新聞報導，主要集中在幾個層面。

第一是收費高低差異大。有消費者反映，不同銀行對同一種服務的收費差別很大，如 ATM 跨行取款費用從每筆 2 元到 22 元不等（約台幣 9 元到 99 元），相差十倍；信用卡掛失費從 20 元到 50 元、60 元的都有（約台幣 90 元到 300 元）。所以就算客戶起疑心，也不知道銀行是否超收費用。

第二是收費高。某位消費者在北京刷信用卡消費了四萬多元，因過年時回家匆忙，剩餘一百多元欠款未還，在短短十幾天內就被銀行罰了一千多元的延遲息。銀行方面解釋說，持卡人無論還了多少，只要沒還完，都得按全額計算利息，而且信用卡的免息期也不被計算在內。消費者認為銀行對信用卡服務收取費用可以理解，但如此乘人不備，讓人感到有欺詐之嫌。

除了信用卡以全額計算延遲息，銀行被消費者投訴亂收費的問題還有不少，例如信用卡領取現金手續費高達 3%等，讓不少消費者驚呼上當了。

第三是收費名目多。有一些上了年紀的大陸消費者反映，銀行收費項目繁多，如小額帳戶管理費、信用卡領取現金手續費、轉帳失敗手續費，更換存摺費、重新製卡費、重設密碼費、網銀交易收費等等，令人目不暇給。多數銀行對其收費遮遮掩掩，既沒有在明顯地方公布，收費前也沒提示，讓人一不小心就被收費，而且各項費用的收取標準都是銀行自己說了算，消費者只能接受。

有新聞報導，某位退休教師在十七年前，在某大型國有銀行的一個分行存了一百塊錢（那時大陸的錢很大），最近想起這筆錢，去領時才發現只剩下了十五元，銀行的人對他說，要是他明年再來取，非但戶頭裡一分錢都沒有，還欠銀行錢呢。因為大陸銀行針對戶頭裡少於三百元的存款戶都要扣小額管理費，此外還要收取各類通知費、每年的年卡費，要是使用金融卡在其他銀行 ATM 機上查詢或者領過錢，那還要收查詢費、跨行取款費；要是按照現在的收費標準，十七年來這名退休教師至少欠銀行三百元。

儘管大陸政府有關部門多次採取清理銀行亂收費行動，例如銀監會在 2012 年發布「關於整治金融機構不規範經營的通知」，要求各銀行對於服務收費項目要明碼標價，但層出不窮的收費項目依然讓人眼花繚亂。有記者走訪多家商業銀行發現收費項目並未在明顯的地方公佈，只是應付應付。此外多數銀行將收費項目印制成手冊，但不知放在哪，甚至連銀行工作人員都找不到。

大陸銀行服務態度惡劣

大陸銀行收費高，服務品質卻低落，民眾罵聲四起。先別提到銀行臨櫃辦理交易總是大排長龍等候多時還受氣，銀行為了提升獲利還不斷砍各項服務。2012 年大陸多家銀行被爆出片面取消存摺業務，強制存款戶辦理金融卡以收取年費，引起存款人強烈不滿。本來銀行業就已經比煙酒行業更暴利，居然連每張十元的金融卡年費也不放過。每張卡的十元年費，能讓銀行獲利增加三百億元（約一千五百億台幣）。

ATM 交易問題多多

大陸銀行為了降低成本，希望民眾儘量利用 ATM，行員常常對民眾說：「你的存提款金額小於一萬（四萬多台幣），下一次這樣的金額就別來櫃臺辦理了，直接去用 ATM」，然而大陸 ATM 問題多多。

在台灣，偶有偽鈔出沒，有些人或店家隨身帶著驗鈔筆，不過民眾只要是從銀行 ATM 領錢就不用擔心，幾乎沒聽過 ATM 有偽鈔的，就算有，也是少數一兩張，銀行為了顧及聲譽，向來不查證，直接賠給領款人。

但在大陸就不一樣了，民眾被銀行要求使用 ATM 提領現金，卻常常領到偽鈔，銀行的說法永遠是消費者無法證明偽鈔是從銀行 ATM 領出來的，一律不賠，導致類似糾紛不斷。這是作者親身經歷。作者曾在大陸銀行的 ATM 領錢之後，要到店家消費，但店家不收，作者強調錢是從 ATM 領出來的，店家說：「ATM 領到偽鈔很常見」。

　　依據媒體報導，有民眾在大陸 ATM 領出五張百元鈔，結果店家告訴他這五張百元鈔都是偽鈔，他心有不甘，立即回到原本領錢的 ATM，將五張百元鈔使用存款功能想存回 ATM，沒想到錢一放進去立即警報聲響起，銀行人員馬上以對講機告訴他，他非法使用偽鈔，銀行已錄影存證並報警，要他等候警察，他就這麼被警察帶走去警局寫悔過書。他向銀行主張錢是從銀行 ATM 領的，要銀行調出錄影作證，銀行則改口說，領錢的部份是沒有錄影的；於是他不但損失了五百元人民幣，還被銀行多扣五百元當作罰款。這不禁讓人懷疑，偽鈔是銀行蓄意放進去了，難怪獲利那麼高。

ATM 吃錢，千呼萬喚都不來

　　南京某市民在使用 ATM 存錢時，因操作失誤，一萬元被機器吞了，他立即依牆上的電話號碼聯繫銀行工作人員，對方告訴他要等兩天才能處理好。他怕銀行事後耍賴，於是用另一支手機再撥打同一個客服電話號碼，這次謊稱要從 ATM 領兩千元，機器卻吐出了五千元，希望銀行人趕緊把這多餘的三千元拿回去。

　　沒想到銀行的人態度十分積極，僅僅五分鐘，兩名工作人員就趕到現場。這位民眾直接表明：「我就是之前和你們聯繫過的那位存一萬元被機器吞了的，剛才說機器多吐錢，是試探你們會不會來？沒想到妳們馬上出現。」這兩名工作人員表示情況不一樣，如果是機器吞了錢，現金進入機器的保險箱是安全的，而且現場有監控，對帳無誤後就會還給顧客；如果是機器多吐錢，就會影響現金安全，她們必須馬上到場。

ATM 故障多吐錢，民眾被判刑

民眾使用 ATM 領錢，拿到假鈔只能自認倒楣，ATM 吐的錢少了也是自認倒楣，更可怕的是 ATM 多吐錢，民眾會被判刑。

有位民眾到武漢某家銀行領錢時，發生 ATM 雙倍吐鈔的「好事」，但這位民眾不敢拿，他打了 110，一直等到銀行工作人員到來。因為在大陸有人因類似的事被判刑，多年前著名的「許霆案」就是這樣。

2006 年 4 月 21 日晚上 10 點，廣州青年許霆在黃埔大道某銀行的 ATM 取款。取出一千元（人民幣）後，驚訝地發現銀行卡帳戶裏只被扣了一元，狂喜之下，許霆連續取款五萬多元。當晚，許霆回到住處，將此事告訴了朋友郭安山，兩人再次前往提款，反復操作多次，許霆合計取款 171 筆，總共十七萬元人民幣；郭安山則取款約兩萬元。事後兩人被銀行報警逮捕，一審時許霆被廣州法院判處無期徒刑，2008 年案件發回廣州法院重審改判五年有期徒刑。

大陸曾經發生多起因 ATM 故障多吐鈔，民眾貪小便宜將錢拿走的事件，這在台灣，一般是銀行自己吸收，不太可能跟民眾要，然而大陸的銀行不但會將錢追回，還控告民眾侵占，害民眾被判刑。

嫌貧羨富

大陸銀行不負責任賺暴利就算了，還大小眼。這幾年來因貧富不均，大陸民眾討厭富人及貪官，銀行對窮人大小眼新聞不斷，也讓人討厭。

　　2012年夏天，大陸全球各地連續酷暑高溫，浙江湖州長興縣一名清潔工人，去當地一家農業銀行討口水喝時，不但遭拒，還被銀行職員拉出門外。事情傳開後，引發多方關注。這已經涉嫌職業歧視，並敗壞銀行形象。

　　家住北碚的市民在網路反應，她和母親也遭遇了銀行不禮貌的對待。某一天她和母親逛街，突然天降暴雨卻未帶雨具，所以跑進銀行營業大廳去躲雨。

　　那天在銀行辦理業務的人並不多，進入銀行後她和母親坐在等候區的椅子上聊天等雨停，剛聊了幾句，就有一個警衛走過來說「請你們出去」，她提出質疑，警衛又問「你們是否來辦業務或者等人」，她說只是躲雨，警衛便稱：「這是銀行規定，不辦理業務的閒雜人等不能在大廳逗留超過五分鐘」。

　　大陸銀行嫌貧羨富勢利眼，在對待客戶時更明顯。如果客戶存款超過一百萬（約四百多萬台幣），則有 VIP 通道由經理接待，銀行不僅給利息，還送禮品。存款金額較少的，臨櫃交易就得排隊叫號，還要收手續費；存錢只要沒特別聲明只用存摺，都直接辦金融卡，為的就是收取年費。

　　不僅對客戶如此，連對待員工也是大小眼。某國際知名英國銀行的廣州支行在招聘「實習體驗生」時，要求家長在該銀行存款五十萬人民幣成為銀行的VIP客戶，其子女即可以VIP客戶子女身份獲得「優先錄取管道」。該銀行在眾人質疑下發表聲明，強調「實習生」與「體驗生」的性質並不同，然而記者詢問前去應徵的學生，表示：「不管它叫什麼，總之，負責招聘的行員就是告訴我：『體驗生可以獲得實習機

會以及行長推薦信』」。有上海網友說，該英國銀行的上海分行的招聘門檻更高，成為 VIP 要存款七十萬人民幣。

2011 年銀行獲利暴增的新聞經媒體披露，大陸民眾對銀行黑心又貪婪的反感達到高峰，輿論壓力之大讓銀行暴利成為兩會期間熱門議題，大陸全國政協經濟小組「拷問」銀行暴利，讓各大銀行行長臉上不太好看。不過再怎麼檢討也沒用，因為銀行的最大老闆就是政府自己，這些暴利全進了政府口袋，而且在每個環節都有人撈到好處，誰沒事會跟自己的錢過不去；這就給台灣的銀行業者一個千載難逢的機會。

台灣是良心的表徵

如同作者在第一章「台灣大戰略」提到的，大陸民眾喜歡台灣，認為台灣人富而有禮、熱情善良，繼承了中華文化的優良傳統，就在大陸成為黑心商品代名詞時，台灣變成良心的表徵。台灣不會有假貨，這是大陸民眾普遍對台灣的印象，至少在起雲劑風暴之前是如此，由此就可以瞭解起雲劑的主謀者是多麼的罪該萬死。所以大陸遊客來台灣，能買的儘量買，在小三通的金門，嬰兒奶粉及金門高粱酒買最多，因為不怕買到假貨，東西又便宜，物美價廉，一回大陸轉手就能賺差價。

所以如果打算西進的台灣銀行業者能搭上這股潮流，採用作者建議的方法，成為大陸民眾公認的「台灣良心」，像慈濟、誠品、周杰倫那樣，所獲得的名聲，將會超乎想像，利用這樣的名聲，就能讓銀行在大陸橫掃千軍，稱霸中原。

　　有些大陸遊客來台會指名要去帝寶看看，「因為小S住這裡！」，大陸某知名地產大亨常常帶大陸朋友來台北逛誠品「來感受一下什麼叫文化！」，那如果有一天大陸遊客來台要逛的是台灣某家銀行的總部：「想看看象徵台灣良心的銀行長什麼樣子！」，那就成功了。

　　所以作者才說，從不同的取徑來思考，會得到完全不同的策略。如果像大多數的銀行業一樣：「今年大陸核准我們成立三家分行，預計前兩年能達到獲利多少多少，等大陸允許我們增設其他分支行時，我們又能增加獲利多少多少」，那，就慢慢玩吧。

　　若從「鶴立雞群」角度來看，或許連三間分行都不用，一間就夠了。為何不想想，就這一間分行，要打造成什麼樣子？如何讓這間分行變成台灣良心的象徵，在大陸黑心銀行的襯拖下，萬黑叢中一點紅，成為萬眾矚目的焦點，得到崇高的品牌聲望，接下來別人會有什麼反映？一定會跟著仿效，或是主動來找合作，如此一來，不論是摻股大陸當地城市銀行或是外資銀行，主動權都握在我們手上，也不用去跟別人擠。

　　萬一某天有幸引起大陸政府高層的注意，希望我們能發揮影響力，讓大陸的銀行都變得有良心，這時就有機會談條件，說不定就把四大國有銀行其中之一交由我們來經營，到那時，就真的是橫掃千軍、稱霸中原了。

　　所以在思考西進策略時，要跳脫傳統看事情的角度，不要把難得獲准設立的分行，當成一般的分行在經營，而要當成一個機會，一個舞台，就像藝妓回憶錄裡的場景一樣，要當成只有一次上舞台的機會，思考要跳出什麼樣的舞蹈來吸引所有人的目光，要讓自己與眾不同，在眾多的銀行裡，就像鶴立在雞群一樣，成就功德霸業，這樣才不會枉費老天爺賞賜給台灣這麼好的機會。

　　所以作者才說，要把經營金控當作是在修行，從佛學的角度來看，行善積功德樹立良心典範，不但不會有損失，反而會獲得更多，反而能成就霸業。

如何打造一家能代表台灣良心的分行

　　那要怎麼做呢？要從良心、行善的角度來設計這家分行，要集人間一切美好於一身，所有大陸銀行有的缺點及黑心行為，一個都不可以有。老實說，台灣銀行業自己還是在做很多缺德事，就是百大風險系列裡的「泯滅天良」，作者只是不好意思講太明白，怕得罪人；建議台灣的銀行業最好能趁這個機會徹底悔悟改過，拋棄貪婪的心，轉向追求光明與美好。

　　「鶴立雞群」這個策略其實不難，但可能會出現一些突發情況，要先思考是否有能力處理，只要一次沒處理好，就會破梗，全功盡棄。

　　首先絕對不能有不合理收費。這個比較簡單，只要比照目前銀行業在台灣的收費做法，基本上就不會有問題。與大陸相比，台灣的銀行業服務好且收費低廉，例如在台灣請銀行提供交易明細基本上是不用付費的，ATM跨行轉帳，手續費原本是七塊錢，與大陸銀行最少約台幣九元，最多可以到一百元的收費相比，差這麼多，台灣的消費者竟然還在抱怨，金管會還在民意壓力下要求銀行降到五元，根本就是賠錢在做。

　　台灣銀行業者到大陸去設分行時提供與台灣同樣的服務及收費標準，可能會遇到一個問題，那就是可能會有大陸客戶因台灣銀行不收費而濫用服務，此時就會有人著眼於成本考量，提議要視情況收取費

用；作者很不欣賞這種觀念，客戶就算使用服務的次數比較多，能增加銀行多少成本？作者本身是會計碩士，也曾為企業提供成本管理及訂價策略的服務，對於部份銀行業者計算各項服務成本的方式向來不認同，那些算出來的成本數字存在很嚴重的主觀判斷。

更何況，開這家分行是要成就霸業，要有霸氣，要有大格局，怎麼會跟客戶斤斤計較那幾塊錢的費用？開這樣的分行是要向大陸民眾推廣台灣的良心善心，就算遇到奧客，也要以傳道的心態來感化對方，讓對方自動自發學習向善，改變愛貪小便宜、濫用服務的心態；品牌就是要這樣建立呀，這可不是作者的胡說八道，不相信的人可以看看華裔美國鞋王的例子。

謝家華與 Zappos

在這裡，我們用一個在網路上可以找到的案例，以較長的篇幅說明，「鶴立雞群」這個策略絕不是天方夜譚，打造華人世界唯一的「台灣良心銀行」絕對不是不可能的事，比這個更不可能的事早已發生過且有成功案例，那就是謝家華所創立的 Zappos。

華裔美國人謝家華在二十五歲那年與朋友史威姆（Nick Swinmurm）創立 Zappos，這是全世界第一個在網路上賣鞋子的企業。當時，沒人看好，謝家華甚至在三年內就把自己投入的本錢四千萬美金全花光，連銀行、創投的資金共燒掉近兩億美元，第七年才開始賺錢。但如今，這家公司成為全球最大的網路鞋店，銷售額逾三百七十億元美元，占全美國鞋類總銷售額的四分之一，連電子商務龍頭亞馬遜（Amazon）都俯首稱臣。

2009 年亞馬遜以十二億美元（約合新臺幣三百八十四億元）天價買下 Zappos，亞馬遜執行長貝佐斯（JeffBezos）公開表示：「我對謝家華佩服得五體投地，他們創造出來的公司文化與顧客服務，實在不是我們所能匹敵的。」因而在併購後，亞馬遜讓 Zappos 維持獨立運作，不介入經營，因為謝家華所開創的營運模式，亞馬遜不但比不上，連想都不敢想，根本就是不可能。

■ 第一：買一雙鞋送三雙試穿、送退貨皆免運費。

某位美國消費者到義大利旅遊看到一雙手工馬靴，回國後對那雙靴子朝思暮想，卻怎麼都買不到。在朋友的建議下，她撥了通電話到 Zappos。五天後，這名消費者收到一個包裹，裏面裝了三雙靴子，正是她在義大利看到的那一雙，顏色、款式絲毫不差；另外兩雙則是不同的尺寸，供她試穿。原來 Zappos 客服人員請採購部門找到義大利供應商買了三個尺寸的鞋子寄到消費者手中。她可以試穿後再退回，完全免運費。

■ 第二：退貨期長，三百六十五天內不滿意還可以全額退費。

另一位消費者訂購了十二雙鞋到家裏試穿，之後因乳癌住院，療養一年。客服人員瞭解狀況後，非但未因她錯過退貨時間而要求她付費，甚至快遞一大束鮮花與一張寫滿祝福的卡片到病床前。這名消費者在她的部落格上寫下：「這真是我見過最棒的服務！」

美國一家投資銀行的產業分析師指出，一般零售業能做到九十天退貨已不容易，亞馬遜只做到三十天，號稱服務最好的梅西百貨在金融海嘯壓力下，也被迫把退貨天數減到六十天。相較之下，Zappos 的做法需要很大的勇氣。

■ 第三：龐大客服！占六成人力，費用是同業十五倍

一般公司對客服的心態是：能省則省。許多企業為了節省成本將客服外包到印度、菲律賓等國家。但 Zappos 卻把客服視為公司最核心的競爭力，絕不外包。在拉斯維加斯總部，七百個員工中，客服人員比例超過六成，人事費用是同業十五倍。

打電話到 Zappos，平均十二秒就可以與客服人員通上話，而且沒有任何 SOP（標準作業程序）的制式回答。消費者可以把客服人員當成時尚顧問、鞋類諮詢，甚至聊天對象，曾經有消費者打電話到 Zappos 客服，一聊就聊上六個小時。假如消費者找不到理想鞋子，客服人員還會介紹客戶去其他網站買，或乾脆幫消費者從別的地方訂購。

謝家華解釋：「電話是最好的品牌建立管道，你去哪裡求顧客來單獨跟你講上十分鐘的話呢？這十分鐘給他們的感受遠超過一千個廣告！」

透過這三個業界認為「不可思議」的做法，消費者的驚喜形成滾雪球的口碑效應，為 Zappos 帶來了高達 75%的回頭率，這可是代表品牌忠誠度，數字越高代表開發新客戶要付出的成本越低。即使是汽車產業回頭率也不過 60%，Zappos 跳脫通路思維，讓消費者習慣了

Zappos 的服務以後，一旦要買鞋就會直接想到 Zappos，連比價都懶得比。

學者專家認為，一般企業只看到這樣做會虧錢，連想都不敢想，Zappos 模式最困難的地方在於突破思想上的盲點；所有的公司都是以營利為目的，但 Zappos 卻反過來，先去滿足消費者的需要，把賺錢擺在最後。

謝家華說：「我們是一家提供『服務』的公司，只是恰巧賣的是鞋子。我要讓每個消費者打開手上的包裝盒後，都能感到很驚喜。

一般公司如亞馬遜，每年至少會投入 20%以上的營收做廣告行銷費用，但 Zappos 從不降價促銷，也不打廣告，這些全部被轉投入在高昂的運費與退貨成本上。Zappos 隨後更推出免運費政策，把競爭者遠遠拋在後頭。另一位合夥人林君叡說：「我們做了很多看起來成本過高的事。我們不急著考慮獲利，我們關注的是長期」，所謂的長期，指的是消費者的需要與感受。

謝家華自己認為：「我覺得我們做對了一件事情，就是把時間、金錢、資源投入在三個最重要的項目：客服、文化、員工訓練。除了這三個東西之外，其他的別人都能輕易模仿！」就這樣，他把三大不可思議變為可能，品牌價值也不斷上升，營收每年翻倍，打造出了一個讓亞馬遜也要低頭的網路帝國。

謝家華說「當你可以失去所有的東西，卻仍不受影響的時候，那你就成功了。」這就是「道心堅定」。

銀行學西方，愈學愈糟

　　近年來台灣有些大家公認比較先進的民營銀行，開始學西方銀行向客戶收取各種費用，例如臨櫃辦理匯款，早期都是手續費加匯費一共三十元，有些銀行從成本考量，針對非本行的客戶或是沒帶存摺的客戶，收取高額費用一百元，作者認為，表面上看起來是獲利提升，其實只是打壞自己的名聲，實屬不智。

　　就算不是自己的客戶，人家願意來你的分行匯款，至少是看得起或認同這家銀行，此時應該爭取這些人成為自己的客戶，怎麼會向他們收較高的費用？這不是把客戶往門外推嗎？

　　有人會辯護說這是因為匯款交易成本高，三十元是為了服務自己客戶吸收成本，非客戶當然要收較高的費用才能彌補成本。他們講的成本裡，涵蓋人員成本及機器設備折舊、水電租金等，請問一下，倘若這個客戶不來分行辦理匯款，人員薪資就可以減少？折舊費用就能少提列？分行營業據點的租金就能少付？這是拿著雞毛當令箭，跟西方所謂的大師學了一點皮毛就亂用。

　　這些以成本為理由提高收費的行為，還算好的，有些知名銀行學了西方那一套，在信用卡收費上做手腳，超收循環息、違約金、延遲息等等，或是在刷卡消費分期付款裡暗藏陷阱，讓不知情的消費者吃虧上當。作者建議，想採取「鶴立雞群」策略的銀行可以順便檢討一下目前的作法，把這些不好的行為全部改掉。想賺錢要靠真本事，不要只會搞些小動作，不會因為這樣就大富大貴。

要讓客戶全然放心

不亂收費或超收費，是最起碼的，再來要追求的就是讓客戶全然放心，消除客戶的疑慮，這個有點難度，要看各家銀行自己的本事。

首先要向客戶保證，只要錢進了自家銀行戶頭，就能放心，絕對不會不見，不見了銀行全賠，這個在台灣是很基本的，但在大陸可能會有難度，畢竟大陸使用的還是磁條金融卡，盜刷盛行，很可能真的會出事而要銀行賠，這個問題可以從幾個面向來思考處理的方式。

首先看看能否買保險，如果費用在銀行能承擔的範圍內，可以考慮向保險公司購買保險保障客戶存款，如果發生盜刷事件就由保險公司賠償。另一個就是花錢建置各種保護機制，除了通儲密碼這種基本措施，可以採用通訊安全鎖，客戶必須先用自己的手機（或預設的電話號碼）播通電話，才能在時限之內（通常是一百秒）輸入密碼，如此一來除非犯罪集團同時偷到客戶手機，或是有能力偽冒客戶電話號碼（這應該很困難），否則無法盜刷，這樣可以防掉大部份的盜刷事件。

銀行也可以再花點錢，提供 OTP 設備（One Time Password），多一道防護，除非犯罪集團同時偷到客戶手機及 OTP 設備，否則無法盜刷。

另一個要防的是有心人士利用銀行的政策來犯罪。如果銀行打出保證存款安全的口號，很可能有駭客想挑戰突破銀行的安控措施，這個時候，就要靠銀行的真功夫了，看看能否確實擋住這些駭客。另一方面，很可能有人假扮客戶先到銀行開戶存錢，再與犯罪集團合作將錢轉走，然後向銀行求償，這個很難防，但頻率比較低，金額也會比較大，所以可以透過類似台灣的保護客戶做法，訂定 ATM 每天領取

及轉帳的金額上限，一定金額以上的轉帳只能轉入約定帳戶，或是必須臨櫃辦理，或是另外取得授權等等。

絕對不能有不當銷售行為

另一個也是比較難的，就是向客戶承諾絕對不會有不當銷售行為，就算是行員自己違法，銀行也全額賠。這個比較難，因為台灣之前發生的連動債事件，很多確實是行員不當銷售，也沒全額賠，平均只賠約三成，作者很不認同這種現象。這些銀行在打形象廣告或爭取客戶時，都誇口說自己有多專業、多誠實可靠，但在連動債事件上，自己沒有能力評估商品風險在先，行員為了業績壓力以保本話術欺騙客戶在後，有些甚至是公司指使人員以不當話術進行銷售，賺了傭金放入自己口袋，客戶的損失只願意賠三成，那還是客戶花時間心力打官司或申訴協調才拿到的。

就如同作者在前一本書《風險管理之預警機制》提到的，銀行想確實掌握投資型商品的風險，有方法，要行員落實不得不當銷售，有方法，要防範客戶謊稱自己不知道商品風險來求償，還是有方法還，所以要徹底杜絕不當銷售行為的方法肯定是有的，沒想像中困難。

打造一個不像銀行的銀行

存款被盜領及不當銷售的問題解決了，接下來的工作是要打造一個像天堂一樣的分行，一個讓人心情愉快的分行，就像大陸遊客來台灣，感受到台灣人的熱情一樣，讓人想一來再來。

　　我們用另一個比喻來說明這個概念。在開放大陸遊客來台後，除了阿里山日月潭等知名景點，台灣的醫院很吸引人，來台旅遊健檢甚至是醫學美容這兩年愈來愈興盛，除了台灣的醫療技術有口皆碑且價格便宜之外，另一個原因就是台灣的醫院環境優美，看起來不像醫院，反倒像飯店。來台灣的大陸遊客形容：看不到大陸醫院人擠人、小孩哭大人叫、連刺鼻的藥水味道都沒有。

　　不要說大陸，消費者在台灣到銀行臨櫃辦理交易的印象，都是一排高聳的櫃枱，冷冰冰的櫃員，開戶時個人資料像是地址等要一填再填，這種環境，客戶怎麼想上門？怎麼能感動客戶，怎麼能讓分行從「雞」升級為「鶴」？

　　所以台灣的銀行業應學學醫院，西進大陸所設置的分行要規劃佈置的美倫美奐，服務體貼，可以像咖啡廳、像電影院、像藝廊，就是不要看起來像銀行；也可以像機場的旅客貴賓室一般，有沙發、音樂、電視，還提供餐點茶飲等服務。台灣銀行業有些已開始改變營業大廳的風格，特別是財富管理業務部份，打破傳統高聳櫃枱，用較為低矮的桌椅取代。部份西方知名銀行的分行大廳的硬體佈置愈來愈人性化、現代化，可以參考他們的做法再予以改進，這其實不難。

　　要提升服務品質，就要多聘櫃員及服務員，不要讓客人等太久；或是在客戶等待時，讓服務員多多服務他，提供餐飲茶水，陪他聊聊天。客戶都自己上門了，還願意等，這就是建立品牌、客戶忠誠度、及推銷其他服務的大好機會，怎麼會讓這樣的機會白白浪費掉？會有人反對說人事成本太高，作者的看法是，難道電視廣告的費用就很便宜嗎？這家分行，就相當於銀行業的樣品屋，就是拿來做廣告的，就

要像藝伎回憶錄裡那場壓軸的舞蹈表演一樣，要從廣告的角度來看，而不是從成本效益來看。

解決人事成本的另一個思考方向，就是大陸明明有很多優質又便宜的人才可用，為什麼一定要找昂貴的高學歷人才？作者也坐過銀行櫃枱，櫃枱的各項交易，講難聽一點，只要國中畢業看得懂 26 個英文字母，就學得會做得來，那麼為什麼要找學歷那麼高的？有人會反駁說，學歷不夠，看不懂投資型商品，那請問，學歷高的，就看得懂連動債？全世界是有幾個人看得懂連動債的風險？找博士來也看不懂啊。

連動債會出事情，關鍵在於良心，而不是學歷高低。明明知道老先生老太太什麼都不懂，還誘勸他們把放在定存的退休金拿來買連動債，連匯率風險都不說，只為了賺佣金或達成業績目標，這是良心問題，而不是是否清楚連動債風險。搞清楚連動債的風險高低是銀行的責任，銀行要對行員講清楚其風險本質，行員怎麼賣，會不會不當銷售，憑的是良心。說學歷不高的行員無法瞭解投資型商品，連沒唸過書的菜籃族都會進場買股票殺進殺出，沒有那個搞不懂風險的。

前次連動債出事的理財專員，有那個不是高學歷？還不是把老先生的老本都騙光，出事後又堅持自己沒有不當銷售。古有云：「仗義每多屠狗輩，負心盡是讀書人」，在金融業裡，頂著國內外名校光環，卻專幹吃人不吐骨的事，這種人，作者瞧得多了，要不然怎麼會有「泯滅天良」這個風險。大陸人才多，要找有服務熱誠、有良心的人，而不是冷冰冰的高學歷行員，分行的工作不需要高深學問，高中生就能做，行員的良心熱誠才是關鍵，只要積極肯學習，學歷不是問題，大陸好的人還是很多，這種人多找幾個，成本不會高多少。

提升服務自動化

要徹底改變民眾對銀行的刻板印象，各種交易的執行方式要更親民便民。消費者到台灣的銀行開戶，很多時候必須重覆填寫個人資料，這是銀行系統功能整合不佳所導致，這似乎不是很困難的問題，有些銀行就做得不錯，但不少銀行就是做不到，令人很不解。

此外要想個辦法讓填寫資料這些事由行員代勞，這會對銀行的形象有很大的加分。當然會有安全上的顧慮，資料由客戶自己填寫，對銀行是個保障，如果由行員代填，客戶可能會指控銀行作假要求賠償（或是行員偷偷使用客戶的印鑑盜領其存款），然而像這樣的客戶或事件畢竟是少數，不應為了少數客戶或事件而放棄服務客戶的機會，放棄讓消費者覺得自己與眾不同的機會。除了讓客戶親自填寫，總是有方法可以證明交易的真實性，更何況簽名及印章都是客戶的。此外大陸人權低落、司法不公正，就算遇到客戶惡搞堅持要告，也告不贏，又不是台灣。

良心教化

經過以上確保客戶權益、讓客戶安心放心、以及讓客戶驚豔的服務，「鶴立雞群」這個策略就進入了品牌包裝與行銷。

台灣銀行業應該要趁大陸瘋台灣的機會，豎起「台灣良心」的大旗，以此為號召，感化大陸民心。要讓大陸人民知道，我們開銀行的目的，是為了服務人民，而不是為了賺錢，就像作者就讀輔仁中學時

常唱的天主教聖歌：「我們的天父，願祢的名受顯揚，願祢的國來臨，願祢的旨意奉行在人間，如同在天上」，我們建立了這間分行，就像傳教士一樣，用良心與熱情感化大陸人民，去除大陸社會的黑心貪婪暴力，這樣我們銀行在大陸人民心中的地位，將會是至高無上，獨一無二的。

所以當其他的大陸銀行為了賺錢而討好有錢人，鄙視窮人及一般百姓時，我們要反其道而行，要討好窮人以博得美名。

濟貧扶弱易出名

大陸這幾年由於貧富差距愈來愈大，房價愈來愈高，加上很多權貴子弟各種誇張的炫富行為，導致社會開始出現仇富的心態，因而只要一點點，在台灣看似正常的濟貧行為，都會變成新聞。

去年年中，有一位大陸女士開賓士車送孩子上學後，恰巧看到三名學生和一位男士站在路邊打車，其中一位學生彎着腰，被其餘兩人攙扶着，表情顯得很痛苦。她便將車停在他們面前，搖下車窗玻璃讓他們上車，帶他們去醫院。自己的事辦完之後，這名女士還不放心，又返回醫院來看望生病的學生。這事件在網路上瘋傳，這名女士則被封為「奔馳姐（賓士姐）」。

作者還看到另一則新聞，有一位老先生在馬路邊忽然倒下，路人駐足圍觀，但沒人伸出援手，此時有一輛寶馬驕車駛過來，從車上走下來一名妙齡少女，將老人家扶起來，送到醫院。像這種台灣十分常見的現象，在大陸會上新聞，而且在網路上瘋傳，甚至封這名少女為「最美麗的寶馬女」，這就是我們要的廣告效果及形象。

作者記得很清楚，四川大地震那年，各地捐款踴躍，雖然那時大陸企業的規模比台灣大得多又賺錢，大陸有錢人及明星比台灣更多更有錢，但捐款最多的前幾名，都是台灣企業，這讓大陸政府及民眾，一方面感謝台灣人，另一方面對自己的企業、富人一毛不拔的行為恨得牙癢癢的，做善事在大陸肯定是有票房的。

大陸在文化大革命及西方市場經濟摧殘下，已經完全走偏了，整個社會變得很病態。老人家倒在路邊不會有人幫忙，是因為大陸曾發生多起路人好心將老人家送到醫院，卻被老人家及家屬告上法院，索取高額賠償，甚至判刑的案例，搞得人心惶惶，彼此互不信任，這就是要靠台灣良心與熱情來改變的地方。

大陸禁止宗教，到現在天主教依然受管制，很多佛教寺院早已變質，以賺錢為目的，進寺廟禮佛要錢、燒香要錢、喝水要錢、廟方還用各種方式趁民眾解籤時以改運為名騙錢，整個社會缺乏教化人心的力量，這個時候就只能靠台灣，像慈濟來感化他們，所以我們開了這家分行，就是要做慈濟的事，就是要成為大陸銀行業裡的慈濟、書局裡的誠品之類的。

有人會批評，放著好好生意不做，搞這些做什麼？所以作者說這些人不懂策略，在金融業的領域不論是推房貸、信貸、信用卡等各項業務都會有一堆人跟你競爭，唯獨做善事教化人心不會遇到任何對手，等於是獨占美名，就像一隻鶴在一群雞之中一樣。

得到這麼大的名氣，會有作用的。當年提出窮人銀行概念的學者獲得諾貝爾和平獎，那我們透過銀行不斷行善、教化人心，有沒有可能有一天也拿到諾貝爾和平獎？我們在大陸民眾心裡得到這麼大的名氣，建立了這麼強大的品牌，這樣的效益，不是任何其他事物可以比

較的。如果有一天真的拿到了大獎，大陸領導人看到我們教化民眾，改變社會風氣的功業，如果希望我們進一步發揮影響力，把一家大銀行交給我們管理，不是不可能的事。所以才說，金融業是修行者積德行善、傳道教化的大好機會，做了這些善事，一家卓越的銀行會變成一家偉大的銀行，只會更好不會更差。

規劃活動教化人心

　　銀行的主要服務是存提款、匯款、貸款、信用卡等業務，這些是基本的，一家銀行能否打動人，並不在於存款利息給多高、匯款手續費收多低、或是放款利率給多低等等，這些只能讓客戶覺得比較合理，而不是感動。能讓客戶感動的，是服務提供的方式，以及與客戶之間的互動關係。

　　以存款業務為例，存款利率較高，只是讓客戶比較有意願來存錢，在台灣看到客戶會感謝銀行的例子，通常是存摺印章被偷遭到盜領、或是被詐騙集團所騙急於將存款領出來時，因銀行行員的機警與適時阻攔，保住了客戶的存款，這樣的舉動，才會讓客戶真正覺得銀行是為他好，而不只是要賺他的錢。

　　作者之前看過一則新聞，一位小姐的母親被人騙走印章存摺，小姐發現後，急忙跟銀行連繫，由於不知騙子會到那個分行領錢，銀行人員無法及時攔阻，母親的幾十萬被盜領一空，事後銀行人員向這名小姐表示，領錢只看存摺及印鑑是否正確，依現行規定即使非本人銀行還是要讓他領。然而就算一切合法，客戶還是會抱怨。

　　信用卡也是類似。當一位客戶到了國外刷卡，或是消費時連續刷卡，或是突然買了較昂貴的物品刷卡金額較高，如果銀行立即發簡訊提醒客戶，客戶會感受到銀行有在關心他，投入心力保護他避免因遺失卡片而在不知情的情況下被盜刷損失慘重。一通簡訊不到一塊錢，卻可以打動客戶的心。作者就曾發現，某些在信用卡業務不賺錢或賠錢的銀行會提供簡訊提醒的服務，有些信用卡業務非常賺錢的大銀行，連這點小錢也要省，導致作者在消費時被店家以刷卡機故障為由重覆刷卡，如果不是作者自己仔細核對帳單還不會發現，這給客戶的觀感真的很不好。如果你讓客戶覺得你只想賺錢，那客戶使用你的信用卡絕對只是想占便宜。

　　所以想用「鶴立雞群」這個策略的銀行，除了在收費費率及利率的訂定上要合理，不要讓大陸民眾覺得在搶錢之外，更重要的，就是要仔細思考各項服務的提供方式，如何在各個環節與客戶的互動過程中，讓客戶覺得銀行是真心保護客戶，為客戶著想，例如客戶投訴在ATM提款時領到假鈔的處理方式，都要事先設想周到。不過這些只是基本功。

英雄救美

　　除了規劃每一個跟客戶的互動方式，還要思考如何利用其他額外的互動來打動大陸民眾。這裡用一個眾所周知的老梗來比喻。有一個男生，很喜歡一個女生，想追她，但自己沒什麼比較優的條件，長得普普通通、家裡也不富有，學歷工作也只是一般，開的也不是名車；但這名女生長得很漂亮的，不少人追。男生想打動芳心，花也送了，

也請女生看電影，但好像沒什麼作用。為了突破僵局，他想了個方法，花錢買通幾個地痞流氓，在女生下班回家時跟在後面，到了暗巷就跑出來搶劫那個女生並企圖非禮，此時男生跳出來捨命保護女生，使盡吃奶力氣把流氓打跑，當然受了不輕的傷，最好還在無關緊要的地方挨了一兩刀；女生當然要送男生到醫院治療再陪上幾天，感動之餘，就與男生進一步交往。

作者承認，這是眾所周知的老梗，甚至是爛梗，但在這個年頭，拿來打動大陸民眾的心卻很好用。就像台灣某知名通路商喜歡打悲情、濫情的廣告情節，台灣消費者就是愛這種「就感心」的感覺，屢試不爽。

所以銀行必須主動思考其他能打動一般大陸民眾的「行為舉止」，而不只針對客戶。例如夏天炎熱時，如果有清潔工或基層工人上門討水喝，當然要好好招待，甚至主動招呼附近的工人進來吹吹冷氣，並說：「以後歡迎常來光臨」之類的話。以前台灣民間也有在門口提供茶水，給過路人飲用的善行，在作者小時候還喝過，甚至前幾年在部份鄉下地區還可以看到路邊茶桶上貼著紅紙寫著兩個黑字「奉茶」，這是行善積功德的表現。

或是下雨天時在大陸分行門口提供客戶及路人愛心傘，最好上面還寫著「台灣良心銀行愛心傘」，而且要無限量供應。一把傘的成本能有多少？就當成是發送廣告傳單，路人在使用這些傘時，周圍的人一定會看到，這不正是免費的廣告嗎？所以要無限量供應，用得人愈多愈好。從以台灣的善心愛心熱情來教化大陸民眾的角度考量，對於主動還傘回來的民眾還要給予獎勵，例如分行主管親自答謝或給個獎牌之類的。人同此心，心同此理，如果有一個路人沒帶傘臨時淋了雨，用了分行的愛心傘應了急，拿回來時還得到獎牌表揚，這個路

人一輩子都是這家分行的客戶，那萬一這個人剛好是有錢人或大老闆呢？

　　願意主動幫助別人，這個在當前大陸的社會風氣下，一定有票的，所以要派人緊盯著分行周圍的馬路，一旦遇到有老先生老太太跌到或暈倒這種「大好機會」，馬上派人救助，而且一定要派出最漂亮的美女去，這才有炒新聞的議題，「美女行員濟貧扶弱」，肯定能成為新聞話題，如果這名美女行員有「宅男女神」的水準，打著「人美心更美」的口號，必定一炮而紅，銀行也跟著沾光，所以作者才說，高學歷沒用，花瓶比較重要，只要善良即可。美女行員不只要將老先生老太太送到醫院，還要在醫院陪伴一段時間，還要派人到家中探望，最好是極為貧困，只有老的小的，小朋友沒錢吃飯上學、老的付不起醫藥費之類的，馬上提供急難救助金。好不容易紅了，當然要讓這個議題可以不斷的燒下去，所以要想辦法生出後續故事。

　　如果運氣不好，分行開業一段時間後一直等不到「老人家暈倒」這樣的機會，如有必要就學剛剛提到的「英雄救美」例子，弄一個出來，找個家中極貧窮的老人家，給他點錢，請他在分行門口附近暈倒，最好只是沒吃東西，或耐不住天氣熱，然後就上演「美女扶貧」的戲碼，當然要做得漂亮一點。

　　作者在大陸待過一段時間，大陸的社會真的只能用「朱門酒肉臭，路有凍死骨」、「笑貧不笑娼」來形容，在作者居住的高級飯店附近的大馬路兩旁人行道上，常常可以看到窮人乞討或賣藝，有一次看到兩個七、八歲的小女生表演民俗技藝在乞討，甚至有一個女人帶著一個約兩歲的小孩，全身髒污，乞討也討不到東西，只能翻翻路邊的垃圾桶，掏點東西出來吃。作者至少看她在附近逗留了兩三個禮拜，不但

沒人幫她，作者因處在陌生的城市，也不敢幫。如果看到一對男女衣著華麗指高氣昂的經過她走向飯店，大多是召妓開房間的。

作者很清楚的認知到一件事，這個社會不正常，這裡的人不是正常人，生活在這樣的社會，不論有多高的社會地位，賺了多大的錢，都不是正常的；一個人，竟然可以看著周遭有人遭受這麼大的痛苦而無動於衷，只顧著追求功成名就享受榮華富貴，如果不是已經達到佛家涅槃「不生不滅、不垢不淨、不增不減」的境界，就是心理不正常；作者自認絕非前者，也不想當後者，所以乖乖回台灣，眼不見為淨，雖然窮一點、日子難過一點、不得志一點，但至少還可以覺得自己是個人。

所以除了「老人家暈倒」這種天賜良機，如果看到窮人在翻垃圾桶，要馬上奉上熱湯麵再塞點錢給她；銀行沒事送上湯麵當然會讓人覺得奇怪，所以才說在規劃分行時要參考機場的貴賓室，提供餐點給客戶，這樣才能名正言順。當然，這樣的行為上了新聞媒體，可能會導致窮人在分行周圍聚集而影響客戶的觀感（不過作者是懷疑大陸這麼窮的人是否像台灣一樣人人都看新聞），乾脆跟慈濟結合，開個濟貧食堂，把人帶過去。所以作者強調，在規劃及經營這家分行時，不要當成銀行在經營，要直接當成是「慈濟」在經營，是在用台灣的善心愛心在行善積德。

表面上看起來，台灣的經濟需要大陸銀彈來拯救，但實際上，是大陸人的靈魂需要台灣的善心愛心來拯救，如果從前者的角度來看，台灣銀行西進是希望對方能給個機會讓我們摻股，從後者角度來看，台灣銀行業有一個絕佳的機會可以征服整個大陸，而良心正是我們最強大的武器。

反躬自省

台灣銀行業如果採用「鶴立雞群」策略在大陸打造一間全世界最有良心、最熱情、集所有一切美好、道德於一身的分行，除了可以在大陸獲得成功，還能回頭帶動台灣既有的各分行，改變整個企業，讓整間銀行都變得美好；現代的社會已是網路與媒體發達的公民社會，良心在台灣跟在大陸一樣有票，台灣銀行業全是一個樣，要出事大家一起出事，少了差異化民眾無從比較，如果有某家銀行在大陸名聲大噪，紅回台灣，帶動整家銀行成為台灣良心的象徵，不是不可能的事。

西方當代金融業的思維，不論是追求利潤最大或是開發新服務新商品，皆起源於經濟學，過去幾百年偉大的經濟學家在撰寫各個重要理論時，將道德、良知、良心排除在外，例如當代市場經濟學最重要的理論，柏拉圖效率假說，主張每個人只要顧自己的私利，追求自己利益最大，不用管自己的決策會對他人造成什麼影響，市場機制自然能達成均衡，其實是將負面衝擊隱藏起來另外包裝成所謂「外部性」議題，再用各種扭曲的假設及數學來證明那是可以解決的，例如「皮古稅」。因而在經濟學的基礎上所發展的當代金融業，當然也是扭曲的、沒道德、沒良心、沒人性，只顧追求利潤最大的一樁「生意」；作者已在 2012 年六月證明，所謂「柏拉圖效率」只是一個用奇怪圖形及不當假設包裝的錯誤理論（此為作者所著《伊凡達首部曲：托魯克馬托》第四章），所以過去幾年大家所看到西方及金融業所犯的錯誤，都只是錯誤理論下的結果。台灣銀行業一味的向西方金融業學習，也會變得跟他們一樣。

　　這幾年西方金融業被揭發的各種惡行只能用罄竹難書來形容，而且是全面性的。次貸風暴之前美國銀行業所發展出來的企業文化就是：「只要業績，不顧客戶死活」，在房價上漲時，設法將錢塞到客戶手中讓他們花，或是將已核可的空白信用卡申請書寄給任何人，而不管消費者是否真的有資金需求或是有能力償還，這就是次貸風暴發生後之所以會造成這麼重大的衝擊的主要原因之一。後來大批美國民眾因付不出貸款房子遭拍賣，美國政府特別頒佈法令要求銀行在拍賣之前必須檢查借款人的狀況，如有符合條件或願意還款的，應暫緩拍賣其房子，沒想到銀行業根本不理會，完全不顧消費者權益直接將抵押品全送到法院拍賣，後來幾十家知名銀行因此被美國政府起訴，判賠幾百億美金。

　　更有甚者，國際知名銀行從事非法行為。媒體報導渣打銀行被美國政府控告長期幫墨西哥毒梟洗錢以收取高額手續費，無獨有偶，匯豐銀行也被美國政府控告幫伊朗的恐怖份子洗錢；更早之前瑞士多家銀行因協助美國富人逃漏稅而被美國政府起訴。後來更傳出多家國際知名銀行聯手操縱 LIBOT 以謀取暴利；除了以上令人難以至信的案件，西方銀行業在世界各國還有更多不當銷售行為。

　　西方經濟學家擅長利用數學工具，在各項業務的專業上確實有過人之處，值得學習，但良心還是最重要的，學了這些專業技術可以讓銀行一時賺到錢，但不長久，說不定就像西方知名大銀行那樣一夕倒閉。所以台灣銀行業可以在業務的專業上學習西方的技術，但要保有自己的良心，在規劃業務及各項決策時要從良心出發，不要出事時才推說：「別人也是這樣」。這就像中華民族幾千年的傳統觀念，以及武俠小說裡強調「武德」的重要性，一個年青人到一個大門派學劍法武

功，只學武功不培養品德，就算天賦異稟，武功練到天下第一，也只是專幹壞事，留下罵名。所以中華民族的傳統，一直很重視道德良心，「舉頭三尺有神明」、「不做虧心事，夜半敲門心不驚」。

以台灣民間信仰十分崇拜的「關聖帝君」為例，恩主公之所以受民間愛戴奉為神明，不只是因為祂「武功蓋天下」，而是因為祂講義氣、輕生死、忠於劉備、即使曹操「上馬金、下馬銀」也無法買通他、行事光明磊落，所以被奉為「武德」的典範。這是中華文化，也是老祖宗留給台灣銀行業最寶貴的資產，但台灣銀行業只顧著向西方學專業技能，把自己的良心遺產全拋在腦後。

所以銀行在採行「鶴立雞群」策略時，應該以最高的道德、良心標準，檢視自己過去的行為，好好檢討反省、懺悔、改過，不要再做虧心事。台灣銀行業過去十年出現多次重大損失事件，都是咎由自取，都是自己貪圖暴利種下的惡因惡果。外界或許以為經過多次教訓銀行業已學乖，根本不是，所謂的檢討改善大多是嘴吧講講，很多地方思考方式還是跟西方一樣貪婪，仗著自己財大勢大欺負小老百姓，缺德事照做而且死不承認。老祖宗講的積陰德、積福報，是真理，台灣銀行業最好找個時間自己反省反省趁早改一改；俗話得好「不是不報，只是未到」，不改，還會再出事，昧著良心想賺暴利，早晚連老本都賠光。

網路造勢

銀行業想用台灣的良心與熱情感染大陸民眾，就要特別設計一些橋段，主動出擊，就像演戲一樣，要有劇本編劇，把戲演好之後還要

廣為宣傳，營造聲勢。宣傳方式要靠傳播媒體，能請到記者當然最好，但若想依我們期望的播出並達到效果，可能要塞不少錢；大陸的電視台都是國營的，比較難買通，也容易被人發覺，反而讓大陸民眾覺得很作做，甚至被認為在炒新聞，所以要仰賴新興媒體，像是網路微博等，此時會需要大陸水軍的力量，以及作者所創「隨風飛舞第十一式：正面對決」方法論。

在第一章已提過，大陸是專制政權，為了怕民眾造反，對媒體嚴加掌控，電視、新聞、雜誌、電台等傳播媒體，都握在政府手中，所以社會運動很依賴網路微博等新媒體。特別是這幾年貪官、富人荒唐的行徑，大多靠網路傳遞資訊，群眾示威遊行等抗議活動，也是靠網路微博來突破官方封鎖，在短時間內召集大量民眾聲援讓警察公安措手不及。被大陸人稱為「微博時代」的今天，網路的輿論或消息反而是比較容易操縱的，因為大陸的網路世界有獨特的「水軍」現象。

「水軍」並不是大家一般認為的「海、陸、空三軍」的軍事部隊，而是一股網路勢力。在大陸的網路社會，你可能一夜之間被人棒紅，也可能幾個小時就臭名遠播，這是因為大陸網路民意的背後，除了有官方操縱的「五毛黨」，還有民間公司聘的神秘組織「水軍」，專門為人造勢或打壓某些人。

「五毛黨」是一般較為人所知的大陸網路評論員，是指受官方機構或網站僱用，在各大網路討論版發表意見，左右輿論的一群人。據聞發表一篇意見可以得到「五毛錢」酬勞，故稱為「五毛黨」。由於網路影響力強，網民又具隱匿性，愈來愈多國家或企業用這個方式來控制或操縱輿論，例如：在越南首都河內，某位負責宣傳的官員承認，

越共當局雇用了九百位網路水軍對網路異議言論進行干預，並在網民駐足的網站宣揚共產黨的政策和政績。

「水軍」則是受僱於民間網路公關公司，在網站及論壇上發帖回帖，來為特定人造勢或批評某些人。「水軍」最初只是在各大論壇「灌水」的個人行為，隨着網路民意對輿論的影響力越來越大，演變成受僱於人有目的的集體行為，他們可以刪貼、灌水、潑糞、抹黑，發表對抗性言論來「導正輿語視聽」，進行網路公關行銷活動，整個產業已初具規模。

「水軍」已普遍滲透大陸網際網路，他們隱匿性強，影響、扭曲甚至操縱着網路輿論的走向。根據大陸某報紙指出，前幾年大陸知名郭姓相聲演員打人事件佔據各大網站的顯著位置，引來罵聲一片，一般認為這是「群眾的呼聲」，其實有「水軍」軍團在背後活動和運作，才使這事件快速升溫。

此外大陸幾年前爆紅的小月月、鳳姐事件，也是「水軍」在幕後炒作，這些事件只是網路「水軍」代理的任務中很小的一部份。事實上，很多看似聚集民意的網路事件中都有「水軍」的影子。

依據媒體報導，「水軍」一般分兩個層級：男的水軍頭被稱為「團長」，女的被稱為「水母」，他們的部屬都叫「水手」。「團長」或「水母」負責從網路公關公司接單，然後分派工作給「水手」，策動他們發帖或回帖。「團長」必須有與網路公關公司「接洽」的管道和迅速召集「水手」的能力。

通常團長會要求「水手」到大陸各大論壇註冊帳號，平均每個「水手」至少要有六十個帳號，每發一帖就給三到四毛人民幣，累積四十元可以領一次酬勞。

一家網路公關公司至少會掌握上千名「水手」，更多則達數萬名。只要顧客上門，要炒什麼議題都可以，從個人到公司，都可以在網路上炒紅炒熱，相對的，也可以反手打壓。媒體報導某記者問了一名大陸「水手」，他的反應就是「給錢讓咱們炒什麼，咱就炒什麼，其他的事情我也不清楚，反正能賺錢就是」。

「水軍」們的一切活動都是在網路進行，從不露面。依據媒體報導，在大陸知名入口網站「百度」的「網路水軍吧」裡，所有的文章不是招募「水軍」的，就是「水軍」求任務的，彷彿成了一個網路版的「水軍勞動力交易市場」，供需都十分火爆。例如其中一條訊息這樣寫著：「資深水軍團求任務：本團人士都是大二在校學生，多懂網路操作，並且具有相當豐富的經驗。」

依據老祖宗的說法，一個人的命與運是無法掌控的，但聲勢是可以營造的，所以就「鶴立雞群」這個策略而言，炒作新聞來創造聲勢很重要。

大陸有越來越多個人和企業利用網路炒作，連在台灣都可以看到「裸模干露露」各種全家出動炒作新聞的行為，因而大陸網民對「水軍」的存在，也日益反感，就像對「五毛黨」不恥一樣。當大陸網路出現「牛人」或「奇事」時，很多網民的第一反應就是，該不會又是「水軍」在炒話題了。所以在運用網路打響自己名聲時，大陸網路各種勢力一定要運用，但運用要得法，這個時候就會需要「隨風飛舞第十一式：正面對決」，這是特別針對網路時代所開發的聲譽與風險管理方法論。

■ 台商受大陸網路攻擊

　　由於水軍及網路隱匿性佳，大陸部份不肖人士自己組織網路勢力，專門找中小企業的麻煩，在網路上發表不實言論抹黑企業、敗壞其名聲，藉此向企業勒索，其中也有台商企業受害。由於「水軍」行事向來隱匿，大陸網民有好幾億，受害企業不知要告誰，就算告了，司法單位也無法調查，大多只能認賠了事。據聞已有多家台商在大陸因受到水軍攻擊而花錢消災，銀行西進大陸早晚也會遇到，所以就算不利用水軍，也要瞭解水軍，萬一有一天真的遇到時，才知道怎麼處理，不會措手不及。

鶴立雞群的風險分析

　　每個策略都應檢視背後潛藏的風險，作者在此做簡單示範，檢視風險的過程大致上可分成以下幾個步驟：

- 首先要用作者常用的「順推法」，來看整個事情的演進過程
- 針對演進過程的每個步驟，設立多種情境，來看可能的獲利及損失
- 找出整個過程中的最大損失，再比較利弊得失，由此判斷這個策略是否值得執行。

■ 事件演進過程

台灣銀行業若在西進大陸時採行「鶴立雞群」這個策略，大致上會朝以下方向發展：

- 步驟一：在台灣先針對要設立的分行，從人世間最善良，最美好的角度出發，打造能讓客戶全然安心的銀行服務，搭配人間仙境般的各項軟硬體設施，以及安全控管機制，並規劃能感動客戶的互動方式與形象活動。

- 步驟二：經大陸核可後，開設一間到三間「台灣良心銀行」，提供集人間一切美好的服務；北京與上海等能見度較高的城市，會是比較好的選擇。

- 步驟三：依規劃，逐次發動各項形象活動，創造議題。

- 步驟四：依據「正面對決」方法論，利用網路「水軍」造勢，炒作所創造出來的議題，贏得大陸民心。

- 步驟五：可能會一炮而紅，或是經過幾次努力才紅，成為大陸民眾公認最有良心的銀行，贏得大名；也可能一開始就被拆穿是炒作新聞，或因「人紅事非多」，後續出了幾件事情沒處理好，導致破功。

在此先針對可能被認為是炒新聞這件事進行深入思考。在執行「鶴立雞群」這個策略時，我們的收費確實合理、服務確實貼心、也確實有美女行員濟濟，這都是貨真價實的，不怕別人攻擊；唯一可議的是利用水軍將這些善行大肆宣揚，就算有人質疑炒

作，作者推斷頂多是像大陸善人陳光標一樣，被人說是高調行善而已，不致於有什麼太負面的批評。更何況我們的志願本來就是要用台灣良心感化大陸社會，當然要廣為宣傳才能達到效果，所以即使有人質疑，還算很好辯護。

- 步驟六：如果不幸沒成功，可以選擇繼續努力。採行「鶴立雞群」策略是真心想建立人世間最美好的銀行，用台灣人的良心熱情感化大陸，扭轉日益敗壞的社會風氣，這是積德行善的大事業，遇到困難是正常的，可以選擇繼續努力，也能選擇放棄。

  如果選擇繼續努力，對銀行而言也只是營業費用比較高而已，應該還是會有利潤，最多打平或小輸，但隨著口碑傳開，作者認為會幫銀行吸收到更多優質客戶，到頭來錢還是賺得回來，而這些較高的營業費用就當作是創業初期建立品牌形象的費用。

  如果選擇放棄，頂多就是損失之前投入的費用成本，其實也不多，然後回到傳統的經營方式，還是會賺錢，大概就是用前幾年的獲利打消過去投入的費用。

- 步驟七：如果真的一炮而紅，成為大陸公認最有良心的銀行，依據過去如「犀利哥」等小人物暴紅的事件經驗，該分行在大陸的名氣很可能瞬間超越了所有的大型國有銀行及外資銀行，這樣就算達成「橫掃千軍、稱霸中原」第一階段目標。

接下來如有必要，可以跟慈濟等慈善機構合作更多的形象活動，要將這樣的戰果保持下去，除了可以為分行本身吸引到很多客戶之外，不用多久時間，自然有當地外資銀行或優質的城市銀行主動洽商合作事宜，這就是作者一直強調的策略思維，台灣銀行業一心想西進摻股，那是去求別人，在談判及議價上都居於弱勢，要到的條件大都不理想；你不去求他，而是投入資源將自己捧紅了，對方自然會來求你，這時候，換成是你開條件。

這就是中國武術太極拳的精義「似徐實疾、似緩實快」，以及道家思想：「看若無為，其實是大有作為」，表面上看起來根本不走摻股的路線，往另一個方向來改變環境營造情勢，反而成為摻股的最大贏家。而且到時候不只是一家銀行，而是好幾家銀行來求我們摻股，主客易位，才能要到好條件。

- 步驟八：當名氣開始大了，有一家或多家外資或當地城市銀行來找我們摻股時，不要被一時的成就沖昏頭，那會變得跟「太平天國」一樣的下場。

作者再三強調，大部份銀行或企業習慣的思維模式，都是：「今年先設三家分支行，明年摻股多出三十家分行，後年再摻股再多出三十家分行」或是「今年業績成長 10%，明年業績再成長 10%」，這個不叫做策略。策略思維的重心、本質，是企業影響力的高低與強弱。台灣銀行業規模較小，資本有

限，這樣摻來摻去，就算摻到股，影響力也愈來愈小，只是讓自己辛苦經營起來的品牌被人利用而已。

想要成就霸業，必須掌握絕對的影響力，而不是當開始有些影響力時，就只看著能多增加分行而摻股，卻把影響力分散掉了。要能發揮影響力，當然要進一步提升，所有策略方向要從如何更進一步強化影響力來思考。前面提到的，與慈善事業合作其他形象活動要繼續，要增加據點但不一定要摻股（可以用自己的名氣，以及網路輿論力量，要求大陸當局允許我們多設分支行，一樣可達到效果），要想出其他更貼心、更保障客戶權益的服務項目與方式，繼續運用網路影響力，要將目標擺在國際媒體而不只是大陸地區。

要有雄心壯志，朝諾貝爾和平獎方向努力；就算真的很難達成，也要像菜販陳樹菊一樣，登上時代周刊版面，為成全球公認良心的代表，這樣才算是握有「絕對的影響力」。

等達到這個目標時，不要再將目標放在摻股上，要追求更遠大的目標。大陸國家領導人在輿論壓力下，一定會希望這家標榜台灣良心的銀行發揮更大影響力，這個時候不應再談摻股，而是要找機會說服大陸領導人，將四大國有銀行中的一家交給自己來經營，這樣才算一步登天。

依作者觀察大陸領導人的格局確實比較大，相當於古代的帝王；古有云：「君無戲言」，如果某一任領

導人真的承諾將某家大銀行交給台灣的銀行業者經營，只要做出成績，不可能食言而肥收回去，那時候，就真的有機會成為大中國區第一大銀行，甚至是全球第一大銀行。

■ 最大可能損失分析

從以上策略的演進發展，以及可能損失分析來看，採行「鶴立雞群」的最大可能損失，是發生在當被大陸民眾發現是在炒作新聞，品牌形象經營失敗，放棄此策略回到傳統銀行經營方式；前面有提過，各項貼心服務與濟貧活動都是事實，頂多是像大陸善人陳光標一樣，被人說是高調行善而已，不致於有什麼太負面的批評，至於財務損失就是前期投入的成本與費用，很有限。

我們可以用另一個東西來比較此時的損失。在大陸要打形象廣告，先不提廣告製作費用，光是每年春節購買央視春晚特別節目的時段，三十秒的時間至少要好幾億台幣吧，而且是只播一則耶，相較之下建立「台灣良心銀行大陸分行」的費用，再怎麼高也不會到好幾億。

所以最大可能損失很有限，甚至是很小的金額，但潛在的獲利非常巨大。

最基本的，建立口碑之後有助於吸引客戶，對創造未來獲利而言，一定有幫助；運氣好一炮而紅就算發了，可以得到過去夢寐以求的摻股機會。如果更近一步登上國際版面，成為全球公認的良心銀行，甚至像窮人銀行的發明人一樣拿到諾貝爾和平獎，那簡直就是為後代數百年甚至數千年的江山打下堅實的基礎。損失很小而且發生可能性很

小，但潛在獲利極大，這就是作者在第二章「正奇之道」所講的「千載難逢的機會」。

第四章

驟死戰

2011 年及 2012 年上半年,作者看到幾則新聞報導,指出台灣某家大型壽險公司投入相當的資金部位在國內外股票市場,雖然 2012 年中台灣股市大盤表現略優於前一年同期,但這家壽險公司因押注高價位電子龍頭股,股價表現不佳而大虧,本想提高獲利挽回頹勢,卻反而使整體累積的未實現虧損將近一個資本額。

依據保發中心統計資料,到 2012 年六月底,整體壽險業持有台股市值達八千七百億元,占其可運用資金的 7%;另估計 2012 年上半年壽險業加碼台股逾一千三百億元,若加計國外股票,整體壽險業持股部位應有一兆新台幣以上。

以此部位推算,只要股市下跌 10%,整體壽險業的未實現虧損就是一千多億元。雖然 2012 年台灣與美國股市大盤的表現皆比 2011 年佳,但因壽險資金主要投入在各類龍頭股,2012 年不少龍頭股表現不佳,導致整體壽險業出現近一千五百億元的未實現虧損。

資本市場表現不好,後端班的壽險公司短時間無法改善體質,2012年上半年有六家壽險公司資本適足率(RBC)不到 200%,有四家壽險公司淨值早已是負數,由金融安定基金接管,當時正在標售的國華人

壽，淨值缺口高達七百五十億元，幸福人壽淨值缺口也有兩百多億元。國寶人壽淨值缺口也是約兩百億元。

快快死或慢慢死

　　保險業是金融業裡較保守的一環，不論是國內或國外，大部份保險公司的主要投資管道是優質債券，不過之前連動債事件銀行有虧損，卻沒聽說有壽險公司中獎。新聞報導所指的這家大型壽險公司之所以會採行投資高價電子股這樣高風險的投資策略，據聞主要來自於利差損壓力，想要儘快彌補淨值虧損。

　　其實壽險業面臨龐大利差損早已不是什麼新聞。早在 2008 年就有外資研究報告指出，台灣壽險公司整體的潛在利差損約九千億台幣，而 2011 年整體壽險業者的淨值卻只有四千三百億元左右，且已持續多年虧損，大股東為了增資填補虧損叫苦連天。

　　遙想三十年前台灣十大建設時期，政府發行鉅額長年期公債，當時壽險業投資公債，然後以公債利息為基準發行相對應的保單，笑稱甚麼也不用做就能獲利，保單賣愈多賺愈多，競相賣出大量高預定利率保單。只是台灣的政府公債期限大多只有十年，壽險公司在國內沒有其他長年期資產（例如二十年期、三十年期公債）可以投資，加上 2002 年以後全球各主要市場利率大幅下滑，已經十年維持在低檔，過去為壽險公司帶來高獲利的高利率保單，瞬間變成拋不掉的包袱，加上這幾年各國紛紛採行新的國際會計準則，要求針對未來潛在的利差損預先增提資本，導致壽險業者面臨龐大提損壓力，外資壽險業者為了避免資產負債表過於難看，紛紛撤出台灣市場。

　　由於國內缺乏投資管道，壽險業者為了提高獲利填補利差損，大舉投資海外市場，目前已有高達約四成的資產配置在國外；當年為了節省成本，壽險業的海外投資大多無匯率避險，導致只要匯率一波動，賺了「利差」卻賠了「匯差」。以國內中型壽險公司外匯準備金約 800 億元計算，新台幣每升值 1 元時，就可能會產生約 8 億元的損失。次貸風暴造成美元、歐元等主要貨幣匯率下跌，整體壽險業即爆出上千億的匯差損。在鉅額負債壓力下，未來歐元、美金匯率長期看貶，等於是面臨利差損與匯差損的夾殺。

　　雪上加霜的是，2012 年七月開始，壽險業必須採用第五回合經驗生命表，這是為了反應國人平均餘命延長，與死亡保障相關的險種保險費率升高，讓壽險業過去用來填補「利差損」、「匯差損」的「死差益」也減少了。

　　從整體產業狀況來看，壽險業淨值比率偏低，財務體質脆弱，連續數年虧損，利差損無法改善，匯差損蠢蠢欲動，獲利前景看淡，繼續成為「艱苦行業」。儘管 2012 年是壽險業於金融海嘯以來，獲利最好的一年，各大壽險公司紛紛繳出漂亮的成績單，但作者猜測這些亮麗的數字可能只是將未實現投資損失及利差損排除在外。而且全球經濟展望差，缺乏可穩定獲利的投資機會，在各國央行只剩量化寬鬆的救市方法下，即使承受物價上漲壓力也不敢輕言升息，利差損可能延續很多年都難以改善。

　　儘管如此，壽險業因產業特性，即使大股東無法補足資本也不會發生立即倒閉的現象，只能看著淨值不斷降低，負值慢慢放大，借用麥克阿瑟的名言：「老兵不死，但逐漸凋零」，最後終將走上被政府接管的命運，這就是所謂「慢慢死」。

誤判情勢變快快死

　　如果壽險業想藉由提高投資報酬來挽救「慢慢死」，在全球持續低利的環境下，唯一的方法是參與風險性資產的投資，也就是本書第二章提到的「賭徒策略」，但是風險較高，萬一慘賠反而加速死亡，國華人壽就是因為在股票市場賠了數百億，落到了無法挽救的地步而被接管。

　　相較於被接管的壽險業後段班，新聞報導所指的這家保險公司歷史攸久、資本雄厚、體質佳、又有大批的不動產，卻因利差損及其他獲利壓力就認為自己面對了「快快死或慢慢死」的兩難困境，決定採取高風險的投資策略（即賭徒策略），最後大賠了數百億，光是這一次賠的，十年都不見得賺得回來，反而應驗了「快快死」；這是誤判情勢而做出錯誤決策所致。

2013 經濟預測又不準

　　2012 年底，各國經濟學家開始提出來年各地景氣即將復甦的預測，端出數據指證美國各方面都快速復甦、歐洲將走出衰退、大陸伴隨救市方案出爐，即將重拾成長動能等等，台灣各研究機構更是多次上調台灣 2013 年經濟成長率。大家歡天喜地，各投資機構更是鼓動全球投資人前進風險市場。

　　才兩三個月，倫敦調查機構就公布美國二月份製造業採購經理人指數（PMI），顯示美國製造業擴張力道趨緩，歐元區二月份綜合 PMI

則意外疲弱，並降至兩個月來的低點，粉碎外界對歐元區可望擺脫衰退，快速走向復甦的預期。大陸在新領導人上台後更是加大打房力道，部份三四線城市房市即將泡沫化，有如鬼城，還用力打貪腐，影響精品市場、花卉禮品等需求；這段期間又遇到從華北到華南覆蓋一千多萬平方公里的大面積霧霾，持續多日，諸多大城市民眾幾乎窒息，開始對高耗能產業踩剎車，更不用提過去這一年大陸中小企業因資金緊縮倒了 40%。

這讓作者回想起 2011 年的場景。2011 年年初各大經濟學家沒人料到希臘風暴會延燒這麼久，到了 2011 年底時，各機構也都預測希臘風暴與歐債危機即將結束，2012 年第一季全球經濟就會回升，連台灣的研究機構都這樣預測，結果第一季景氣還是差，就改口預測第二季回升，事實是第二季也不好，就再改口預測下半年回升，第三季還是不好，又預測第四季回升，最後終於在 2012 年 12 月看到景氣燈號出現睽違十六個月、代表穩定的綠燈；這種經濟預測方法，找個中學生來喊說不定都贏他們。

相較之下，作者在 2010 年四月就預測 2011 下半年及 2012 上半年，全球經濟一定不好，這個作者在前一本書《風險管理之預警機制》的第四章「2012 完美風暴」就已經花了相當的篇幅解釋過了，不再贅述。同樣的，作者實在看不懂，為何全球這麼多研究機構，這麼多經濟學家會對 2013 年的景氣這麼樂觀。作者在前一本書中有強調，傑出的首席經濟學家還是有的，作者也自認遠比不上他們，只是這種人的數量還真不多。

這次也一樣啊，作者也看不懂，為什麼全球各地發佈的經濟預測會這麼樂觀？到底是憑什麼？美國房市確實邁向復甦，2013 年的經濟

狀況確實比 2012 年好，但也不過就是「好一點」而已，而且如同作者在前一本書的第七章「行駛於迷霧之中」所預測的，到了 2014 年，就難講嘍，到那時全世界會不會爆出什麼重大問題，現在還無法判斷；相關內容在本書「前言：百大風險與百大策略」有較多的說明。無奈作者俗事纏身，無法操這麼多的心，就隨他們去了。

什麼是「量化寬鬆」，那就是全世界都還在印鈔票，還在借錢過日子，這叫哪門子復甦？這就像一個人過去長期揮霍，欠下大量信貸卡債，又不好好工作，靠辦新卡或是跟地下錢莊借錢，勉強維持還算舒服的日子，一旦資金鍊斷掉，馬上原形畢露。這叫「逃得過初一，逃不了十五」。

作者沒有任何資源，也沒時間做研究，只是偶而上網看看新聞，雖然比不上陶冬、謝國忠等人，卻可能比全球大多數研究機構及經濟學家準確的多，至少比羅比尼、克魯曼之流的要準。就像作者在「行駛於迷霧之中」講的，大部份的經濟學家都看短期的市場價格變化，作者看的是地圖，從影響長遠的因素來看未來趨勢；地圖明明顯示前方就是大上坡，車速是能開多快？果然所謂「2013 年景氣復甦」，才第一季就走了樣。二月中美國聯準會內部對量化寬鬆激烈爭辯，市場就解讀為可能會提前退場，連影子都還沒有，全球股市就嚇得大跌。十二月底美國剛度過財政懸崖，歐巴馬立即宣佈四月難逃自動減資，信評更是重新威脅要降美英兩國的評等。三月中爆發塞普路斯「存款稅事件」，更讓市場懷疑是否歐元又要解體，歐美股市跟著一片慘綠。

如今的全球資本市場，就像一群人在豪華宴會上大肆慶祝災難已過、高喊前途一片光明，卻在偶而吹來一陣強風呼號、或是一片雨打在窗戶上滴答聲響，就嚇得屁滾尿流。QE 現裂縫、全球皮皮剉，這

個絕非「全球經濟已走向康莊大道」的景象，反而像走夜路的人在吹口哨壯膽。

■ 後歐債時代

照作者的觀察來看，全球經濟地圖已改變，接下來是「後歐債時代」，印鈔票解決不了問題，貨幣政策、量化寬鬆、與通膨間不再是必然關係，連某位諾貝爾獎得主都主動承認當年他所寫的貨幣政策與物價關係的理論是錯的；作者是認為，就算量化寬鬆退場，也不代表利率馬上會上升，這兩個因素在新的經濟地圖已經不再是那麼緊密關聯。唯一的兩個還不知道影響有多大的變數是美國的油頁岩氣及新興市場內需成長，但沒有人在研究；有資源的不做事，能做事的沒資源，徒呼奈何。

利差損情勢可能不會好轉

從台灣壽險業者關切的角度來看全球經濟，最關鍵的議題就是低利環境與利差損了。

作者自己發明的「策略分析之定位主義 Pisitionism」，是從企業在產業鍊中所處的地位開始，在進行策略分析之前必須先弄清楚所處的環境、情勢與自身條件。本章前面所提壽險業的主要困境來自於利差損，而利差損是全球低利環境造成的，所以確認低利環境還會持續多久，是壽險策略分析最重要的起點。依據作者的持續觀察與判斷，低利環境可能還會持續很久，壽險業的策略最好從保守、甚至悲觀一點的角度來思考。

　　作者一向瞧不起那些沒什麼學問、光靠學位及名校加持、衣著光鮮亮麗、以為自己很了不起、動不動就發表一些「末日預言」來恐嚇世人以從中獲利的經濟學家，像克魯曼或羅比尼之流的。

　　作者記得 2009 年克魯曼剛拿到諾貝爾獎到大陸訪問時，宣稱全球經濟不景氣會持續十年，並斷言美國會步上日本失落的十年等種種言論；這意味著他有能力能預測十年後的經濟發展。從這個角度來看，次貸風暴是 2008 年爆發的，如果克魯曼真的這麼厲害，那他應該在 1998 年亞洲金融風暴時就已預測到次貸風暴將會發生。像這種戳破經濟大師漫天謊言的證據到處都是，但大部份的人在媒體粉飾下都當成沒看見，選擇繼續相信經濟大師的預測，這是某種心理現象，只有佛學能解釋清楚。

　　壽險業已經歷了十年全球低利環境，過去所握有利率較高的政府公債也已陸續到期，眼看著目前的利率甚至比保單最基本的 2% 預定利率還低，如果低利環境再持續個十年，壽險業可能真的會出事。作者並不想成為自己瞧不起的「末日經濟大師」，但從目前的情勢來看，低利環境可能真的會再持續十年、甚至二十年；就如同作者所說的，接下來是「後歐債時代」，全球經濟地圖（或結構）已改變，印鈔票解決不了問題，貨幣政策、量化寬鬆、與通膨間不再是必然關係。在需求不振的影響下，央行大量持續釋放資金當然不是好事，但不代表必然引發嚴重通膨，也很難單從量化寬鬆是否退場直接斷言利率是否會回升；就算利率因此回升，幅度及速度都很難講，因為市場實質需求與各國財政負擔對利率的影響，可能比貨幣政策來得大。

　　如同作者在前一本書《風險管理之預警機制》第七章「行駛於迷霧之中」提到的，分析經濟情勢不能只看市場價格，價格反應的是人

心，從佛學角度來看，人心是被物質慾望所蒙蔽的，不像經濟學家所假設的那麼理性，那反映人心的價格怎麼可能完全正確？除了作者以外，很多學者認為理性假設根本是錯的，而作者也已證明完全競爭、消費者均衡、邊際主義、賽局理論、聶須均衡、柏拉圖效率、供需均衡等等，這些當代經濟學最重要的理論也都是錯的，未來的十年二十年，不只是全球經濟會演變成過去無法想像的情形，經濟學也可能徹底崩壞。所以分析經濟要從作者所創「政大會計社會資源使用效率三大定理第二號：全部成本觀」出發，觀察各種因素變化的情形，就像是「先看地圖再開車」，或是使用衛星導航一樣。

主權國家債務規模愈來愈大

　　壽險業期待利率上升以改善利差損，最大的挑戰就是主權國家債務規模愈來愈大。美國國債在 2012 年八月份即已突破十六兆大關、日本國債早已超過 GDP 的兩倍、歐洲各國平均國債是 GDP 的 80%，意大利與希臘更可怕，大陸目前看起來還算健康，然而次貸風暴後為了救市快速增加，中央政府舉債人民幣四兆、地方政府債務總額為 14 兆、房地產相關貸款總額保守估計已超過二十兆，2012 年又宣佈開始擴大投資保八，不用幾年就會「超英趕美」追上歐美的舉債水準。

　　欠錢終究要還的，前幾大經濟體都因還不出錢而失去債信，對金融市場的衝擊會比雷曼倒閉還可怕。借錢容易還錢難，從台灣過去的經驗來看，卡奴還債的日子有多慘，各主權國家人民的生活就有多慘。當卡奴資不抵債時，減輕壓力的方法就是債務重整與降息，從這個角度來看，各國政府在償還國債之前都沒有升息的理由，升息只會讓原

本已惡化的財政赤字雪上加霜，就如同前一本書第七章「行駛於迷霧之中」所作的分析，一但利息支出占政府稅收達三到四成，觸及財務紅線，等同國家破產，那利率還怎麼漲？

欠債容易還債難，歐巴馬 2009 年就職總統時，繼承了前任總統布希留下的十兆美元債務，執政不到四年就增加了五兆多，眼看著 2013 年「財政懸崖」將至，經濟復甦力道不如預期，為尋求連任還是會延續擴大財政支出以救市的方式，債務繼續增加，從最樂觀的角度來估計，美國要還債至少是三年以後的事，屆時美國國債可能高達 20 兆，若以借錢度日所花時間的三倍來估計，至少要經歷二十一年才能讓總債務金額回到歐巴馬上任前十兆的水準，而這個負債金額還是很龐大。

美國國會預算辦公室發出悲觀警訊

果然作者的擔憂並非無的放矢，美國國會預算辦公室（CBO）在 2013 年二月發出警訊，政府債務將膨脹至難以為繼的水平。在連續四個年度超過一兆美元後，2013 年美國政府預算赤字將微幅減少至八千多億，2014 年將減少至六千多億，2015 年進一步減少至四千多億；但之後美國預算赤字可能開始回升，在 2023 年以前再度逼近一兆美元。未來十年累積赤字預估約為七兆美元，加上現有的十六兆，合計就是 23 兆了，達到國內生產毛額（GDP）的 77%。

報告中指出，經濟逐漸復甦以及提高富人稅，是未來五年預算赤字減少的原因，而接下來的五年赤字回升是因為人口老化壓力、醫療照護成本不斷升高、健保聯邦補貼擴大，以及不斷增加的債務利息支出；談什麼還債，沒想到美國政府自己的預估比作者還悲觀。如此龐

大的債務將提高金融危機的風險，因為投資人對美國政府管理預算的能力失去信心，美國可能無法以能夠負擔的利率籌借資金。

CBO 的分析報告中假設，規模 850 億美元的自動減支措施如期在 2013 年三月生效，大規模減支及增稅等財政緊縮措施，將使 2013 年的經濟成長率放緩至 1.4%，失業率由目前的 7.9% 小幅升高至 8%；然而在吸收這些阻力之後，即使未有進一步減支或增稅措施，美國經濟仍可望在 2014 年重拾成長動力，並將加快速充盈國庫。

負債終就要還的，只是看拿誰的錢出來還，像希臘的債務減計就是要持有債券的投資人自行吸收損失。全球幾大經濟體的政府債務還在持續增加中，2012 年初很多知名金融機構只因為西班牙等國當時發債的殖利率尚未超出 7% 警戒線，就大力宣稱「因價格未上升，代表還不會出事」；當時作者就斷言，西班牙發債殖利率早晚會破 7%，而且最後只能靠歐洲央行出手購債相救，果然被作者料中，證據就在前一本書的第七章。所以經濟學家的話，聽聽就好。

人口老化拖垮財政

花錢的人多，賺錢的人少，財政短絀就會欠債，要還債，必須是賺錢的人多，花錢的人少，然而先進國家人口老化，社會福利支出愈升愈高，財政負擔及赤字只會增加。如果為了控制債務規模強制刪減財政支出，就會出現希臘及歐洲各國的慘況。希臘為了避免政府倒閉，依歐盟要求減支，進行裁員及降低退休金給付，很多老先生老太太因領不到失業給付及退休金而挨餓，甚至發生退休老人因顧及尊嚴不願在街上垃圾桶裡翻找食物而自殺；美國由退休老人組成的選舉團體

相當多，這種事如果發生在美國，執政黨在總統大選肯定落選、政權不保。

次貸風暴加上長期高失業率，早已讓諸多歐美中產階級將原本預儲的退休金花光，在美國，很多人連房子都被拍賣了，哪還有錢退休。各主要經濟體一片人口老化趨勢，為低利率營造了強而有力的環境。

人口老化與退休對財政造成的負擔有多大？我們可以看看美國與大陸的情形。波士頓大學經濟學教授勞倫斯克特里考夫在彭博網發表專欄文章稱，美國有約八千萬人的「嬰兒潮」世代，他們退休之後將享受高額的社會保障和醫療保險福利。這些福利的年均成本按現今貨幣價值計算大約為四兆美元，而美國每年的政府總預算還不到兩兆。另外過去十年美國在伊拉克、阿富汗等反恐戰爭中受傷的士兵，在未來需要醫療及照護的開銷粗估約為四兆。光是這些開銷就足以拖垮美國財政。

不只是政府，民間企業也為退休金問題煩惱。華爾街日報報導，美國企業正面臨愈來愈沉重的退休金壓力，2013 年紛紛以現金挹注員工退休金，以因應超寬鬆貨幣政策引發的副作用。

福特汽車預估 2013 年將為退休金投入五十億美元，幾乎和 2012 年設廠、採購設備和開發新車的投資金額相當。威瑞森通訊 2012 年第四季為退休金計畫投入十七億美元；另陶氏化學表示，公司正面臨「巨大的退休金逆風」，折現率改變導致退休金負擔增加二十二億美元，並導致公司去年第四季虧損七億美元。此外波音公司更發布「核心獲利」，以便與退休金支出區隔，因為退休金對獲利影響太大。高盛資產管理公司退休金策略師莫倫說：「這是企業忙著處理的首要議題之一。」

　　美國為鼓勵放款、刺激經濟祭出超寬鬆貨幣政策，副作用是企業現金流失。企業依國際會計準則要求利用所謂的「折現率」計算退休金現值，由於折現率下滑，企業退休金的負擔跟著升高。等利率反轉回升，退休金缺口會縮小、甚至轉虧為盈，但並不清楚何時會發生。

大陸的退休金壓力更大

　　由於長期的社會主義體制，大陸的情況可能比美國糟。在一胎化的人口控制政策下，大陸正遭逢「少子化」和「老齡化」雙重危機。傳統社會主義體制下，大陸老百姓仍堅守「養老靠政府」傳統觀念，但政府卻未必有能力負擔得起龐大人口的退休支出。

　　2012 年七月，美國智庫「戰略與國際研究中心」發布《平衡傳統與現代：東亞地區退休養老前景》指出，大陸、香港、台灣、新加坡、韓國和馬來西亞等國家和地區中，選擇「退休靠自己」的比例，大陸最低，只有 9%。中國銀行調查團隊的數字顯示，2013 年退休金帳戶缺口將達十八兆人民幣。德意志銀行大中華區首席經濟學家馬駿在表示，到 2033 年，中國養老金缺口將達到約七十兆，占當年 GDP 的約四成；今後三十八年累積養老金總缺口的現值相當於目前 GDP 的75%，如果納入機關單位累計缺口將升至 87%。他認為中國國家資產負債率最大的風險是養老金、其次是醫療，第三則是環保問題，此報告意見與作者在 2012 上半年「行駛於迷霧之中」所做的預測相符。

　　大陸政府根本無力負擔龐大人口的養老支出。為此，中國老齡委辦公室副主任吳玉韶日前拋出訊息，在養老問題上，老百姓不能把所有責任都推給政府，這表示大陸官方極欲把養老大餅留給民間去做。

然而人口已開始老化，一堆將老之人年青時未存錢，依賴政府的心態又不改，怎麼可能在短期之內改變，十年二十年後，老無所養，引發民怨與動亂，政府不可能完全放著不管，必然加重財政負擔。

歐債風暴未解

除了之前已欠下的債務，以及未來將因退休金給付而欠下的債務，各主權國家當下還在借錢。

歐債風暴尚未解決，各國還在寅吃卯糧繼續借錢度日，降息都來不及，那有能力升息；果然 2012 下半年美國聯準會宣佈推出 QE3，順便將低利環境延長到 2015 年中，即使如此，也不代表 2014 以後就會升息；依據過去十年的經驗來看，升息遙遙無期。

另一方面，國際清算銀行 2012 年九月在其報告中指出，償債支出占企業及家庭所得的比率快速攀升，並暗示有一場金融危機在逼近中。

債務清償比率（Debt-Service Ratio），即償債（包括本金及利息）支出在家庭及企業所得中所占的比率，傾向於金融危機來襲一年前快速攀升。因此，債務清償比率，相較於債務占國內生產毛額 GDP 比率而言，是個比較準確的早期示警指標。這代表全球可能在 2013 年底至 2014 年初發生一場金融暴，而這與作者在 2012 上半年「行駛於迷霧之中」所做的預測相符。

不要以為只有歐美國家有問題，亞洲也好不到那裡去。2012 年第四季，南韓民眾的家庭負債規模攀升至創紀錄的 959 兆韓元，約為九千億美元，如何讓家庭負債問題軟著陸，已成為新任大統領朴槿惠的

首要任務之一。蘇格蘭皇家銀行指出，南韓家庭債務在 2011 年已達可支配所得的 164%，高於美國在次貸危機初期時的 138%。而南韓央行在 2013 年一月時針對 90 名專家與基金經理人的調查也指出，家庭債務是南韓金融體系的最大風險。

除了量化寬鬆，別無他法

期望利率上升的另一大挑戰，就是偉大的經濟學家除了量化寬鬆，找不到其他解決歐債危機、挽救經濟的方法。

2012 年九月，眼看著西班牙與義大利即將步上希臘財政破產的後塵，歐洲央行宣佈將直接收購各成員國政府債券，沒有額度上限；這個名為「貨幣直接交易」的提案，利用沖銷的手法，確保對貨幣供應產生中性影響，同時避免對債券殖利率設定上限。

緊接著美國聯準會推出了 QE3，柏南克只冷冷的說了句「每個月將回購四百億美元債券，直到未來通知」，這已經不是 QE3 了，這是一個全然不同的巨獸，或許可以稱作 QE 無限大。儘管身兼經濟學權威的伯南克也認為貨幣政策並不是萬靈丹，卻為美國注入最強的劑量。聯準會打開了流動性的水龍頭，並期待這個在過去沒什麼效果的政策開始運轉，因為實在想不出別的辦法。

自工業革命以來，金錢取代信仰，成為普羅大眾生活的重心。特別是二次大戰以後全球經濟快速發達，有錢人不但操控市場介入政治，奢華的生活也透過各種管道讓人看了羨慕。大家都想變有錢，從信神改成信錢，藉由宣揚市場與價格機制萬能，經濟學家取代了耶和華與佛陀的位置，人人景仰、家家膜拜。經濟學家以科學家自居，瞧

不起宗教抵毀聖賢，然而他們也不過是凡夫俗子，只好編織看似艱深其實是錯誤的經濟理論來呼攏世人。

在世人愚昧的崇拜下，經濟學家養尊處優，平時沒事就上媒體大吹特吹，等遇到次貸風暴、歐債風暴時，什麼方法都拿不出來；一百多年來，人類早就上太空了，進入網路虛擬時代，連癌症都有標靶治療，唯一一個沒有進步的學科就是經濟學，除了量化寬鬆還是量化寬鬆，除了降息還是降息，那利率怎麼可能升。

傳統升息抗通膨的觀念可能轉變

壽險公司所期待能使利率上升的唯一因素是通膨，但其實不見得管用。

各國央行用力灌注流動性淹沒市場，推升黃金、股票、原油、商品價格上揚，經濟學家都認為接下來會推升通貨膨脹，在通膨壓力下就會升息，然而這個最基本的總體經濟學概念在未來可能會改變，因為原物料價格上揚，不代表物價就會上揚，也不代表就能升息。

通膨來自於商品價格上升，灌注流動性會導致價格上升，但影響價格更重要的因素是供給與需求。目前各主要市場需求不振，世界工廠中國大陸很多產業產能都過剩，在沒有實際需求的支撐下，只剩預期心理與市場炒作。作者在前一本書第七章就強調，原物料市場交易量較少，容易受到操縱，這兩年原物料價格猛漲各國物價卻相對平穩，講穿了就是需求不振、廠商與店家自行吸收，那為什麼原物料會漲？還不是那些靠炒作原物料價格獲取暴利的金融機構聯手發布不實預測，推升投資人對價格的預期所致；這種短期烘抬效果不會長久。2012

年九月 QE3 宣佈後油金等原物料價格馬上上漲，不到幾周油價就暴跌回原點，這代表此世界已不再是經濟學家所熟悉的。反觀 2013 年二月聯準會可能提前結束量化寬鬆的謠言一出來，金價及部份金屬價格馬上捧得鼻青臉腫，就可以看得出來。在各國財政赤字、高失業率壓力下，通膨還很遠，就算未來忽然物價上揚，消費者需求一縮，沒多久就會跌回來；需求，才是推升物價長遠的關鍵。

通膨代表生活費用增加，利息支出也是費用的一個項目，與其升息導致消費降低、企業投資緊縮不利經濟，還不如維持低利率；而且實質需求沒增加，通膨也撐不了多久。台灣 2012 年年中因油電雙漲又逢颱風，帶動民生物價漲一成，民間哀哀叫，央行也沒升息。彭總裁說得好，輸入型的通膨無法藉由升息解決。

未來十幾二十年，經濟情勢轉變會出現當代經濟學家無法想像的情形，全球化導致先進國家失業人口增加，新興市場卻推升對資源的需求，在此同時物價無法由升息控制，反而要降息以減輕先進國家民眾生活壓力，經濟學家光靠財政與貨幣政策，場面可能會愈弄愈糟。

未來可能可以促成利率上揚的因素有兩個，一個是美國自產能源增加，二是新興市場崛。然而頁岩油氣能為美國創造多少經濟效益還有待觀察，大陸卻已漸漸失去世界工廠的地位，暫時沒有第二個國家能代替其位置；而且大陸最新的情勢已說明，只要先進國家需求不振、大陸出口就衰，內需還撐不起一片天，大陸經濟第三支柱的投資，在過去幾年已造成房地產、汽車、鋼鐵、造船等諸多產業產能過剩，若再擴大投資等於是更扭曲資源，泡沫會更嚴重。而俄羅斯幾年內也不可能變成美國，經濟成長動能轉向期望東南亞、墨西哥、非洲等三級地區的成長，緩不濟急。

美國隊長前景尚未明朗

2012 年一篇研究指出，就在亞洲經濟奇蹟開始走下坡的時候，美國經濟再度崛起的基礎卻正在形成。科技、地質學和新生產技術，指的就是頁岩油氣與 3D 影印技術，可能為美國經濟成長帶來動力和提振創新。

頁岩油氣的開採不但能創造就業和投資，還能獲得過去美國難以想像的能源獨立。在此同時，所謂 3D 影印技術展現出重塑全球產品生產方式的驚人潛能，且將使美國擁有凌駕中國、甚至日本和德國的優勢。該技術能將高度客製化的產品「噴灑」成形，有如噴墨印表機般，完全不像傳統鍛造原料的製造方式。這種新技術是美國的強項。

然而作者對這樣的觀點感到懷疑，更不要提對挽救美國十幾兆的財政赤字有多少幫助。當前世界經濟的發展，對石油的依賴已降低，這也意味著頁岩油氣的助益有限。就算讓石油價格下滑回到 30 元水準，也不代表足以償還美國十幾兆的債務。

另「3D 製造」，這是啥？在十多年前網路泡沫時代，很多自詡為先知的科技名嘴也大言不慚的斷言所有實體店面及通路都會在五年內消失，結果消失的是網路公司。現今供應鍊全球化的環境下，生產基地的移動對全球經濟的影響，是零和遊戲，因為整個需求與生產就這麼大，不是你做就是我做，美國拿回去做，大陸等新興國家就沒得做。而且美國人民所得及生活水準與新興國家差距太大，一塊美金工資在新興市場造成經濟成長的帶動，遠高於在美國；大陸等新興國家之所

以二三十年持續快速成長，就是因為透過全球化拿到美國人原本的工作，現在要把工作移回去？對美國經濟有幫助有限，卻可能對新興市場造成明顯傷害，一來一往對全球經濟不但無益，反而可能有害。

■ 財政緊縮的挑戰才剛開始

聯準會主席柏南克在 2012 年年底多次警告，若美國國會諸公不能阻止即將在 2013 初自動生效的削減支出及增稅，則美國經濟復甦將面臨危險。雖然作者認為柏南克很可能是因為政治考量而把問題講得很誇張，但財政緊縮對經濟畢竟不是好事，也是美國早晚要面對的。

依據研究機構的看法，美國如果真跳下財政懸崖，2013 年估計將削減一千億美元支出，加上一連串減稅措施在 2012 年底屆期後不再續延，美國國會預算辦公室估計可能導致美國經濟「顯著」衰退及流失約 200 萬個就業機會。而聯準會則預估美國失業率要到 2014 年才能降至 7%以下，意味美國經濟即使如一般預測的在 2013 年加快成長速度，力道也不足以讓失業率大幅下降。美國經濟的前途，還很艱難。

長期利差損不必然「慢慢死」

先不提最近諸多金融機構預測全球債市利率可能在某個時點快速反彈，依據前面的分析，在最悲觀、最糟糕的情況下，低利率環境在未來可能持續長達十年、二十年，壽險公司可能長期承受利差損而無法改善，即將面臨「慢慢死或快快死」的抉擇，那為何作者會認為這是錯誤判斷？

　　因為作者策略分析的觀念，與西方策略大師不同，不會只看單一因素。企業面臨的是複雜的環境，在思考策略時若只看單一因素，例如SWOT將環境變化區隔成「機會」與「威脅」兩塊分開來看，很容易因誤判情勢導致決策錯誤，所以要廣泛的從環境中找出所有可能的因素，依照其影響力排序，再綜合起來一起看，這就是「策略分析：定位主義」的概念，這需要一套有系統的方法，即作者所創「策略分析：中華神劍」第一代方法論「玄鐵」。

　　在廣泛收集各種環境因素時，會發現部份因素是屬於企業與環境中其他角色的互動變化所導致的，此時會需要作者從 Arthur Andersen 的營運模式分析中轉化出來的方法，從這樣的互動分析中就能找出為何「長期利差損不必然慢慢死」的觀點，這也是未來作者開發「新賽局理論」的出發點。作者在半年前推翻了「賽局理論」、證明「聶須均衡」不存在、指出「囚犯困局」的邏輯謬誤，未來如果有時間，作者會寫一個全新的賽局理論，一個能真正產生效益，對社會有貢獻的賽局理論。

　　「長期利差損將使壽險公司面臨慢慢死或快快死的抉擇」，這個是在只考慮「利差損」與「單一壽險公司」兩個因素時才會成立，然而整個產業環境並不是只有這兩個因素，從「玄鐵」的分析手法來看，至少有以下幾個因素：「單一壽險公司本身」、「其他壽險公司」、「政府」、「消費者」，若能用更深入的觀點進一步分析這幾個角色的互動，就可看出「利差損」不必然導致「慢慢死」。

■ 以國華為例

單從「利差損」與「單一壽險公司」兩個因素來看，壽險業確實面臨「慢慢死與快快死」的抉擇，國華人壽就是例子。幾年前國華人壽為挽救頹勢，投資相當的部位在股票市場，賭賭看會不會「快快死」，不巧遇到次貸風暴，「快快死」成真；本次的分析，關鍵在於國華人壽面臨倒閉之後出現的情形。

2012 年國華人壽淨值缺口已高達七百五十億，若加計未來潛在利差損，淨值缺口將超過一千多億，而政府的安定基金只有一百多億。前幾次標售時，有實力的如台銀人壽等因考量其財務黑洞太大而不敢接，其他想接手的企業被懷疑只是想將國華的資產挪作他用，而不是要長期經營，政府也不敢給。另一方面，國華的四百萬名保戶怕自己權益受損，不斷向政府單位施壓，在選票壓力下，政府開口願意補貼一千億，2012 年下半年開始有壽險業者極積競標，最後被全球人壽半路殺出以跌破眼鏡的價格標走。

國華的情形符合「慢慢死與快快死」，那為何作者認為是誤判，因為市場上不是只有一家保險公司，這個邏輯，或許適用在後段班的保險公司，但不適用在前段班，如果前段班以為自己已面臨「慢慢死或快快死」的抉擇，作者就認為可能是誤判情勢。

關鍵在於台灣有約 30 家壽險公司，而不是一家。倒了一家國華人壽政府還有能力救，那如果因長期利差損，在十幾年後接連倒了十家後段班的壽險公司，甚至前四大壽險公司倒了一家，會出現什麼情況？

到那時如果政府要救，至少要拿出個 2～3 兆，不管誰執政，台灣政府舉債已高得嚇人，怎麼還拿得出錢來救？如果不救，一千多萬的保戶怎麼辦？其他還沒倒也面臨倒閉的壽險公司，全部加起來兩千多萬的保戶怎麼辦？

壽險公司的資產，是保戶的醫療費用、退休養老金、投資儲蓄，全體台灣民眾的這些錢都將隨著壽險公司倒閉而消失，這是多麼大的衝擊，政府根本救不起來，在政治壓力下又不能不管，此時，就會出現轉機。

在「風險管理之預警機制」中，特別是第三章，作者一直強調，風險是門好生意，對後段班或部份中小型壽險公司而言，利差損確實是「慢慢死或快快死」的問題，但對大型優質保險公司而言，如果風險發現的早、應對的好，危機立即變商機，甚至變成從天上掉下來的大好機會。

■ 豬羊變色

十幾年後當多家後段班的壽險公司倒閉，甚至前四大壽險公司倒了一家，這樣的壓力，已超乎政府及全體人民能承受的範圍，在已倒閉壽險公司的保戶，以及擔心自己投保的壽險公司也跟著倒的壓力下，政府與人民，就會有意願與存活的壽險公司商量解決利差損的問題。

所以對體質好的大型壽險公司而言，不用擔心，利差損問題會有人幫你解決，但前提條件是，要有多家壽險公司，甚至一家大型壽險倒閉，這樣的轉機才會出現。所以才說，對這幾家優質的大型壽險公司而言，所面臨的不再是「長期利差損所導致的快快死或慢慢死」決

策，而是一場「驟死戰」，比比看誰先犯錯倒下、誰命長。先倒下的人，不但為存活的人創造了解決問題的機會，還可能變成別人眼中的肥肉被吃掉。就如同布袋戲裡黑白郎君的台詞：「別人的痛苦就是我的快樂！」很殘酷，但是事實。

■ 大學生打工經驗

　　二十多年前作者還在唸大學時，曾在暑假到 MTV 店打工。那時時薪很低，記得才 48 元一小時，跟現在比起來差多了。學生有錢拿就好，也不在乎高低。進去之後工作還算順利，偶而遇到警察臨檢也沒工讀生的事。只是聽裡面資深的工讀生常常碎碎念，說我們拿到的 48 元時薪，是他們不惜犧牲換來的，要心懷感激之類的。

　　後來才搞清楚，原來過去老闆每小時只肯給 45 元，以前的工讀生一直向老闆反映調薪都被拒絕，集體抗議也沒用，後來工讀生組成「神風特攻隊」，輪流向老闆要求加薪，一被拒絕就辭職，一個接著一個，人數一多老闆受不了了，只好加薪，只是已辭職的人老闆當然不肯讓他們回來，寧願找新的。

　　西方有句諺語：「從一粒沙看世界」，作者從大學生打工經驗看大型壽險公司面臨的長期利差損經營困境，道理是一樣的。

　　壽險業面臨利差損，政府與保戶不願意改善，就一家接著一家倒，等政府跟人民受不了了，就會願意協商解決問題，只是先倒的是輸家，存活的是贏家。

長期利差損及高利保單不是壽險業的錯

在分析這個問題時，應回頭好好看看現今利差損的困局是怎麼出現的；真的是壽險業的錯嗎？真的是壽險公司應該要承擔的嗎？

資產與負債的平衡是壽險業很基本的概念。保險為長年期商品，保單出售之後就應該購買長年期的資產，用來平衡未來的保險給付，問題是，不是壽險公司不肯買長年期資產，而是國內投資管道有限，早年的政府公債的期限大多只有十年，又限制投資海外，期限一到，資產到期，負債還有三十年以上，又遇到全球經濟不景氣利率大跌，當然就是利差損。這是當年政府在發展壽險業時，沒有建立資產與負債平衡的配套措施，不是壽險業的錯。

那為何壽險業者過去要賣出這麼多高利保單？保險是重要產業，隨便都可以找出很多經濟理論支持保險業的重要性。然而保險只是諸多金融商品之一，會與其他商品出現比價效應。台灣過去經濟大幅成長，長達二三十年的時間存款利率都維持在高水位，如果壽險業不推出高利保單，其預定利率低於定存利率，怎麼會有消費者肯買？若真的有人買，壽險公司只要把資金放銀行定存就能賺利差，而且是暴利，政府不就變成圖利壽險公司？被民眾罵翻天。

從這兩個因素來看，除非台灣社會不要壽險業，想要壽險業就要有投資管道可以平衡資產及負債，利差損的困境是當年台灣日子過得太好了，台灣錢淹腳目，沒想到會變成現在這麼慘，又接連遇到全球金融危，利率低到不能再低，導致在發展壽險業時未建立該有的配套措施，這是歷史共業，不是壽險公司的錯，為什麼要壽險業者單獨承擔？

現今低利環境，國內一年期定存才 1.3%，過去賣出的高利保單的預定利率高達 6～8%，這是暴利。2012 年台灣民眾在民粹主義下，大力抨擊軍公教退休後坐享 18%不合理，牽拖說因此造成國家財政負擔，那為什麼沒有人抨擊這些保戶享有 6～8%的高利率也是不合理，未來也會造成國家財政負擔？為什麼不向政府施壓將這些保單的利率對半砍？就只要求砍軍公教的 18%。軍公教的退休金缺口，跟這些高利保單的隱含利差損比起來，只能算九牛一毛；這就叫「嚴以律軍公教，寬以待己」，把軍公教打成牛鬼蛇神，然後自己坐享利差暴利。

對保戶而言，如果將保單利率從 6～8%降到 2%，保戶只是少賺，並沒有賠錢，而且能讓保險公司繼續存活，對保戶是比較有保障的。萬一保險公司真的倒了，醫療險與癌症險的給付可能打折，如果被不肖業者吃下，將資產挪去不當投資全賠光，那就真的全沒了。所以壽險公司能存活，對保戶而言，還是比較有利的。

然而保戶為了自身的利益，明明當初買的是高利保單，為什麼要犧牲自己的權益成全別人？政府為了避免被貼上圖利壽險公司的標籤，也不可能主動出來解決問題，儘量推給以後的執政者。於是壽險業與保戶及政府之間，互相依存又有利益衝突，出現「賽局」場面。對壽業者而言，若要打破利差損困境及與保戶及政府之間的僵局，只能「以戰逼和」，倒給他看。

■ 成吉思汗戰術

西元十三世紀時，成吉思汗以蒙古驍勇的騎兵，搭配殘忍的戰術，打下了人類史上最大的版圖。蒙古人的騎兵擅長野戰，但不適合攻城，成吉思汗戰無不勝，滅國無數，自然有一套攻城方法。

除了製作各種攻城器具，蒙古人在攻城之前會在城鎮附近捕捉大量當地百姓，攻城時，就令這些百姓跑在前方，以弓箭射殺，逼他們往城門逃去；此時蒙古騎兵尾隨在後，如果守城將領開城讓當地百姓逃入城中，蒙古騎兵馬上衝鋒殺入城內，如果守城將領堅不開門，則將這些百姓屠殺殆盡，讓守城士兵因親人被殺而心痛得喪失作戰能力，接下來，攻城武器火力全開，騎兵下馬攀上城牆殺入城內。詳細內容，可考金庸著「大漠英雄傳」與「神鵰俠侶」。

成吉思汗的戰術極為殘忍，但十分有效。此時台灣大型壽險公司的處境，正好可以參考蒙古人的戰術。

■ 比看看誰命長

從蒙古人攻城戰術來看，壽險業可採行的戰略就是一家接著一家倒，公司倒了，政府就要出錢救，保戶擔心權益受損就會恐慌，等到倒的公司多了，政府無力挽救，受害保戶數量夠多，在其他壽險業也可能倒閉的壓力下，就有和談解決高利保單及利差損的空間。

只是先倒下的壽險公司就「塵歸塵，土歸土」了，存活的不但有機會解決利差損，還可以撿便宜吃下競爭對手，所以壽險公司之間面

臨一場殘酷的淘汰賽，即「驟死戰」，先倒下的先死，存活的變成贏家，壽險公司不但要跟業者競爭，也在和自己競爭，與同業競爭是要爭著進入安全名單，與自己競爭是避免判斷錯誤踩到陷阱，提前出局。所以作者才說對情勢準確判斷及避免決策錯誤，是策略分析與風險管理的關鍵。

這個策略唯一的風險，就是那些尚無壽險子公司的金控集團。有一段時間，某大型金控憑藉龐大的壽險業務團隊及銀行理專，形成雙引擎，業績嚇嚇叫，讓很多金控羨慕得不得了，也想吃下壽險公司建造自己的雙引擎，而這些金控很可能成為「半路殺出的程咬金」，減輕政府及保戶的壓力而破壞了這個策略。只是，那些想建造雙引擎的金控也會面臨風險，即百大風險系列裡的「養虎為患」。由於篇幅限制，暫時不做說明。

各級壽險公司優勢與劣勢之別

台灣壽險業者未來可能長期面臨利差損，這是事實，利差損將使壽險公司逐漸萎縮最終被接管也是事實，但從「新賽局理論」的觀點，並不是每一家保險公司都會遭遇到相同的結果。

搭配作者自創的優勢與劣勢競爭策略概念，就可得到與「慢慢死或快快死」不同的觀點。同樣面臨潛在長期利差損，壽險公司因自身條件差異而有優勢、劣勢之別，所思考策略方向也不同。目前台灣的壽險公司，可概略區分為前段班、中段班、後段班三種。

■ 後段班

台灣有幾家壽險公司長期處於後段班，本身資本不足，連年虧損，大股東無力增資，又面臨長期利差損壓力，消費者怕沒保障也不敢買新保單，處於絕對劣勢，除非有奇蹟，看來回天乏術，就真的是面臨「快快死或慢慢死」的抉擇。像這樣的保險公司符合易經【大過】卦的卦象，負荷過重、積重難返。

此類公司策略思考有兩種方向，一是賭徒策略，賭最後一把；然而除非有非凡本事，否則難以扭轉乾坤，敗多勝少，大多是加速滅亡，國華就是例子。

另一個是退場策略，設法打扮的漂漂亮亮的，找人來買。易經裡的【遯】卦，講的就是退場策略。【遯】卦是以小豬跑路來比喻，意思是眼看著情勢不妙，小豬準備要開溜了，以免被宰來吃。【遯】卦告訴我們，同樣是落跑，下場差很多。壽險業裡最令人氣憤的是外資大都跑得很漂亮，留爛攤子給台灣收，所以退場策略很重要。

■ 前段班

台灣前幾大壽險公司裡，除了本身規模大，有幾家擁有大量的房地產，家底雄厚，除了租金報酬率還算可以，光是土地增值的獲利就令人稱羨；有些則是所屬的金控規模大，橫跨的產業眾多，金控大老闆可以靠其他子公司分攤虧損，而且品牌形象強，配合銀行通路，新商品銷售沒問題。這前幾大壽險公司，雖然過去高利保單包袱沈重，

一方面可靠新保單攤平成本，另一方面金控規模大，可榨出利潤的地方也多，「利潤就像海棉裡的水一樣，擠一擠就有」，所以策略思考方向，應以第二章介紹的「贏家策略」為主，穩紮穩打，擴大自身優勢，拉開與中段班的差距，一點一滴的拉高投資報酬，切忌急功近利；要謹記，這場比賽，是比看誰命長，而不是一定要消除利差損，「在瞎子的世界裡，只有一隻眼睛的人就能稱王」。

此外，須改變過去衝規模的競爭思維，俗話說得好「小時候胖不是胖」，早期台灣經濟好時，衝保單規模衝得很高興，結果當初規模愈大，現在包袱就愈沈重，這就是「養虎為患」這個風險裡要談的議題之一。

■ 中段班

至於剩下的中段班，還可以分成兩群。比較接近前段班的可以考慮採贏家策略，只要想辦法擠入安全名單，一旦其他壽險公司犯錯倒下，存活的可能性就大增。

相較之下靠近後段班的可能被迫要採取「突圍策略」，例如與大金控結盟（此即百大策略系列之六「母以子貴」的議題之一），或是與房地產業者合作，提高投資報酬率，設法消除利差損，否則如果那些本身沒有壽險子公司的金控們將後段班分別吃掉，自己可能會被擠出安全名單，成為讓別人存活的踏腳石。

初發心的影響

西方科學有其優點，但喜歡將問題切割研究，又執著於分析細節，很容易走上岐途而不自覺。反而是中華民族的老祖宗有很多想法觀點，例如格局、鑑人術、大循環小循環等等，向來因缺乏具體證據支持而不被視為科學，其實在思考上，老祖宗的觀念才是正確的。

很多時候，一開始看待一件事情的心態，就決定了決策的結果。在前一本書《風險管理之預警機制》裡，作者曾簡單提及「初發心」的概念，一個人不管是想做什麼事，都會有一個一開始的念頭，這個起點，佛學稱之為初發心；事無好壞，同樣做一件事，做事的人可能是天使也可能是魔鬼，端看做事的人的初發心是什麼。作者將之當成風險辨識的「起手勢」，雖然只是個概念而不是個方法，但仍可以辨識風險。

在本章「驟死戰」的風險裡，「一開始看待一件事情的心態」，卻是決定生死的關鍵，整個風險就是由此而來，就是由決策者看事情時的心態而來，因為決策者看事情的心態，與對情勢的判斷是否正確，是一體兩面的。初發心有偏差、導致看事情的心態有偏差，這是誤判情勢及決策錯誤的最大來源。

■ 優勢變劣勢，再變成狗急跳牆

台灣過去經濟繁榮，壽險公司原本很賺錢，那時後利差高，各項投資管道的獲利都很高，不要看國華目前的慘狀，當初人家可是四大

壽險公司之一，每股獲利高達 80 元，比這幾年的股王聯發科、宏達電、大立光等都多出好幾倍。那時好幾家壽險業股價上千元，大家拼命衝業績、拼規模、高利保單拼命賣。沒想到好景不常，這十年台灣景氣直轉而下，又遇上接連幾次金融風暴，利率跌到谷底；過去銷售高利保單時所握有的台灣長期公債大多為十年期，到期之後無以為繼，出現嚴重利差損，過去的獲利模式轉眼變錢坑，業績愈好規模愈大，包袱就愈沈重。

作者前面已解釋，壽險業從優勢變劣勢，是整個產業結構的問題，不是個別業者的錯，但個別壽險公司若誤判情勢，做出錯誤決策，搞出幾百億的投資損失，那就真的是自己的錯。

前面已提過，同樣面臨利差損壓力，不同等級的公司的處境差異很大，不能一概而論，特別是前幾大壽險公司，有些有龐大的業務團隊，有的有銀行銷售通路，更有的握有大批房地產，這些優勢依然存在，儘管整個產業從榮景變暗淡，但還沒走上絕路，此時應藉由擴大自身的優勢來擠出獲利，最好是採取「贏家策略」，如有必要才採取「突圍策略」，而不是馬上跳進「賭徒策略」，想靠一把翻身，反而會讓自己陷入絕境。這兩年壽險公司為了提升獲利加碼股市，愈想賺錢卻倒賠一把，就是例證。

■ 急著翻本死更快

當壽險公司「起了無明」，誤以為自己面對「慢慢死或快快死」的抉擇時，不只代表已誤判情勢而可能做出錯誤決策，真正的結果就是只剩下快快死，而沒有慢慢死，因為賭徒總死在想翻本的第二把。

　　讀者有機會可以多看看小說、電影，或是現實生活中的賭徒故事。一個人好賭就算了，真正讓他傾家盪產、一敗塗地、走上絕路的，大多不是「賭一把」引起，而是「想翻本」導致。大部份的賭徒為了追求刺激，賭第一把時押重注輸了，雖然掉了塊肉很痛，通常家底還在，最要命的是輸急了想翻本，第一把輸掉大半家產，想靠第二把全贏回來，就把剩下的全押下去，甚至跟賭場借錢來押，最常看到的下場就是第二把也輸，馬上完蛋。

　　這種例子不勝枚舉，聽說最經典的就是 90 年代台灣股市崩盤那次。那幾年台灣股市衝上一萬兩千點，炒股變成全民運動，一些沒良心的股市名嘴不斷報名牌喊多，很多人把財產押下去，結果從一萬兩千點掉下來，斷頭出場。不過聽說最致命的不是在第一波下滑，而是在第二波崩盤。當時股市第一波下滑跌到七、八千點時，好像有一波盤整，那些在前一波跌勢慘賠的散戶誤以為到谷底了，想把之前賠的賺回來，借錢加碼進股市，沒想到第二波一路跌到三千多點。所以真正致命的不是追求刺激的第一把，而是想翻本的第二把。

　　壽險業因整體環境逆轉面臨利差損，就像是輸了第一把，接著想從事高風險投資將利差損賺回來，等於是輸急了想翻本，果然連第二把也輸，賠上加賠使情勢更加惡化。

　　當一個人想靠第二把翻本時，一定是輸急了，此時會因恐懼導致心裡充斥負面情緒，這個在佛學裡稱為「起了無明」，失去理性了，很容易誤判情勢做出錯誤決策，通常是慘賠收場。所以決策錯誤來自於對情勢的誤判，而對情勢誤判來自於一開始看事情時的心態錯誤，這樣的錯誤是「無明」、「非理性的情緒」主宰了思緒引起。所以一個人的情緒、心理狀態是決策正確與否最重要的關鍵。

■ 人人強過巴菲特

在作者的投資策略裡，有一個概念叫「被迫出手」。當一個人沒財務壓力時，比較不容易「起無明」或是出現負面情緒，比較能維持理性，此時投資股票比較不會因貪心而踩到地雷股。但是當一個人在財務壓力下進行股票投資，變成只能贏不能輸，這個情況作者稱為「被迫出手」，很容易在壓力下選錯股票，導致「快快死」，所以讓決策者維持在理性的狀態，才是最關鍵的投資策略。

如果依據巴菲特的價值投資法，台灣股市必須在五千點以下才能進場，但這兩年很多壽險業者在七、八千點時仍大舉錢進股市，等於是認為自己比巴菲特還神，但好像沒看到真的很神的，只看到大盤漲就賺，大盤跌就賠，到底靠什麼賺錢？這算什麼投資策略？作者實在看不懂。

如同作者在 2011 年年中的預測，希臘必然違約，歐債危機會延燒，果然全球經濟一路衰到 2012 年年底。壽險公司卻聽從經濟學家的判斷，只憑歐盟救市及南歐諸國發債價格下跌，就認為危機已渡過，加碼進股市，真勇敢，果然出事。

當代西方策略思維與情勢判斷

既然誤判情勢導致決策錯誤，是策略風險最大來源，接下來作者就說明導致誤判的原因，以及如何減少誤判的方法。然而作者的方法來自於兩千多年前的佛學以及三千多年前的儒家思想，堅持相信西方科學思想的人，可以跳過不看。

■ 沒人想誤判

可能會有人認為作者在講廢話，大部份的決策者，特別是金融業者，當然會選擇「贏家策略」或「千載難逢的策略」，怎麼會去選「賭徒策略」或「愚者策略」。這是當代西方策略分析裡的一大盲點，皆假設環境條件為已知，例如 SWOT 分析，在開始之前，假設使用者知道自己的機會、威脅、優勢、劣勢，假設這些都是已知才能進行分析，萬一是未知呢？或甚至是搞錯了呢？例如把威脅看成機會，或是把劣勢當成優勢，做出來的決策還會正確嗎？

姑且不論這些西方策略方法的邏輯是否正確，既然看清局勢這麼重要，那為何沒有任何一個策略分析理論或是方法在探討看錯局勢、誤判情勢的風險，以及如何看清局勢的方法？講得更直接一點，SOWT 分析不但少了這一塊，而且分析與決策邏輯是錯的，但 SOWT 已成為全球公認策略分析最常用的工具，只要談到策略分析都會想到 SWOT，搞到後來，方法論是否正確不重要，名氣大不大才重要。

■ 決策錯誤的範圍、領域

決策錯誤，並不是一件事情，至少可以拆成三段，作者在此將之展開成簡單的決策過程來看，可區分成：遇到問題→收集資料→判斷情勢→做出決定。

明明是四個步驟，為何作者說可分成三段？因為第一個「遇到問題」這個太難解釋了，必須有「初禪」的基礎才能理解。一個決策者

認為是問題的問題，不一定真的是問題，而決策者認為不是問題的，可能才是大問題。問題，是人意識的類型之一，問題的出現，牽涉到意識產生的過程，而一個人要判斷自己內心想到的問題是否真的是問題，必須能看穿自我意識背後的真相，最低條件是決策者必須能釐清是真的遇到問題，或是自己「起了無明」，而後者正是一切「誤判情勢」的起源，所以才說，除非讀者對「空性」的瞭解有「初禪」的程度，否則無法體會。

■ 資訊收集不足

這三段裡第一個問題，是「資訊收集不足」，這個無解，或者說這不是本章要討論的。

先說明無解的部份，不論決策者面臨什麼樣的問題，都不存在「充足的資訊」，也就是說不論收集了再多的資訊，都無法證明已收集了足夠的資訊，所以所有的決策，都是在「資訊不足」的情況下所為，只是「不足的程度」會有差別。

所有「充足的資訊」，都只是在某個相對狹小的範圍之內，而當代所有與決策有關的科學，包含管理學與經濟學，都只是在這樣相對狹小的範圍之內，假設資訊是充足且正確之下進行的，所以都不是真的正確，也就是說，目前所有管理科學的決策方法，都是只相對有效，而不是絕對有效，這就是釋迦牟尼佛在《金剛經》裡說的：「一切有為法，如夢幻泡影，如露亦如電，應作如是觀」的含義。然而所有的管理科學學者，以及經濟學家，都堅信他們發展出來的決策方法是正確的，是真理，這個在佛學上稱為不正見。

　　這個，只有達到作者在前一本書《風險管理之預警機制》裡所提到「一切遍知」的境界，才能理解。

　　「資訊的收集是否足夠」的另一個問題，是針對資訊的收集，目前並沒有科學化、系統化的方法，坊間的「資料採礦 Data mining」或是搜尋引擎、巨量資料分析等等，與這裡談的是不同層級的問題；也就是說所謂「資料採礦」、「搜尋引擎」、「巨量資料」等等，都只是對資料收集有幫助，並無法保證一定能獲得足夠的資訊。連比較具體的方法都沒有，又如何能判斷資訊的收集是否足夠？所以這是一個無解的問題，也不是本章要探討的重點。

　　在易經裡，有「不完全資訊下的決策」的觀念，基本上，易經卜卦就是解決這個問題的方法，然而經作者花了好幾年時間，拿自己當實驗品，合計超過幾十次的實驗，證明「卜卦」這種東西存在至少 5%的錯誤率，也就是卜出來的卦與事實是違背或相反的（與卦的解釋無關，而是指卜出來的卦是錯的），不是百分之百正確，無法標準化，也找不到方法將這 5%的錯誤率排除，所以暫時不納入考量。

■ 誤判情勢與狗急跳牆

　　決策問題的另外兩個部份，分別是「誤判情勢」與「下錯決定（又稱為狗急跳牆）」，前面已經解釋，對情勢的誤判來自於一開始看事情的心態錯誤，而這樣的錯誤是「無明」、「非理性的情緒」主宰了思緒所引起，這樣的思緒同時會導致「下錯決定」。所以一個人的情緒、心理狀態是決策正確與否最重要的關鍵，我們會從這裡來說明減少決策錯誤的方法，以及理論基礎。

　　人心，至為關鍵，千百年來唯一一個以有系統方式、持續的探究人心的學科，就是佛學，所以必須從「空性」來解釋。瞭解了空性，才瞭解人心。

■ 如幻夢泡影

　　在開始之前，必須先解釋一個概念，就是所有凡人能想到的觀念、方法、理論，都只是暫時性的，而不是永恆的，所以在教學或說明時，必須視當時聽眾或學生的程度，用適當的方式來說明，因而只是暫時的，不是最永恆的那一個，因為最永恆的那一個聽眾聽不懂，講了也是白講，甚至有負作用，這就是金剛經講的：「若有人聞，心即狂亂，狐疑不信」。就一個領導者而言，對這個應該會有體悟。

　　這也是金剛經裡所講的：「一切有為法、如夢幻泡影、如露亦如電、應作如是觀」，這是說，在凡人能想像的到的範圍內，不會有一個真理是永恆的，都只是暫時的，在某個範圍內可以稱為是真理，但超過這個範圍，就不是真理，是無用的，甚至有害的。所以不要因為一個方法或理論在一定範圍內因為自己用了覺得很好用，能解決問題，就執著不放。

　　很多大老闆都有成功經驗，自己有一套成功模式或經營哲學，也靠這個成功，然後就認為他這套成功模式或經營哲學是真理，執著不放，有一天當外在環境或情勢轉變了，他還是執著過去的成功模式，就會失敗；這種現象非常常見。

　　舉一個更容易引發爭議的例子。人人都知道，佛教講究慈悲，大慈大悲，是一般人對佛教的印象，佛教領袖也開導信徒要發慈悲心。

慈悲確實是修習「無我」很重要的方法，可能是最重要的方法，但也只是有為法，而不是永恆的真理，因為從真正的佛學角度來看，修行者以慈悲來修行，修到最後要進入涅槃了，如果執著於慈悲放不下，就無法進入涅槃修成正果。連慈悲都是有為法，更何況是其他的方法理論；所以在修習佛學之前，要有這樣的基本認知。

初級空性

為何要花這麼多篇幅介紹這樣的觀念？因為本章要談的「誤判情勢、決策錯誤」的風險，其起源就是人心，而解釋人心的理論就是空性，瞭解了空性就了解了人心，所以金剛經記載：「佛告須菩提，爾所國土中，所有眾生若干種心，如來悉知，何以故，如來所說諸心，皆為非心，是名為心。」

不過空性實在太深奧難明，作者也只懂一點點。東漢時達摩祖師將禪宗傳入中土，訂下不立文字的規定，作者有一段時間覺得很困惑，沒有文字沒有說明，眾生如何能學習？這就像學生到學校上課，沒有教課書，老師也不講話，兩人呆坐互視，如何能學習？

後來稍微瞭解空性後，終於知道為何「不立文字」，因為空性實在太艱深了，沒有任何的文字可以適當表達，想用文字說明反而容易誤解，不如不說，所以不立文字。

但為了學習，還是要解釋，又無法用最真、最永恆的真理來解釋空性，只能用暫時性的觀念來解釋空性，而這樣「暫時性的觀念」若來拿跟真正的空性比較，其實是錯誤的觀念。也就是說，作者接下來解釋空性的內容，其實是錯誤的，但只有這種錯誤的觀念，能讓初學

者瞭解空性。這就像是很多時候看到知名的禪師在電視上講佛法或經文，其所闡述的觀點，也不是真正的空性，只是因為聽的人程度有限（也可能是禪師的程度有限），無法講解真正的佛法與空性。

■ 從六祖開始

空性入門的解釋，要從禪宗六祖慧能開始。禪宗與六祖慧能的故事在台灣人人皆知，網路上隨便查都有，很多讀者可能比作者還清楚，所以在此只作簡單描述。當年達摩祖師來中土傳佛法，邊傳佛法邊修行，面壁九年後修成正果，將衣鉢傳給二祖，當時就預言禪宗衣鉢要傳六代，六代之後，佛法已傳遍中土有了根基，不用再傳。也就是說，達摩祖師事先預見了未來。預見未來，是修行有成的必然現象。兩個決策者，一個能預見未來，一個不能，那誰會勝出？答案很明顯。

禪宗衣鉢傳到五祖，五祖弘忍在當時已很有名氣，很多出家人跟著他學習佛法。六祖慧能也想學習，但他不識字也沒錢繳學費，於是在五祖的寺廟裡擔任雜役，做苦工，一邊工作一邊偷聽偷學，一樣能修成正果。

傳衣鉢的時間到了，五祖要所有人寫出自己對佛學的看法，藉此挑選傳人。那時，五祖身邊有一個很傑出的出家人神秀。神秀早年博覽經史，少年時出家，成為五祖首座弟子，佛學精湛，大家都看好他能繼承衣鉢，在寺廟裡勢力權力都很大。他當時寫了一首詩：「身是菩提樹，心如明鏡台，時時勤拂拭，勿使惹塵埃」，闡明對佛學的理解，所有人看到之後紛紛叫好佩服，神秀想說衣鉢必然到手。那時只是雜役的慧能已開悟，看到他寫的詩，也想把自己對佛法的認知寫出來，

苦於自己不識字，只好請別人代勞，寫出如下詩句：「菩提本無樹，明鏡亦非台，本來無一物，何處惹塵埃」。

五祖看了詩句，決定將衣鉢傳給慧能，知道神秀會不服氣，偷偷將慧能叫來將衣鉢交給他，命他趁天黑逃走，隱姓埋名以避免被抓到，果然隔天一早神秀發現後，大發雷霆，命人四處搜捕。六祖慧能躲了幾年，修成正果後才出來傳法。神秀雖然沒能繼承禪宗衣鉢，仍繼續修行開立門派，成為北派禪宗的始祖，也是很傑出的人物。

■ 真如

現在作者要解釋的空性概念，與六祖慧能詩句中所提的概念不同，而是從神秀開始。六祖慧能的觀點是正確的，是永恆的真理；相對的，神秀的觀點並不是那麼正確。但六祖的觀點太艱深，一般人無法體會學習，只能從神秀雖然不是那麼正確但至少比較簡單的開始。其實也不完全是錯的，因為佛祖在解釋涅槃四德時也有提到「真我」這個東西：「常、樂、我、淨，涅槃四德」，其中的「我」就是「真我」，或稱為「真如」。

所以作者對空性的解釋是從真如出發。先想像一個東西叫「真我」，或「真如」，這是一個永恆的東西，存在人的內心裡，再想像這個東西完全的純潔、潔淨、純粹、完美無瑕、一片光明；也可以將之想像成一個完美的發光的圓球，是有實體或實質的圓球。

然後在圓球上灑上厚厚的一層沙土，或是塗上一層厚厚的油漆，把原本完美的發光圓球完全蓋住；這就是人心的狀態，這層沙土或油漆，一般稱為之「客塵」。

　　所以從不正確的觀念來看，人心有兩個東西，「真如」與「客塵」。看起來有兩個東西，其實只有一個，這是指在凡人內心起作用的，只有「客塵」，而沒有「真如」。「真如」這個東西很難解釋，其實存在，且力量強大，但被「客塵」所掩蓋，完全不存在，一般人也感受不到。因此凡人內心所有感受到的，所有的意識與認知，都是客塵的作用，而此作用最具代表性的，就是一般人所感覺到的「自我」。

　　更直接的講，人心裡所有一切的意識，都是在「客塵」的作用下產生的，而不是「真如」產生的。所以一般佛學講的，要「無我」，要放下「我執」，指的是要除去因客塵產生的自我意識，因為自我意識是客塵造成的，所以「無我」與放下「我執」，就相當於要將「客塵」去除，讓「真如」顯現。也就是說在「客塵」去除之前，無法體會什麼是「真如」或「真我」，這也是為什麼空性這麼難解釋的原因，因為聽的人無法理解。

■ 客塵的來源

　　客塵主宰了人心及意識，客塵又是如何產生的？這個解釋起來，十年都講不完，如果有人真的完全瞭解了所有客塵對意識的作用，自然就達到了作者所說「一切遍知」的境界。簡單來說，「客塵」是由人的感官與意識造成的，感官指的是人身上的「眼耳鼻舌身」，人所看到的一切、聽到的一切、吃到的一切、聞到的一切、摸到的一切、一切身體的感覺，都是「客塵」的來源，所以感官愈發達，物質的享受愈好，「客塵」就愈多愈厚，但這些不是最厲害的。

　　「客塵」最厲害的來源，是人的意識、認知、觀念。人的意識是客塵引發的，也會回饋增加更多的客塵。例如人因客塵產生自我意識，因為自我意識到學校學習，在老師、同學、社會影響下，認為經濟學是真理，也研究經濟學拿到博士學位，到學校教書成為經濟學教授，或就業成為金融機構首席經濟學家，甚至拿到諾貝爾獎成為經濟大師，在經濟學領域鑽研愈久，就愈加認為經濟學是真理，這個意識，會形成厚厚的「客塵」，令其無法察覺其實經濟學是錯的；這樣的客塵會反饋成更強的自我意識，只要聽到有人批評經濟學，甚至主張經濟學是錯的，就會非常生氣，欲除之而後快。所以儘管這名經濟大師其實生活簡樸、討厭物質、崇尚心靈、天天吃素，但遇到更厲害的「意識」作用，其「客塵」可能積得比一般人還厚。

■ 客塵、情緒、慾望、非理性

　　總而言之，客塵與人的感官「眼耳鼻舌身」，以及人的意識，是糾纏在一起，而且互相作用，是個很複雜的結構，非常複雜。舉例來說，光是人的意識，在佛學裡分為九種，分成那九種？各自是什麼意思？作者也不懂，只知道有九種，在佛學裡有一派「唯識宗」專門探討人的意識。所以如果想知道「客塵」與「眼耳鼻舌身」、「意識」的關係及互動，必須先達到作者在前一本書所提到的「一切遍知」的境界，用這個能力，針對自己的一舉一動仔細思索，花上很多年的時間，才會對自我的意識有初步的體認；這個才是作者自己體認的佛法中，比較獨特而可能與他人不同的地方。

　　致於本章要討論的，導致決策者誤判情勢與決策錯誤的人心情緒、非理性行動等等，就是客塵與「眼耳鼻舌身意」的產物。情緒、慾望、非理性，與客塵、「眼耳鼻舌身意」是混在一起的，是一體兩面的。也就是說，除非已經修行到一定的程度，將客塵消滅了，否則人人都有客塵，一定有「眼耳鼻舌身意」，一定有「情緒、慾望、非理性」，也一定有自我意識；只是程度有差別。

　　這就是為什麼經濟學的「理性假設：一個人會收集並利用各種資訊，以理性的態度做出對自己最有利的決策」這句話必然是錯的。所謂「對自己最有利的決策」是一個人的自我意識在「眼耳鼻舌身意」的基礎所做的，讓自己的「眼耳鼻舌身意」達到效用最大狀態，也就是說此決策必然是客塵影響下的產物，是非理性的產物，也不是真正自我的決策，所以必然不是理性的。

　　在修行之前，每個人的「客塵」、「眼耳鼻舌身意」、「情緒、慾望、非理性」的程度差異很大，即使是同一個人，在不同時間的差異與變化也很大，等一下會舉例說明。從這裡來看策略決策，在每個人不同的程度下，決策錯誤的程度不同，第一是數量，即決策錯誤的次數多寡，第二是程度，即決策錯誤的程度，或是錯的有多離譜。所以客塵的多寡，決定了決策的正確（或錯誤）的次數與程度；也就是說客塵較少的人，比較不會誤判情勢，或做出錯誤決策。

從客塵來看修行

　　空性是很艱深的概念，修行是為了了悟空性，所以修行本身也是個很難懂的概念，然而透過客塵，我們可以對修行進行做初步的定義或解釋。

修行可以分成很多步驟階段，這個作者在前一本書解釋過，從一般人的食衣住行，到成佛的涅槃的境界有多遠呢？如果開始禪定修行，從一住心二住心一層一層修，要到九住心，也就是可以維持在禪定境界至少持續四個小時不中斷，才算達到「寧靜安住」的水準，這個叫初禪境界。初禪之後還有二禪、三禪，這三個階段稱為地前三賢；然後才是初地菩薩，再來是二地、三地菩薩；必須高於三地菩薩，累世的禪修才會穩固，不會因轉世輪迴而迷失了本性。從三地四地再到十地菩薩，十地菩薩之後才是佛，佛又分三層，最後一層才是涅槃。

在釋迦牟尼佛悟道傳法之前，世上並無佛法，以此推斷，佛祖在誕生之前，其修行即已達「獨覺佛」的程度，又經歷總總苦行，才得證涅槃；修行成佛有多難，從這裡就可以想像得到。

我們可以從客塵來看這個修行的過程。修行的第一步，是要察覺客塵的存在，再從中得知自我意識來自於客塵的作用，因而第一件事就是辨識客塵，但在此之前，必須先辨識自我意識，這個必須借助禪定，也就是先學會空性的初級概念，在禪定時，設法辨識自我意識，而要能察覺自我意識，其禪定必須達到「三住心」以上才做得到；也就是說，在此之前，是感受不到的。

能察覺自我意識之後，接下來是要學習控制它，讓自我意識不會冒出來，這是「四住心」，等控制到一定程度，即使未刻意控制，自我意識冒出來的次數減少很多，開始穩定了，這是「五住心」。

接下來就會發現能控制的只是大意識，小的意識還不受控制，要開始練習控制小意識，所以有「六住心」、「七住心」，一直到所有的意識都能控制不要冒出來「八住心」，然後這個狀況開始穩定，能持續長達四小時以上，就進入「九住心」寧境安住的境界，這就是初禪。

依據達賴喇嘛的說法，當自我意識興起的間隔拉得夠長時，就能開始觀察意識興起的過程，而對意識有更深入的體認。作者猜測，從這時開始，才能對空性有進一步的瞭解，並察覺客塵的存在，然後消滅客塵，這是「二禪、三禪」的境界。

隨著客塵的減少，修行程度提升，從「初地菩薩」逐級上升，一直到所有客塵都消失，真如顯現，光明遍照全世界，才有能力弘揚佛法，拯救所有受苦的靈魂，這是十地菩薩，也就是觀世音菩薩的功德，然後就進入有餘涅槃。

無餘涅槃

我們回頭來解釋神秀與慧能的差異。在進入有餘涅槃之後，客塵只是暫時消失，隨時都會再出現，所以是「有餘」。要讓客塵永遠消失，就必須瞭解為何其只是暫時消失，這就是神秀與慧能的差異。在神秀詩句裡：「時時勤拂拭，勿使惹塵埃」意思是說他認為客塵是存在的，因為存在，所以還會出現，只能反覆消滅之；反過來說，如果要客塵永久消失，就必須認為它不存在，這就是佛祖在金剛經所說的：「佛告須菩提，凡所有相皆是虛妄，若見諸相非相，即見如來」；所以六祖說：「本來無一物，何處惹塵埃」，修行到一定程度後，體認到客塵是根本不存在的，純粹是自己想像出來的，必須達到這個境界，客塵才不會再出現，才得以進入無餘涅槃。

舉個例來介紹這個觀念，如何從佛學中看穿經濟理論的錯誤，例如「敵人」。在作者在 2012 年上半年寫了一本書《伊凡達首部曲：托魯克馬托》推翻賽局理論、聶氏均衡、囚犯困局等經濟理論時，曾解

釋，辨識誰是你真正的敵人，是很重要的。西方有句諺言：「找你麻煩的人，並不是你的敵人」。其實作者所提的這個觀念也不完全正確，真正正確的觀念是：「敵人其實是不存在的」，連找你麻煩的人都不是敵人，那還有誰是敵人？

在易經裡也有類似的概念。《易經·睽卦·上九》：「睽孤。見豬負塗，載鬼一車。先張之弧，後脫之弧。匪寇婚媾，往遇雨則吉。」睽卦描寫離異猜忌，人在睽中所看到的都是極端扭曲的形象。上九陽居陰位不當位，自己的性格乖戾、暴躁、多疑兼而有之。他人明明是抱著善意、好意要來談合作，而自己也應該與對方合作，卻疑神疑鬼，不但不接納，看到對方走過來時，好像看到一隻豬身上滿是泥巴，又像看到一車子的鬼怪朝他衝過來，緊張到甚至拉開弓要射殺對方。從這個角度來看，囚犯困局的癥結點不在於「困局」，而是囚犯自己「乖戾、暴躁、多疑」。

從睽卦來看，敵人是怎麼來的？純綷是自己想像出來的。一個人對你再壞，你認為他是菩薩那他就是菩薩，一個人對你再好，你拿他當敵人那他就是敵人。所以敵人其實是不存在的，沒有人是你的敵人，敵人是自己想像出來的，認為自己有敵人，敵人就存在。從這裡就可以知道賽局理論不可能是正確的，因為不該把別人當敵人，更何況在囚犯困局裡，檢察官才是真正的敵人，但賽局理論的分析方法，卻將另一個囚犯，原本該是自己朋友的人當成敵人，卻把真正的敵人（檢察官）當成朋友；撇開其他的邏輯錯誤不說，光看這點，賽局理論就不可能是正確的。

再從這一點來看，中國攸久的歷史裡，第一個講出「仁者無敵」這句話的人，是多麼的偉大！「內心仁愛的人，不把別人當敵人」，這個人一定了悟了空性，才能講出這麼有智慧的四個字。

同理可證，如果認為客塵存在，即使暫時將客塵消滅了，也還會再出現。經過以上解釋會產生一個錯覺，好像空性很容易，這樣就搞懂了，其實不然，以上只是文字上的解釋，等讀者自己親自修時，才會體認到全然不是那麼一回事。例如，「鬼」也是一種相，所以鬼也是不存在的，當你真的遇到一個鬼時，真的能將之當成不存在嗎？「慾望」也是一種相，所以慾望也是不存在的，當你的慾望興起時，真的能將之當成不存在嗎？你想把慾望當成不存在，問題就是做不到呀。看到一個名牌包內心知道不應該買，拿起信用卡還是刷下去了；這就是文字上的瞭解，與修行時的體認不同的地方。

再舉一個例子，《觀世音菩薩普門品》：「若復有人、臨當被害，稱觀世音菩薩名者，彼所執刀杖、尋段段壞，而得解脫。」意思是說當你被恐怖份子綁架了，跪在那裡，恐怖份子舉起刀要砍下你的腦袋，你害怕得要死，當下你嘴裡唸著觀世音菩薩，恐懼馬上就消失了，就像看到恐怖份子的刀斷成碎片一樣；問題是，你很清楚的知道，就算唸了觀世音菩薩名號，自己還是會被殺死喔！如果看經文字面，就以為瞭解佛學了，有一天真的被綁架了，刀斧加身時，真的能像經文裡說的唸唸觀世音菩薩名號就能讓內心恐懼立即消失嗎？這就是修為程度的差別。

作者的禪定，最高只修到「五住心」，所以「五住心」以上的境界，全是透過反覆思索及推敲而得，並不是作者真的知道什麼是「空性」。然而從作者修習的成果，至少可以確認以下幾件事：

- 唸經是修行嗎？不是
- 打坐是修行嗎？不是
- 出家是修行嗎？不是

■ 參禪打機鋒是修行嗎？不是

這就是金剛經裡說的：「佛告須菩提，如來昔在燃燈佛所，於法有所得否？否也，世尊，如來在然燈佛所，於法實無所得。」

在更深入的禪修之前，要能察覺自我意識的存在，並能一步步掌控，使自己的意識獲得控制甚至不再興起，才算修行。反過來說，只要能做到這個，就算沒唸經、沒打坐、沒出家、沒參禪，也是在修行，這就是佛祖所說：「須菩提！是法平等，無有高下，是名阿耨多羅三藐三菩提。以無我相、無人相、無眾生相、無壽者相，修一切善法，即得阿耨多羅三藐三菩提。」也就是說金控負責人在制定經營決策時，不是為了個人、家族的利益，不是為了稱王稱霸，而是把經營當成修行，利益一切有情眾生，一樣可以成就「無上正等正覺」。

客塵的差距與人心的變化

接下來我們從客塵的概念來看人心的變化。一個人除非已修到十地菩薩，例如觀世音菩薩的程度，已將客塵清理乾淨，讓真如的光明遍照，否則必然有客塵，而客塵的多寡直接影響人心，客塵愈多，物質慾望愈高（從意識的角度來看則是對某件事愈執著）、愈情緒化、心情的起伏愈大，也愈不理性，決策錯誤的次數更多，錯得也更嚴重。當客塵累積到很厚很厚時，人的行為將由動物本能支配，失去思考能力。

佛「教」有六道輪迴概念。要瞭解輪迴的觀念，可以參考唐朝佛學大師著作：「善無畏三藏禪要」，裡面提到：「煩惱覆心、久流生死、不得解脫」，意思是說一個人因為有客塵，冒出無明與煩惱，把真如遮

蔽了，導致久久在生與死之間流轉，無法解脫，即輪迴之苦（此處的說明純粹是作者自己的體會）。

輪迴分成六種等級，即六道：「天道、人間道、修羅道、畜生道、餓鬼道、地獄道」，而人只是其中一道，六道之間的差別就在於客塵多寡。一個人如果不斷追求物質慾望，感官享樂，甚至為享樂而奪取他人財物，客塵就會愈積愈厚，最終喪失思考能力，完全被動物本能支配，淪落畜生道，甚至犯下滔天大罪、意識支離破碎，化為蚊蟲。所以民間傳說壞事做太多的大惡人，死後投胎變畜生、蚊蟲，並不是全然虛構，有可能是真實的。

人的可貴在於有思考能力，能學習，若能學習佛法努力修行，自然能向上提升，若只追求物質慾望積造惡業，早晚變畜生。其實，當人失去思考能力而被動物本能驅使時，與畜生無異。全世界人口這麼多，比百年前多出這麼多倍，作者就看過有人過著豬狗不如的日子，內心十分害怕，努力修習佛法。反而是有些動物有靈性，能思考，一樣能修習佛法投胎變人。

所以作者為什麼要甘冒大不諱、這麼堅持要證明經濟學是錯的？為什麼想修行卻不去出家？因為作者學了佛法之後認為，經濟學家或科學家，其在輪迴中的境界好比是在「天道」，雖然處於輪迴的最上層，若不研習佛法，一樣無法解脫輪迴之苦，所以作者這輩子最重要的任務，就是將佛法介紹給經濟學家與科學家，這也是為什麼作者這輩子的因緣落在真言宗而非藏傳佛教，因為真言宗走的是如意輪菩薩的因緣，而如意輪菩薩在所有菩薩中，是專門渡「天道」眾生的。

此外作者認為在介紹佛法之前必須先證明經濟理論是錯的，這是來自於不動明王的教誨：「以三昧真火，燒一切業障，右手持金剛劍，

斬無明、斷煩惱根」。經濟學家認為經濟學是對的，堅持經濟分析方法是對的，這是非常強烈的我執，佛學稱之為「不正見」，這樣的我執是因客塵、無明所導致，如果不將之破除，就無法讓他們接受佛法。

人心變化實例

我們再用一個真實的例子，說明人心變化之大，以及對決策的影響。幾年前有一個白手起家建立了知名證券公司的金融業大老闆，有一陣子忽然被媒體披露遭遇一場官司，這位大老闆明顯情緒低落，隔沒多久，竟然被人發現在澎湖外島自殺身亡，這件事人人皆知。

作者不認識這位大老闆，對他一無所知，但跟他的部下是好朋友。大老闆往生後，某一次遇到好朋友聊起這件事，作者馬上說，其自殺身亡是因為流年遇到了「空劫」，朋友十分詫異：「你怎麼會知道是遇到空劫？」朋友訝異的是，作者對他一無所知，如何能猜到是遭遇空劫？朋友說：「你連命盤都沒看就知道是流年遇到空劫，也太神了吧！」

作者對朋友說：「這個道理很簡單，他缺錢嗎？公司快倒了嗎？」朋友說：「當然不缺，資產少說幾十億，公司好得很，品牌強獲利好。」作者說：「這不就結了，他雖然遇到官司，代表時運不濟、環境出現重大變化，但並不是會被判死刑或十幾年徒刑的嚴重官司。他本身又富有，生活及事業都沒問題，並未遇到絕境，代表他會想不開，並非全由環境因素造成，有一半是自己生出自殺念頭。」作者又說：「大老闆白手起家這麼成功，不可能是天生有自殺傾向的人，這代表其自殺傾向是流年時運造成。而流年時運同時出現環境變動及自殺傾向，最典型的例子就是紫微斗數裡的『命逢空劫』」。

正所謂：「遇地劫如半空折翅，遇地空如浪裡行船；流年遇空劫，西楚霸王自刎烏江邊」，項羽雖然被劉邦擊敗，辛苦建立的江山化為烏有，但他成功脫逃，只要渡過烏江，就有機會捲土重來，卻選擇自刎，這就是外在環境不利，自己又興起自殺念頭導致。

人心變化影響決策與策略

紫微斗數，其實是中華文化的瑰寶，作者接觸斗數，是唸碩士以後的事了，那時作者已受過正統實證研究訓練，然而當作者甫接觸斗數大師著作時，內心的感受只能用「世界上怎麼會有這麼棒的東西！」來形容，可惜千百年來被當成算命工具給埋沒了。

決策者對情勢的判斷會受心理狀況的影響，而影響心理狀況的因素很多，前面提到的「客塵」是最主要的因素，還有其他因素，但都是透過客塵在起作用，在這個部份紫微斗數提出很好的解釋。

在作者所學的範圍裡，另一個影響人的心理，或稱為運勢的因素，是宇宙天體運行。人雖然生活在地球上，其實受到很多因素的影響，例如磁性、重力等等，這些因素會影響人的心理、情緒、運勢；其中之一，是整個宇宙所有星體運行的影響，所有星體都會發出磁性及重力，隨著時間推移，星體移動，磁力與重力產生變化，人的心理情緒、運勢，也會跟著變化。而變化的關鍵，就是人誕生的時間。

當人誕生的那一瞬間，所記錄的時間並不只是時間，而是代表全宇宙所有星體位置的一個代碼，或是密碼，這組密碼隱含了此人一生運勢，或是心理情緒的變化，這一切都可以在紫微斗數的命盤上

看出來。我們從斗數的觀念，可以得知人不只運勢、環境會起伏，心情、心理狀況也會起伏。所以有句古話說：「十年河東，十年河西」。

世界上大部份的人的想法與西方科學家一致，認為成功人士的成功，是自己打拼而來的；然而這樣的自我意識，其實是「我慢」的作用。作者常當烏鴉嘴，提醒成功人士不要這麼想。確實，其成功是自己打拼得來的，但那是因為打拼成功的那段時間，其心理處於鬥志旺盛狀態，得以克服環境困難而成功，但心境會隨時間轉變，運氣一過，鬥志可能會消失，加上環境變得不理想，就會由成轉敗，正所謂「運去金成鐵」。

西楚霸王項羽，當年與劉邦看到秦始皇出巡的排場，羨慕得不得了，說出：「吾可取而代之」的豪語。然後從「江東八千子弟兵」開始，破釜沈舟，抱著不成功便成仁的決心，渡江與秦軍一決死戰，一戰功成，那是何等的氣魄。不到幾年，被劉邦圍困，四面楚歌，殺出重圍後，只要渡過烏江就有機會捲土重來，不知是那根筋不對，忽然想不開自刎在江邊。一個人可以從志比天高不可一世，變成自刎而死，人心之變化可由此看出，難怪紫微斗數說：「流年逢空劫，西楚霸王自刎烏江邊。」

前面提到的金融業大老闆也是呀。幾天之前，還是白手起家的成功人士，幾天之後就自殺了，人心變化之大真是可怕。既然人的心理狀態是導致錯誤決策最重要的關鍵，而人心的變化可以如此之大，請問領導人在制定決策時，其心理處於什麼樣的狀況？是最理性的狀況，還是處於最壞的想自殺的狀態？其實不用看外部環境，光看領導人在決策時的心理狀態，就可以知道所做的決策是否正確。

空性與禪定的作用

從紫微斗數的角度來看，人心會受宇宙天體運行的影響，難免起伏不定，而克服這些外部因素影響的方法，就是空性與禪定。當修行到很高明的境界，「觀自在菩薩行深般若波羅密多時」，客塵都消失了，只剩永恆的真如，不斷放出光明遍照，「照見五蘊皆空，度一切苦厄」，此時，再多的天體運行也無法對真如造成影響，「不生、不滅、不垢、不淨、不增、不減」，進入永恆的境界，這就是耶穌基督所說的「永生」。所以人的心理，情緒是可以控制的，而這就是降低決策風險的關鍵。

不同的人，同樣面臨環境惡化（利差損）以及鬥志減弱，有些人依然能基於理智做出正確決策，有些人卻因為狗急跳牆而做錯決定；或是說面臨同樣的環境，有些人想得太過美好，或是太過悲觀而做出錯誤決策，這已不是運氣好壞了，而是修為程度問題。

再換句話說，一個人在運氣好時，因內心鬥志高昂而成功，叫做正常，當時運不濟鬥志減弱時，能藉由日常的禪定撐起鬥志，克服環境困難延續成功，這才叫「修為」。所以對金融業領導人或企業家而言，修習空性與禪定，很重要。

■ 將經營金控當成修行

所以修行，是目前世界上，唯一能有效解決「誤判情勢」的方法；這有幾種做法，其中之一是將經營金控當成修行。

俗話說得好，事不關己，關己則亂。台灣的金控規模都不小，對領導者而言是畢生的事業、心血，當領導者將經營金控當成生命的全部時，我執就出現了。因為是生命的全部，就會有得失之心，患得患失，就會影響思緒，接著就可能因害怕失敗，被恐懼所支配，導致誤判情勢做出錯誤決策。

解決方法之一，就是將經營金控當成修行，此時金控不再是自己生命的全部，修行成佛才是全部，金控只是修行的手段之一，如此可降低得失之心，減少我執，進而降低決策錯誤。這也是為何作者會在《風險管理之預警機制》中強調，對金控董總而言，風險管理或經營金控，其實是修行成佛的道路。

當和尚遇到鑽石

將經營金控當成修行，並不是作者嘴巴隨便說說，而是有真實證據與理論基礎。大約六年前，有一本書《當和尚遇到鑽石》，這本書的作者麥可‧羅區（Michael Roach）是一名藏傳佛教僧人。他在印度的賽拉梅藏傳佛寺修習了二十二年，獲得了格西（佛學博士）的學位；他運用佛學的智慧，協助紐約市的安鼎國際鑽石公司，成長為年營業額一億美元的事業。

麥可‧羅區的師父告訴他，不要在寺廟修行，要入世修行，要他投入某個行業或某家企業來修行。一開始時麥可覺得有點困惑，因為他長年出家，什麼都不會，對俗世一無所知，要如何到產業工作討生活？甚至修行？既然師父有指示，他就照辦。

　　實在不知道要從事什麼行業，於是他進入深層的禪定，觀想到他未來的因緣落在鑽石，於是他選擇了與鑽石有關的行業。他什麼錢都沒有，不可能開珠寶行，就去應徵學徒，從切割研磨鑽石做起。白天辛苦工作，晚上回寺廟修行睡覺，短短十年時間，就從一無所有的小學徒，成為一家大型鑽石公司的高階主管，成就非凡，這本書就是他寫自己的故事。

　　既然經營鑽石公司是在修行，經營一家金融機構當然也可以是修行。一個修行人到那都可以修行，不會受到限制，也不一定要出家。

出離心

　　我們再從修行角度來解釋將經營金控當成修行這件事。在修習空性的過程中，會因程度的提高而獲得一些特殊的能力，例如作者之所以能發明這麼多的方法論，是因為擁有某種特殊能力，而這樣的能力來自於累世修行的成果，這個不是作者自己瞎掰的，是一個大修行者說的，而且類似的能力也出現在別的修行者身上。在修行過程中所能得到的諸多特殊能力中，有一種名為「出離心」。

　　出離心的概念不難理解。讀者一定或多或少看過電視、新聞、電影、小說、漫畫等等，一定會閱讀到他人或故事主角的遭遇，例如被車撞斷腿、被公司開除失業、老婆跟人跑了、甚至走上絕路等等，或是中了樂透。一般人在看到這些新聞或故事時心情難免受到影響，會因為同情其遭遇而有些不開心，但絕對不會像新聞或故事裡的人物那樣哀痛欲絕。這是因為事情不是發生在自己身上，所以不會覺得痛，正所謂：「事不關己，關己則亂」；如果換成是自己遇到了同樣悲慘的

事，說不定要死要活，比故事中的人物更加傷心難過。這就是出離心的基本原理。

當遇到重大災難時，會非常傷心難過，是因為切身之痛；問題是難過沒有用，只會做出錯誤判斷或喪失鬥志；此時如果能將自己悲慘的遭遇，當成是別人的遭遇，就能減輕痛苦。

也就是說當一個人遇到重大災難感受痛苦時，立即將自己的思緒抽出來，變成第三人，看著發生在自己身上的災難，就好像在看新聞或電影一樣，這樣不但能減輕痛苦，還可以維持清楚的思緒，俗話說的好「旁觀者清」，把自己變成第三人，反而能以客觀的角度觀察事情的前因後果，做出正確的判斷與決策，這就是出離心的功效。

將出離心應用在經營金控，以本章探討的「驟死戰」風險來看，就是壽險公司大老闆，眼看著因環境劇烈變化，利差損將導致公司虧損甚至倒閉，畢生事業可能化為烏有，很容易因心生恐懼而起了無明，誤判情勢做出錯誤決策。此時若有出離心的能力，可以將自己的思緒抽出來變成旁觀的第三人，保持冷靜的頭腦，就不容易誤判情勢。

出離心的應用範圍很廣。例如很多時候我們會與他人開會，針鋒相對，有可能是要說服對方簽下合約，或是兩邊爭執吵架。當出現這樣的場面時，在會議中一定會想盡辦法為自己爭取最大利益，或是要求對方接受自己的條件，這個時候我執就出現了，理性開始消退，負面情緒開始左右思緒，變得無法適當的觀察敵我雙方的情勢變化，場面愈弄愈僵。

此時若有出離心的能力，可以將自己的思緒抽離，變成第三人，也就是將自己變成兩個人，其中一個還是在設法與對方交鋒，另一個

則脫離會議，變成旁觀的第三人，以冷靜的頭腦一方面觀察對方的反應，一方面觀察自己的情緒是否已失控，審慎的掌握會議的發展做出適當判斷，再修正，反而比較容易得到自己想要的結果。

所以董總在經營金控時，將修行當成主力，經營只是修行的方法，一邊修行佛學提升智慧能力，一邊以第三者的角度觀察自己是怎麼樣在經營的，與外在環境的變化，適當修正，就不容易誤判情勢，或做出錯誤決策。

跟經營鑽石業的麥可‧羅區一樣，如果董總修行有成，成就了轉輪聖王功德，其經營的金融機構，自然會成為全世界最偉大的金融機構；而董總也會很清楚，其事業成功只是修行的副產品，把眼光放在修行上，就不會因一時的成功而自滿，這可以減輕「我慢與我執」，如此一來，當環境變得不利時，不會因為怕失去過往的成就起了怖畏心、起了無明，能維持理性，洞察環境的真相，做出正確的決策。這就是修行之功。

藉由禪定降低決策錯誤

除了將經營金控當成修行之外，董總們還可以更近一步運用修行在日常工作中。修行不外乎研究空性及禪定。在佛學裡，記載及說明空性的經典不外乎「金剛經」與「心經」，裡面的經文看起來淺顯易懂，然而如同作者強調的，那只不過是文字面上的瞭解，而不是真正的體會。

唐朝惠果和尚所承襲的佛學真言宗裡，將空性化成了五種智慧，分別是「平等性智」、「妙觀察智」、「大圓鏡智」、「成所作智」、「法界

體性智」，這五種智慧是由空性演化而來，又都代表空性，等於是多出五個入門管道可以瞭解空性。研習佛法這麼多年來，作者也只對平等性智有粗淺的瞭解。

什麼叫「文字面上的瞭解」與「真正體悟」的差異呢？以平等性智來說，例如「眾生平等」，這個大家一定看得懂，又或「即使是一隻小螞蟻其生命的地位與自己是相等的」，這個大家也看得懂，但真正的體悟是，當發現你自己不小心踩死一隻小螞蟻時，打從心底為小螞蟻的死感到哀傷，好像真的看到一個人死在自己的面前，而且是被自己踩死的，對自己魯莽行為懊悔不已，想打自己兩耳光並賭咒發誓絕不再犯這種錯，這才算對平等性智有了初步的體認；不像一般人，以為自己了悟平等性智，但當踩死一隻螞蟻時，只是發出「喔」的一聲，或甚至完全沒有感覺，這個不叫做學會了空性。所以如果內心沒有感覺，只是瞭解字面上的意義，是沒有用的。而感覺的強弱程度，就代表修為的深淺程度。

當一個人真正的體會到眾生平等，他才會開始察覺其他生命的存在、以及其他生命的權利，體認到自己與其他生命相比，沒有任何比較特別的地方，也沒有任何權利對其他生命造成傷害與困擾，在這樣的心態下，進而觀察到過去觀察不到的事；也就是說當內心真的有了平等的智慧時，對環境的觀察力會提升，能察覺別人看不到的細微變化，這是作者對「妙觀察智」的粗淺猜測。而這樣的觀察力或智慧，正是執行「風險空中預警機」這個方法的重要能力基礎。

畢竟大部份的人缺乏像達摩祖師那樣的資質，可以在沒有文字、沒有傳授，光靠面壁就能參悟空性修成正果。空性其實無所不包，看似簡單卻複雜艱深，因而作者將過去所學管理顧問的各種方法技巧，融合成「一切遍知」這個方法概念，搭配學到的佛學修行方法，對自

己生活上的一舉一動進行深度思考，幾年下來，發現這樣可以作為思索空性的管道，不像古代那樣想學空性卻不知從何處著手。

空性既然艱難又難以入門，修行可以從「行」的角度著手，也就是做修行該做的事，再從中慢慢體悟空性。有興趣的人可以研讀「善無畏三藏禪要」，這是唐朝時，印度的一位高僧「中天竺磨伽陀國王舍城那爛陀竹林寺三藏少門諱輸波迦羅」，來中土傳授修行之法。什麼是修行之法？例如一個人要修行，假設一天修行一小時，在這一小時內他要做什麼事？總不能像達摩祖師那樣面壁呆坐一小時，那只會變笨。修行有一套要做的事，在這一小時內要完成一套程序，這套程序就稱為「儀軌」。而「善無畏三藏禪要」就是一套修行的儀軌，將修行要做的事講得很清楚，只是另外摻雜了一些其他的內容及說明。

■ 利樂無邊有情

原則上禪定的修行只有兩種方法，在《善無畏三藏禪要》裡有記載：「行菩薩行，利樂無邊有情，或修禪定，勤行精進護持三業」，其中「行菩薩行，利樂無邊有情」這個比較容易瞭解，最佳的例子就是證嚴法師，成立慈濟功德會四處救助弱勢災民。將自己貢獻出來，不斷的為社會或他人服務，在服務的過程中忘了自我，就相當於將內心的「客塵」逐漸消滅，一樣可以成就觀世音菩薩的功德，然後在服務的過程中，慢慢的體悟了空性，就能成佛。所以作者才說，董總們可以將經營金控當成是修行，經營金控是將自己貢獻出來，為社會謀福利，為員工謀福利，不斷努力忘卻自我，並增長智慧能力以克服障礙化解問題，一樣能成就觀世音菩薩的功德，一樣能體悟空性而成佛。

定靜安慮得

另一個修行的方法，對降低誤判情勢與決策錯誤很有幫助，那就是「勤行精進護持三業」，這個比較難瞭解，大體上就是前面介紹的，透過禪定與思維空性，從一住心開始，逐級而上，到九住心、初禪、三禪、一直到初地十地，然後成佛的過程。

這個方法如何能協助決策呢？其實就是三千年前儒家所說的「定、靜、安、慮、得」。前面有提到，一個人的心理狀況、情緒的起伏是很大的，幾天前還是白手起家的金融業鉅子，幾天後就自殺了；在情緒失控、失去理智時所做的決策必然是錯誤的，所以要確保重大決策是在自己內心最佳狀態下所為，而這個最佳狀態，就是處於禪定的狀態；或是禪定的方法可以讓內心進入最佳狀態，進而做出正確決策。

禪定的修行方法已很成熟，在台灣，到處都有禪修的課程，例如「打禪七」，有興趣的人最好還是在合格禪師的指導下，練習一段時間。研習禪定，說簡單不簡單，說難也不難，以達賴喇嘛的說法，一個有資質的人，在適當的環境（閉關或與世隔絕）由適當的老師指導（修行有成的禪師或喇嘛），專注修習禪定，從一住心到九住心，六個月的時間就能修到「寧靜安住」初禪的境界。

禪定的境界是很美好的，不用到九住心，作者之前修到五住心，就能體驗到那美好的境界。世人對佛學有諸多錯誤觀念，以為修佛是把痛苦跟喜樂一起排除，變成無苦無樂的「無感」之人，其實修習佛學只有喜樂沒有痛苦，而且處於禪定境界的喜樂才是真正的大喜樂。

當藉由禪定體驗到大喜樂時，才會驚覺輪迴之苦，才會真正的發誓要
離苦得樂，這個時候所發的心，才叫做菩提心。

金控董總工作繁忙，可能很難抽出一段時間專注禪修，可以考慮
每日修，或時時修，在家修，或在辦公室修，此時也可以參照《善無
畏三藏禪要》裡面修行的方法，「修三摩地，名為大圓鏡智」，這其實
是一門非常殊勝的修行方法，一般是不會輕易傳授的，因為「善無畏
三藏」在禪要裡特別提到「量機密授」，意思是不能隨便傳授的，但作
者發現，很多成功人士，都會有一套練習集中專注的方法，也會思考
一些道理，這與禪修的方法，以及佛學的本質是相同的，更何況如今
網路時代，上網隨便都能搜尋到禪要全文及名家解說，所以作者不認
為有什麼不能公開說明討論的禁忌。

這個方法，在真言宗裡稱為「月輪觀」，是已修行一段時間，熟悉
禪定後的進階修行法門，禪要裡說得很清楚：「行者應當安心靜住。莫
緣一切諸境。假想一圓明猶如淨月。去身四尺。當前對面不高不下。
量同一肘圓滿具足。其色明朗內外光潔。世無方比。初雖不見久久精
研尋當徹見。即更觀察漸引令廣。或四尺。如是倍增。乃至滿三千大
千世界極令分明。將欲出觀。如是漸略還同本相。初觀之時如似於月。
遍周之後無復方圓。作是觀已。即便證得解脫一切蓋障三昧。得此三
昧者。名為地前三賢」。

這個法門跟達摩祖師面壁九年成佛的方法是相同的，台灣佛教興
盛，若想進一步瞭解「禪要」所說的意思，很容易可以找到禪師指導，
或是到真言宗台灣總本山「光明王寺」向管長（即住持）請教。董總
們都是人中之龍，資質優於常人，若有機會努力研習佛法禪定，速度
與成就自然非一般人可比，稱之為「日月行」。

辦公室禪修

那在辦公室，如何修習禪定與月輪觀，並藉此降低決策錯誤？首先董總們遇到有重要決策時，可以在辦公室先把資料看完，想一下，然後將辦公室門關起來保持安靜，接著在椅子上「端坐」；在坐的時候，兩腳自然下垂，兩手自然的放在大腿上，脊椎挺直，下巴微縮（有空時可以看看佛像的姿勢），眼睛閉上，先調氣3至5分鐘，或十至十五次。

調氣的方法在禪要中有。調氣即深呼吸，緩呼緩吸，並依禪要中的指示觀想：「調氣者，先想出入息，從自身中一一支節筋脈，亦皆流注，然後從口徐徐而出；又想此氣，色白如雪，潤澤如乳，仍須知其所至遠近，還復徐徐從鼻而入，還令遍身中，乃至筋脈悉令周遍，如是出入各令至三；作此調氣，令身無患冷熱風等，悉皆安適，然後學定。」

調完氣之後，就可以開始進行月輪觀，如前面禪要中所說的進行，當練習到在閉目時可以清楚的觀想身前有一輪明月，而且沒有雜念興起，就代表已經進入最佳狀態，此時就可以開始思考要做的決策，如此即可避免決策錯誤。

在禪定中思考決策

進入禪定，代表一個人已經在既有修行的程度下，讓自己的內心達到最理性的狀態，最不會被情緒、欲望、無明所干擾，思緒也最清楚靈敏。根據作者的經驗，董總們在制定決策之前，可以先進行禪定，觀想月輪，若能清楚的看見月亮，就代表自己已進入禪定，此時可以

開始思索重大決策；長此以往，加上心誠則靈，習慣在禪定中思考，誠心的祈求佛陀、菩薩的啟發，偶而會有意想不到收穫，這就是老祖宗所說的「福至心靈」；如果修到像麥可‧羅區那樣的境界時，就能在深層的禪定中觀想自己因緣未來的走向，做起決策來更是有如神助。

藉由禪定提升決策的正確性，就是儒家所說的「定、靜、安、慮、得」，而空性則是其理論基礎。

■ 決策愈重大，禪定時間要拉長

禪定確實對提升決策品質有幫助，不過也要看決策的性質與大小，例如是立即性的小決策，或是影響深遠的大決策，或是與自己所處的環境、定位、因緣的走向等根本性的重大決策。決策的大小，與思考時所需禪定的時間，以及禪定的次數成正比。

禪定有不同的方式，所需時間也不同。正統的禪定修習，一般以10 到 15 分鐘為單位，因為剛開始修習禪定時，根本定不住，10 到 15 分鐘已經是很長久的時間了，再長也沒用。所以正統的禪定修習，是從一天禪定一次開始，然後兩次，三次，慢慢增加，但每次都只有 10 到 15 分鐘。到了一天 8 次甚至 16 次時，就可以開始將禪定的時間延長，變成半小時、一小時、四小時，等到可以禪定一整天時，就可以像達摩祖師那樣面壁九年修成正果。

所以決策者即使無法修習到九住心的初禪境界，一樣可以先禪定個 5 到 10 分鐘再開始思考決策，但這通常只適合用來思考一般的決策，真正重大及長遠的決策還是需要長時間的禪定才有幫助，此時可

以搭配其他修行方式，拉長禪定的時間。在大唐佛教真言宗（俗稱東密或日本密宗）與藏傳佛教（俗稱藏密），有一些特有的持咒、「儀軌」、月輪觀等修行方式，可以很容易的將禪定時間拉長超過一個半小時，甚至一天或數天。依據作者經驗，在熟悉這些修行方法之後，只要將自己在周末時關家在家連續持咒禪定兩天，只靠喝水跟吃水果度日，很快就能達到五住心的境界。

所以決策者若是要思考重大決策，可搭配持咒、「儀軌」、月輪觀等修行法門，在 1 到 1.5 小時的禪定中進行思考。如果是要思考自己所處環境等長久性重大議題，應持續一段時間，每天或每隔幾天就花 1 到 1.5 小時禪思考，連續思考多次後會比較清楚。更重大的事，應該將自己與俗世隔離一段時間，一直處於禪定境界，可能長達 1 到 2 個月，讓自己沈浸在禪定中，進入深層的禪定觀想因緣未來的變化，就像麥可・羅區一樣，觀想到自己的因緣落在與鑽石相關行業一樣。

學術研究，要追求的是永恆的真理，特別需要長時間的禪定，例如作者自創的諸多方法論大多是這樣來的。高科技業現在非常重視創新能力，作者很希望有一天有機會將自己創新的方法傳授給高科技業，以提升他們的創新能力。熟悉禪定後會發現很多應用方式，例如從事學術研究需要在禪定中思索，同樣的思索學術課題也可以協助禪定，這就是釋迦牟尼佛說的：「須菩提！是法平等，無有高下，是名阿耨多羅三藐三菩提。以無我相、無人相、無眾生相、無壽者相，修一切善法，即得阿耨多羅三藐三菩提。」

禪定還要搭配對空性的探索，否則會變成「不知為何而定」，那就可惜了。

■ 思維有入，搭配思考方法

在開始禪定時，必須想像十方諸佛諸菩薩在自己面前：「然可運心供養懺悔，先標心觀察十方一切諸佛，於人天會中為四眾說法，然後自觀己身，於一一諸佛前以三業虔恭禮拜讚嘆。行者作此觀時，令了了分明如對目前，極令明見，然後運心於十方世界所有一切天上人間，上妙香華幡蓋飲食珍寶種種供具，盡虛空遍法界，供養一切諸佛，諸大菩薩、法報化身、教理行果、及大會眾」。

這其實是一門非常殊勝的提升思維能力的方法，若修行有成，可以獲得「思維有入」的特殊能力。「思維有入」這個概念不太好解釋，在作者的經驗裡，光靠人腦能想像的很有限，除非是天才，否則很難單用想像的方式思考一件事。通常需要先針對一件事情做分析，再將分析的結果以圖形或文字表達，然後印出來，或在電腦上看著這些圖形或文字再來思考。

而「思維有入」是指人的大腦，已強到可以在腦海裡描繪圖形，或是寫下文字，而且就像親眼看書面或電腦畫面上的圖形與文字那樣清楚。一般人在禪定時思考，很容易因為自己的腦袋裡裝不下足夠的東西，而限制了能思考的決策。「思維有入」就像是人在禪定思考決策時，擺了一台電腦在面前讓你用，可大幅強化思考的範圍與品質。

此時就應搭配學習適當的分析方法、工具、技術。作者將在管理顧問公司習得的各種分析方法：「通用管理思考架構」、「流程分析」、「營運模式分析」、「因果分析」、「演進分析」、「系統思考」、「資訊資產結

構分析」等等融匯貫通，除了開創了「管理學：機制主義學派」的各式方法論，也將這些分析方法與「思維有入」的能力結合，大幅提高分析與決策能力。儘管思維有入並不能完全取代電腦與紙本，但可以在禪定與非禪定時大幅提升思考能力，讓自己的腦袋可以處理大量的資訊並進行複雜的思考，進而提升決策品質；而這是達到「一切遍知」的唯一方法。

修行才是最偉大的成就

本章所介紹「禪要」的傳法者，「唐善無畏三藏」，是真言宗的祖師，開元三大士之一，主要弘傳胎藏界曼荼羅。

善無畏是中印度人，剎帝利種姓，十三歲繼承了東印度的烏荼國王位，打敗了舉兵奪位的兄弟，但善無畏赦免了他們，並且讓位於兄，自己毅然出家。善無畏在那爛陀寺學佛有成，被尊稱為三藏法師。唐玄宗時善無畏帶著許多梵文佛經，到達長安，受到唐玄宗的禮遇恭敬，被尊為國師，先後在興福南院、菩提院、大聖善寺等處，翻譯經典，教授弟子。

帝王，已是俗世最高成就，很多人終其一人不斷努力追求，也無法達成這個目標。善無畏三藏卻在成為國王、打敗叛軍鞏固王權之後，放棄王位，出家修行，由此可知，修行是比帝王更大的成就，這樣的例子還不少。宋朝時，南方由段氏建立的小國大理，佛法鼎盛，有多位大理國皇帝將皇位傳給下一代，跑到寺廟出家（詳金庸小說：「天龍八部」）。所以作者才建議金控大老闆應該修行，追求更高的成就。

行者必勝

另外，從金控經營的角度來看，大老闆修習佛學，是金控致勝的關鍵。

作者依據紫微斗數的原理、結合古代的鑑人術，自創的「格局論」，主張一家企業的格局，是由企業領導人的格局，或高階主管群的平均格局來代表，這個是可以藉由學術界的實證研究來證明的。格局愈大，金控的成就愈高，而提升格局唯一的方法，就是修行。因而一家金控要想突破瓶頸、扭轉頹勢、追求突破性成長，並不是找西方大師來研擬策略，西方大師的格局與金控大老闆不同，他想出來的策略金控不一定能用（其實是作者不認為西方大師能想出什麼台灣的金控能用的策略）。應該是金控大老闆先修行有成，提升了格局，改變了思維方式，從因緣的走向來思考未來發展方向，會比較適當的。

大老闆格局的成長，還能帶動高階主管群格局的成長，進而提升整個金控的層次，而不是在與高階主管群糾纏爭吵中，降低了格局，混亂了思緒，這就是作者所創第九個系列的作品「領導統御：獨孤九劍系列」的精義。

一個傑出大老闆所經營的金控，很難與一個大修行者經營的金控競爭；我們從技術面來看，雙方在能力上有很大的差距。一般佛學裡不喜歡提「神通」，是擔心凡夫為了追求神力而走火入魔，就像羅德隆的王子阿薩斯為了獲得魔力打敗宿敵而拿起「霜之哀傷」卻墮入黑暗一樣，但是我們還是可以依據客觀的事實證據來說明。

　　從長遠來看，金控的策略議題不外忽要發展那項業務，例如現金卡或賣連動債，或是要西進大陸、還是南進東南亞。很多時候，董總都是看了別人賺大錢心癢癢的，跟風又怕風險高中陷阱。所以作者才說，自身的格局沒提升，老是盤算這些問題，反而弄亂了自己的思緒。面對這種長遠、本質的問題，應該要像「當和尚遇到鑽石」那樣，進入深層的禪定，觀想到自己的因緣落在與鑽石相關的行業，而選擇從磨鑽石的工人做起，用這樣的方式來選擇金控未來發展方向，就不會出錯。

　　作者的師父常說：「成功，要靠眾人的力量」，金控的成功取決於管理階層，這幾年爆發的重大損失事件，有些是單獨某位高階主管行為不當或決策錯誤所致，大老闆也不希望下面的人這樣做，但人心隔肚皮，那要怎麼辦？此時他心通就能發揮作用。

　　金剛經：「佛告須菩提，爾所國土中，所有眾生若干種心，如來悉知」，在修行有成的人面前，沒人能藏得住秘密的，這是「六神通」之一的「他心通」，作者就曾看師父及住持師兄施展過。作者學生時期有空時會搭很久的車回本山拜見師父。見到師父什麼也不用說，他自然會知道你心裡在想什麼，被什麼問題困擾著，覺得合適時，師父會直接告訴答案。

　　作者服兵役時，有一段時間出了一點狀況，家人拜託住持師兄，在兩百里之外隔空觀想，然後告訴家人作者的狀況以及該如何處理。這些都是真實事件，並非杜撰。

　　「他心通」是修行到一定程度之後會有的能力，而且隨著修為程度有高有低。像作者的師父師兄那樣，不用開口問就能知道你內心在想什麼，即使是修為較淺的，配合「妙觀察智」，也可以從一個人的眼

神、說話的語氣、以及回信的方式，察覺出對方是否有所隱瞞，或是動歪腦筋。

　　除此之外，前面也提過比較容易修成的「出離心」，可以讓大老闆保持冷靜，在言談時觀察各主管的言行舉止，配合「一切遍知」的境界，讓大老闆有能力掌握決策對各個環節的影響，在這種情況之下，有誰能瞞得了他。

　　所以作者才強調，修習佛學，是金控成功的不二法門。大老闆的修行境界有多高、格局有多大，金控的成就就有多高。

第五章

海邊戲水

　　台灣夏天天氣炎熱，很多人喜歡泡水消暑，有空閒的人就開車去海邊走走，要不然也可以到附近的游泳池游泳，所以這裡拿游泳池與海邊戲水的差異，來說明兩岸金融開放的風險。

　　一般來說在游泳池游泳比較安全，到海邊玩水比較危險。游泳池比較小，池水清澈透明，除了標示水深，在池邊用肉眼看也知道有多深，而且可以看到整個游泳池。

　　海邊沙灘範圍大，海水有顏色加上浪花泡沫，看不清楚海水有多深，離沙灘近的地區當然很淺，但愈遠愈深，而且海底地形沒有一定規則，可能忽然下沈，也可能有藏有暗礁，很容易不小心踩空，或是撞到暗礁受傷。

　　游泳池的水量固定，水面較為平靜，最多是旁邊有人游泳經過時會帶起一些漣漪。海邊就不同了，有海風有波浪，浪濤隨著風勢強弱忽高忽低，還有潮汐及漲潮退潮，退潮時往大海方向游去很輕鬆，往回游時就很吃力，作者曾看過玩風浪板的人，游得出去游不回來，只好請人開船拖回來。而且常常有暗流，一個不小心就可能被捲到外海滅頂。甚至還可能有鯊魚出沒，咬傷人或咬死人。

　　另一個差別是泳池大多有救生人員，若是有人溺水很容易發現，救生人員可以及時搭救，旁邊的人也可協助。但海邊大多無救生員，而且範圍大，人又多，若有人溺水或被沖走很難發現，發現了也很難救，常常發生救人的人一起被溺斃。

　　所以很明顯的，去海邊游泳的風險比泳池大多了，雖然海邊比較好玩但危險性高，一到夏天放暑假，學生沒事做，相約一起閒逛，常常會到海邊，有時不知他們去的是危險海域，有時則是一時衝動，每年都會有好幾則淹死的新聞，家屬哭斷肝腸，怨氣無處發洩就責怪政府，這也是人之常情，所以政府在全台列出十大危險海域，不斷加強宣導，也在海邊立牌警告，慘劇還是一再發生，最後乾脆把海水浴場關掉不開放，像淡水沙崙就是，其實封鎖也沒用，只是因噎廢食。

兩岸金融開放重演連動債風險

　　現在來假設一個情況，假設政府長久以來一直規定，民眾只能在游泳池游泳，不能去海邊，而且把所有的海岸全部封鎖，民眾根本進不去。民眾看電視看電影，看其他家國或地區人民在海邊玩沙、衝浪、香蕉船、浮潛等各種活動，羨慕得不得了，不斷向政府施壓，政府迫於無奈，宣佈開放可以去海邊玩，生意人看準商機，有的經營海水浴場，有的開旅行團找遊客去海邊；此時會出現什麼現象。民眾太興奮了，一窩蜂的往海邊跑去玩水，接下來就會有人溺斃，死的人多了就開始罵政府、也罵海水浴場業者及旅行社，人死最大，家屬不管有理沒理都會找理由，並向政府、海水浴場業者及旅行社求償，團結力量

大，接下來會有家屬組織發動示威遊行或抬棺抗議，拿不到賠償金絕不善干休，這就是兩岸金融開放的風險。

這個風險在連動債時就發生過一次了，隨著兩岸金融開放，台灣散戶的錢可以去大陸投資，這樣的風險還會再發生，因為連動債之後，金融業並沒有弄清楚真正的風險，只把焦點放在商品風險性，強化商品審查，然而就像作者在前一本書《風險管理之預警機制》的第五章「雙元貨幣」中強調的，商品審查就只是「審查」，不代表能有效評估商品風險，而商品風險也只是投資風險的一個環節，並不是全部。作者在前一本書有舉例說明過，連動債另一個更根本的原因是，為什麼台灣人的錢要交給別人來投資呢？這麼多的錢，為何要交給過度貪婪又欠缺道德的西方金融機構投資？雷曼在台灣並沒有資產，出了事什麼都拿不回來。

作者在前一本書舉了另一個例子說明繼連動債之後未來銀行在財富管理業務可能的類似風險。索甲仁波切在「西藏生死書」裡有這樣的寓言故事：「我在街上走著，路旁有個深洞，我掉進去了；我爬起來，繼續往前走，遇到另一個深洞，我又掉進去了；我再爬起來……」，銀行業就像一般人在地球這個濁世一樣「煩惱覆心，久流生死，不得解脫」。為何會重覆掉到深洞裡，因為每遇到一個新的洞，就以為這個洞跟之前的都不同，是個淺的可以踩的洞，就踩下去了，結果這個洞跟之前的洞一樣深，就摔下去了。

連動債之後下一個可能會出事的是高收益債，同理可證，雷曼倒閉後下一個可能出事的就是大陸的各項投資機會；兩個合起來，就是大陸的高收益債，這是最可能出事也最危險的部份，但不是說風險僅限於此，「海邊戲水」這個風險的範圍是很大的。

錢往大陸投資，就像去海邊戲水

在具體指出風險之前，我們先來比較兩岸投資環境差異，散戶在台灣投資就像是在游泳池裡游泳，風險較低，錢往大陸投資就像是去海邊游泳，風險較高。

台灣的金融市場、金融業、與整個經濟規模遠小於大陸，台灣就像一個游泳池的水量，大陸就像是大海，兩邊規模差很多；規模大，發極端事件時波動幅度就大，衝擊力也強，一不小心就會讓投資人粉身碎骨。

台灣金融市場小，可投資項目有限也比較固定，投資人對這個環境比較熟悉瞭解，就像游泳池的水一樣，一眼就能看穿。大陸金融市場大，在向歐美國家看齊之後，可投資項目較多，無法一目了然，而且常常發生金融機構蓄意將投資項目包裝成完全不一樣的東西來欺騙消費者，對投資人而言，就像海水一樣看不清摸不透。

依據媒體報導，2012 年大陸針對個人發行的銀行理財產品數量達28,239 款，較 2011 年上漲 25%，發行規模更是達到二十五兆人民幣，比 2011 年成長 45%。一般的觀點是「數大就是美」，作者的觀點則是「數大就是風險」。

在台灣不管投資什麼，例如買股票、權證、公司債，發行機構就是那幾家大券商，投資標的大部份都是大家熟悉的，就算有新的科技公司，看一下大股東是誰或是向人打聽一下，也就知道了。但大陸那麼大，就像作者在《打通風險管理任督二脈》裡提過的，大陸幅員那麼大，投資商品的發行機構與投資標的，對台灣投資人而言全是生面

孔，任何產業都有可能，做飛機、做船、做汽車、做家電產品、製藥，甚至學校、部隊、監獄，台灣投資人根本搞不清楚他們是誰，是從哪裡來的，可能是從四川來的，也可能是內蒙古來的，也有可能是青海，或是哈爾濱的，背景可能黨政軍都有，金融市場向來是政商勾結撈錢的重要管道，任何企業或任何人都可能成立一家金融機構來摻一腳。

所以兩者相比，散戶在台灣投資就像在游泳池裡平靜無波，偶有漣漪，錢往大陸投資卻像海邊有海風、有潮汐、有浪花、有暗流，而且在大陸，上市公司財報不實是常態，根本搞不清楚投資標的的狀況，又常常有官商勾結、內線交易，很多公司股票上市只是想從金融市場上撈一票就走，就像海裡出現鯊魚一樣，把投資人咬死咬傷。

投資人在台灣被金融機構欺負了，賠了錢，可以向金管會申訴，也可向金融消費者評議中心申請調解，台灣的主管機關並不會全都站在金融業這邊，投資人多少可以要一點錢回來，這就像在游泳池裡游泳，出事時有救生員會搭救。但在海邊，是沒有救生員的，金管會的影響力並不及於大陸，投資人上了大陸金融機構的當，或是被內線交易的「鯊魚」咬傷了，是找不到人救的。不要說散戶投資人找不到人救，金融機構吃虧上當也找不到人救，自身難保。

在台灣，金融市場政策是自己訂的，例如匯率、利率、寬鬆或緊縮等等，投資人每天看新聞，或看記者詢問官員，大致上知道走向。然而在大陸，政策是大陸政府訂的，習慣上在事前不會走漏消息，台灣的金融機構與投資人沒有政商關係消息不靈通，很容易慢人家一拍，處於被動劣勢。

要事前防範前往大陸的風險

所以從連動債事件到高收益債的風險，再從投資雷曼到投資大陸，悲劇總是一再重演。維護民眾生命財產安全，政府責無旁貸，面對兩岸金融開放勢不可擋，對於可能重演的悲劇應未雨綢繆，巴塞爾的風險管理方法是無效的，主管機關與金融業應該要從更全面的角度來看錢往大陸的風險。

從這裡舉的例子「海邊戲水」來看，在開放民眾到海邊去玩時，政府至少應大力的提醒民眾錢往大陸的可能風險，設法壓抑民眾一時不理性、對投資大陸太過美好的期待，萬一到時候真的出事也比較站得住腳。同時應要求各金融機構在提供人民幣業務或投資管道時，要預想潛在重大風險，或可能出現的問題，不要只想著衝業績賺手續費，要提醒客戶相關風險，避免連動債事件重演，與這兩年台灣狂賣高收益債相同，兩岸金融開放可以檢視政府及金融機構到底學會了多少教訓。

■ 千呼萬喚始出來

這幾年，台灣的金融業，滿慘的。

台灣市場小、能做的業務有限、經濟不景氣，又有歷史包袱，導致銀行、證券、保險這幾年都很慘。銀行才剛從雙卡風暴恢復，就遇上次貸風暴及連動債，利差只剩1%，日子真難過。壽險業，面對利率低到不能再低，以及過去高利保單造成的利差損夾擊，三不五時匯損

又來鬧一下，或是投資股市失利，每次一賠錢，就把十年的盈餘給賠掉了。證券業也不好，次貸風暴全球股市崩盤，這兩年歐債危機經濟不景氣，股市人氣退場，大部份的券商都賠錢，叫苦連天。

相較於台灣金融業的「一窮二白」，大陸金融業卻「虎虎生風」，銀行業規模及獲利大躍進，成為人人稱羨的暴利行業，證券、壽險雖然沒有這麼誇張，聽說好像也不錯，讓一直「苦哈哈」的台灣金融業是既羨慕又忌妒，看著大陸市場口水直流，恨不得進去分一杯羹，無奈卡在兩岸政治議題，始終不能如願，眼看著外資都進去了，只能在一旁乾著急。

台灣市場太小，金融業西進是必然的趨勢，如同作者在前一本書《風險管理之預警機制》所做的分析，大陸市場是台灣金融業國際化的首選，然而作者在《打通風險管理任督二脈》裡比較銀行、保險、證券三者的風險本質差異時，也強調，不同的金融產業前進大陸的風險不同，應有相對應的發展策略。像產險、證券等比較不會有重大損失，萬一真的出事情說跑就能跑的，能進大陸就進，能多快就多快，能做多大就多大。而像銀行這種信用風險伴隨規模成長者，在大陸「內外部勾結詐貸」盛行的地方，要十分謹慎。至於壽險在大陸的風險，作者看不清摸不透，不敢妄加評論，至少地方政府刺激景氣的錢不是從壽險公司搬出去的，應該會比銀行摻股的風險好一點。

很讓人憂心的，台灣金融業秉持過去「一窩蜂」的「優良傳統」，對兩岸金融開放及西進大陸都只有同一個策略，衝衝衝，看了令人心驚膽顫，不知何時會出事。

經過央行與主管機關的努力，在農曆春節前夕兩岸的人民幣業務終於開放，為金融業帶來大好消息，為了搶生意，金融業相關商品百

花齊放，包括人民幣計價點心債、ETF 商品、人民幣定存、連結香港 RQFII 的 ETF 基金的人民幣計價投資型保單等等，為金融業的手續費及財管業務注入活水，也帶動全台瘋人民幣的熱潮，光是開放的第一天，國內銀行合計一天就吸進逾十億元人民幣（約新台幣 47 億元）的存款量。

為了搶食人民幣商機，多家銀行花招百出，有的甚至喊出「人民幣存款利率 6.66%」、吸引民眾上門；央行官員認為，利率喊成這樣真的很誇張，有誤導民眾的嫌疑。從作者眼光來看，這跟當初賣連動債時的不當銷售話術有什麼兩樣？

為了避免吸磁效應對台灣經濟造成太大影響，央行剛開放人民幣業務時刻意將利率壓低，也有金融機構從利率與匯率角度來比較新台幣與人民幣存款的優劣，其實算起來真的差不了多少，算是比較公允的建議；有些銀行業者也說，投資人民幣就是投資外幣，最大的風險就是貨幣貶值，民眾應該進行資產配置、分散風險、增加投資利得；但這畢竟不是風險預警，對台灣民眾而言，像：「長線來看，人民幣升值空間比台幣大，因此不管是存款或買人民幣計價金融商品，獲利應該可期」、「金融業預估三年內人民幣兌換台幣上看五字頭」的意見是消費者比較喜歡聽的，吸引力比較大，那風險警語在那裡？

人民幣計價投資型保單

不只銀行，壽險業也看準要搶人民幣商機，四大壽險公司同步推出人民幣計價投資型保單，連結香港 RQFII 的 ETF 基金，部份壽險公司更是傾全力、不計成本，祭出超低費用率及相關優惠費率來搶市場；

四大壽險公司客服中心電話全日滿線，上千通電話都是詢問人民幣保單投保、換匯等問題。

　　雖然投資型保單的投資性質大於保障，保戶想投資就要自己承擔風險，四家壽險公司連結的 ETF 基金也不算高風險，這並不表示就能掉以輕心。如同作者在《風險管理之預警機制》提到的，台灣散戶只看投資的結果是賺錢還是賠錢，而不管是不是有不當銷售，只要賠錢，就會找各種理由來鬧，更何況保戶還握有像是「保單非親簽」之類的武器。

大陸股市碰不得

　　投資型保單之所以會有風險，主要是因為這些人民幣計價保單都是以大陸股市為投資標的，而大陸股市是作者絕對不碰的，不只是因為賭博性質太高，講難聽一點根本就是錢坑。照道理來說，股市是經濟櫥窗，是經濟的領先指標，經濟好，股市好，經濟差，股市跌，這個道理在全世界都一樣，但在大陸卻行不通，因為大陸的股市是有問題的。

　　過去三十年大陸經濟高速成長，這兩年雖然比較差，但經濟成長率也還有 8%，相當於是台灣之前經濟奇蹟的全盛時期，但次貸風暴後大陸股市摔到谷底，而且一直沒什麼起色，難道投資人都不會好奇原因是什麼嗎？甚至連大陸的銀行業，在享有暴利同時股價卻紛紛跌破淨值，難道都沒人覺得奇怪嗎？

　　第一個原因就是大陸股市的投機性、賭博性質實在太強。前幾年大陸民眾瘋股市，股票價格飆漲時，本益比超過 50 倍甚至 100 倍的股

票滿街都是，全部偏離基本面，選股如押注，買股如賭博，當然是十賭九輸；有些比較理性的投資人不敢自己選股，把錢拿去買基金想依靠專業投資人來賺錢，下場一樣慘。相較於買股慘賠，大陸房市卻虎虎生風，只漲不跌，次貸時期大陸股市從六千點跌到不到兩千點，大陸民眾終於認清事實：「買股不如買房」，大部份的資金都拿去炒房了，少了資金動能，股市當然好不起來。所以現在發行投資型保單，把台灣保戶的錢往大陸股市丟，連當地人都不想玩的市場，去了之後能有什麼好下場？那個不是台灣股市，是大陸呀。更何況過去半年時間大陸股市已經從 1900 點漲到 2400 點，漲了約 25%，現在才要進場不算很理想。

上市公司財報不實

　　過去幾年大陸企業到美國掛牌上市蔚為風潮，很多大陸知名企業都去了，由於大陸經濟好，這些企業獲利前景看好，很多美國投資機構及散戶進場捧場，沒想到陸陸續續爆出財報造假或不實的新聞，導致這些上市不久的陸資企業股價狂跌，投資人損傷慘重，氣得美國證管會火冒三丈，放話要派人到大陸來查帳。美國對資本市場管理之嚴格是數一數二的，連這種到美國上市的公司，而且財務報表是由全球四大會計師事務所出具簽證意見的，都能造假，更何況是在大陸自己股市上市的企業。美國部份金融機構看穿了大陸企業財報普遍不實的本質，建立了一個投資策略，只要是大陸企業，在發佈財報之後就放空，因為緊接著就會爆出財報不實的新聞，果然荷包賺滿滿。

內線交易盛行

另一個讓大陸股價漲不起來的原因，是新上市公司數量太多，而且內線交易盛行。大陸資本市場還在起步階段，每年都有大量的公司申請上市，股票市場裡的資金就這麼多，不斷的有新的公司加入賣股票的行列，將資金稀釋了，股價當然漲不起來。

既然如此，為什麼還要核准這麼多的公司上市呢？一個很大的可能性，是因為大陸的金融市場早已是官商勾結撈錢的重要管道。大陸股市內線交易盛行，很多企業將股票上市只是為了撈一筆，先勾結會計師簽發不實財務報表，將上市價格拉高，公司高層及相關勾結人員等一上市就出脫持股，大撈一票，然後就爆出財報不實，股價大跌，賠的都是散戶。散戶原本是想抽股票賺差價，沒想到全成了內線交易下的犧牲品，去年大陸股市就流行一句話：「中籤如中槍」，散戶好不容易抽中股票想賺差價，沒想到企業剛上市，股價就跌跛淨值，甚至腰斬，錢都進了官商勾結的口袋裡，「中籤如中槍」這句話道出散戶的心酸。今年初大陸主管機關終於正視這個問題，將已申請上市的案件全擋下來，然而大陸股市的本質並未改變，還不知效果如何。

依據作者這幾年的觀察，大陸股市很可怕，就像吃人的漩渦，作者是絕對不碰的，當然，很多台灣大型壽險公司已與大陸金融機構建立關係，有投資管道及消息，然而在作者的觀點裡，若是有人有能力在大陸股市單憑專業長期投資獲利，這種人是神，比股神巴菲特還了不起，這些金融機構的投資本事是不是真有這麼大，讓我們拭目以待。

　　為了搭兩岸金融開放的順風車，不少金融機構發佈對大陸股市投資展望的意見過於樂觀，2012 年下半年常常可以看到部份基金經理人發表看法，講法不離：大陸經濟持續成長、股市正逢低檔，未來獲利可期等等，作者是邊看邊搖頭；如果保險公司的業務員，或是銀行理專，拿這種話術來「誘勸」客戶解定存來買投資型保單，一旦賠光光，客戶肯定會來吵，而且他們手中還握有「非親簽」的利器，到時候保險公司的下場可能不會比銀行連動債好。

高收益債與大陸

　　大陸股市風險高不能玩，那就是投資債券嘍，問題是，債券也不見得好，大陸有些債券可能比股市的風險更高，是刻意設計好的錢坑。

　　春節前有些在台灣的外商銀行推出由知名企業發行的人民幣計價點心債，如果是台資企業就還可以，但也要看其體質好不好；這兩年各個產業變化都大，過去靠「台灣接單、大陸生產」發達的台資企業在大陸油漲、電漲、工資漲的壓力下，只好撤出大陸轉進東南亞，前途未卜。如果是當地企業發的高收益債，千萬別碰，因為出事機率高（如果是大陸龍頭企業發行的公司債，應該會是投資級債而非高收益債）。

　　台灣的金融機構在連動債事件爆發後，一度生意蕭條，為了繼續賺財富管理的錢，把目標轉向高收益債，經過共同的努力又把市場炒熱起來，真是令人擔心。

　　這幾年全球經濟大起大落，走勢難測，使得具有固定收益的金融商品，如公債、公司債等大行其道；其中，又以高配息率著稱的高收

益債成為金融市場新寵兒，國內業者也紛紛搶搭列車，陸續募集相關產品或代理國外商品引進國內，造成境外高收益債券型基金近年在台灣熱賣，基金規模自 2009 年六月的兩千兩百億新台幣，暴增到 2010 年六月的四千四百億元，規模媲美連動債。以某檔國內熱銷已久的全球高收益債券型基金為例，基金規模不過四千億元新台幣出頭，但光是台灣投資人就持有超過三千億元，換句話說，這檔境外高收益債券基金超過八成是由台灣人投資。這東西如果真的這麼好，美國人自己怎麼不買？還輪得到台灣？

高收益債的本質與雷曼連動債有差別，然而還是屬於可能大幅虧損的商品，過去就曾有高收益債虧損超過四成的記錄；高收益債券即「風險性債券」，市場風險太高時也可能會配不出息。尤其境外高收益債券基金可能拿本金來配息，又隱含匯率風險，不但不是「穩賺不賠」，血本無歸都有可能。不要說作者危言聳聽，過去高收益債也多次出過事，光是金融海嘯期間，美林美國高收益債券指數從 2007 年五月的高點跌到 2008 年 11 月的低點，跌幅高達三成，如果再計入匯率損失，台灣投資人最慘的賠了五成到六成；不過是比雷曼連動債好一點。

這檔在台灣熱賣的高收益債基金配息相當穩定，甚至在 2008 年金融海嘯期間年化配息率還有 9%以上，不僅吸引許多投資人，連不少法人機構都大量申購。作者就說檢討保本話術與不當銷售起不了什麼作用，「道高一尺，魔高一丈」理專在賣這檔高收益債時，什麼話都不用講，只要把：「2008 年金融海嘯期間年化配息率還有 9%」的數字攤出來，客戶就把錢掏出來了。

除此之外很多理專對投資人只宣傳優點、卻不說明風險，例如「每個月平均 5%到 8%的配息率，比定存好太多」，「每個月固定配息就好

像領月退一樣」,「債券市場波動不如股票市場劇烈,長期持有可說是穩賺不賠」。有投信業者就直言,部分理專是把高收益債「當成定存在賣」。那麼檢討不當銷售能起什麼作用?

　　這兩年高收益債的風險升高了,台灣金融機構卻繼續加碼狂推。過去高收益債的收益率較高,有人稱之為「利率保護」,如果能持有幾年又不出事,累積的利息收益有可能彌補損失,看起來是這樣,然而這也不過是「數學公式」計算結果。配的利息進了投資人口袋早就花掉了,拿什麼彌補未來可能的損失?而且這幾年由於低利率環境,全球資金搶進高收益債,早就將收益率給拉低了,在此同時因為高收益債過熱,很多原本體質就不佳的企業趁機發債搶錢,更是墊高了風險。

　　2012下半年美國就有金融機構發佈警訊提醒投資人高收益債的風險,台灣的金融機構賣了這麼多,卻是一句話都沒講。據新興組合基金研究全球公司(EPFR Global)的資料,2012年前三季投資人已投入破紀錄的 490 億美元在美國高收益債券共同基金與指數股票型基金(ETF)。富國銀行投資主管表示:「光從這個數字就可以看出市場過熱。」

　　在 2009 年,美銀美林高收益 Master II 指數的債券平均殖利率高達19.5%。到了 2012 年狂熱的買盤已將高收益債券殖利率壓至歷來最低的約 6%,而且一些體質不佳的公司紛紛趁著市場火熱,大舉發債,可能會讓投資人承擔的風險超出原本預期。在聯準會維持低利率貨幣政策、和投資人追求高收益的情況下,高收益債券市場將進一步膨脹,「高收益債泡沫的跡象已漸漸浮現。」

　　眼看著風險已浮現,台灣還在加碼狂推。投信界有個不成文的定律,那就是如果某商品出現熱賣潮,各通路一股勁的狂賣,通常會以

慘賠收場。台灣賣了這麼多高收益債，接下來只能天天燒香求老天爺保佑。萬一出事情，一定會有投資人搞清楚原來高收益債就是「垃圾債券」，投資人會說：「銀行竟然將垃圾債券以高收益的名義包裝，賣給我，還說風險很低」，經由網路撒播，很可能會鬧得很嚴重。

大陸高收益債風險高

大陸的債券市場原本不發達，價格機制也不彰。前年春節前夕兩岸除了傳出開放人民幣業務的好消息，大陸也即將開放企業發行高收益債。大陸證監會在 2012 年初召開高收益債券座談會，邀請多家證券公司與會。該類的債券發行主體主要是非上市的中小企業，採取定向發行方式，並實行備案制。高收益債相關辦法的推出，可以視為大陸的地方債、機構債、市政債，乃至國債期貨、資產證券化等衍生產品的投石問路之舉。專家認為，此舉將打開大陸債市創新之路，同時揮別債市低風險的年代。

台灣金融機構當然不會放過這個好機會，大陸高收益債擁有「高收益債」、「人民幣」、「大陸經濟成長」等諸多熱門議題，肯定成為熱賣商品，不少投資機構紛紛著手規劃產品打算大撈一票。原本高收益債的風險已偏高，大陸的高收益債風險更高。前面提過大陸造假風氣盛行，上市公司財報都不實，更何況是非上市的中小企業，那不就更危險。

大陸過去之所以債市不發達，是因為資金的提供主要由銀行擔任，但這幾年在大陸中央四兆、地方政府十多兆救市，以及房市過熱的情況下，銀行的信用風險已升高，必須降溫，但這又造成資金緊縮中小企業借不到錢。講得更白一點，就是因為這些中小企業體質較差，

無法向銀行取得貸款，大陸政府為了解套，所以開放中小企業發債，直接向市場投資人募資，等於是為了促進經濟復甦拿市場投資人的錢當炮灰，這種債券你敢買嗎？

過去大陸中小企業因營運困難要借錢，必須買通銀行內部人員與之勾結，要付一筆錢給對方，如今向投資人發債，等於是騙錢自己來就行，這種債有多可怕，想想就頭皮發麻。

而其中最可怕的就是房地產業者發的債。在大陸政府打房不手軟的壓力下，房地產業者無法從銀行借到錢，之前就有業者找銀行合作，運用資產負債表外的方式高利吸金，將錢交給房地產業者，等他們倒了，銀行才對存款戶說他們其實不是存款，而是投資，引起很大的糾紛，目前還不知這個問題要如何處理。

如今房地產業者可以打著高收益債的美名吸金。雖然 2012 年底大陸的房地產市場已有些微復甦的跡象，但是很多三、四線的城市已發生房地產崩盤，像是鄂爾多斯。而且大陸不同地區的房地產市場房價走勢差異愈來愈大，房地產專家表示，隨著城市化發展進程，京津城市圈、長三角城市圈與珠三角城市圈的規模將越來越大。這些地區的房價也會愈來愈高，而一些被邊緣化的三、四線城市則可能出現房價暴跌危機，甚至淪為「鬼城」。所以不是像投資機構講的「大陸房市復甦，城市化前景看好」，就可以相信房地產業者發的高收益債值得投資。

到大陸銀行存款錢不見

雖然兩岸政府已開放讓台灣民眾可以購買人民幣及存定存，為了避免吸磁效應對台灣經濟造成太大影響，剛開放人民幣業務時央行刻

意將利率壓低，導致民眾在國內銀行作人民幣定存的利率，比在大陸低了約 2%，台灣民眾在對岸高利吸引下，很可能逐漸自行到大陸銀行開戶存定存，或是利用在台陸資銀行的服務。如同本書前一章「鶴立雞群」裡描述的，大陸銀行跟台灣比起來，黑心多了，如果台灣民眾以為大陸的銀行像台灣那樣值得信賴，在無防備的情況下在大陸遇到黑心事件吃了大虧、賠光老本時怎麼辦？台灣的主管機關要不要管？有沒有義務事先提醒民眾使用大陸銀行服務的可能風險？

不要以為只有投資股市及債券才會有問題，存款一樣會有事。如同本書第三章「鶴立雞群」裡描述的，大陸銀行的黑心行為大致如下：

- 大陸行員將民眾要求做定存的錢，變成投資或買保險
- 以高利定存名義幫建商吸金
- 行長出馬高利吸金捲款逃走
- 存款不翼而飛
- 信用卡被盜刷
- 被超額收費，戶頭錢被扣光光
- 使用大陸銀行 ATM 拿到偽鈔或吃錢，或因 ATM 故障多吐錢導致民眾被判刑

如果以上這些事發生在台灣民眾身上，例如到大陸的銀行做定存，被當地行員欺騙變成買了投資型商品或保險，錢要不回來怎麼辦？或是被大陸銀行以高利 6%引誘做定存，其實是幫大陸房地產業者吸金，結果倒了血本無歸怎麼辦？如果台灣民眾被大陸分行行長所騙，以為是做高利定存，沒想到分行行長將錢捲走了，銀行推說是個人行為不認帳怎麼辦？如果台灣民眾到大陸的銀行做定存，戶頭裡的錢被駭客偷走了，或是信用卡被盜刷刷爆了，銀行不賠怎麼辦？如果台灣

民眾在大陸使用 ATM 領錢，因 ATM 故障多吐錢導致民眾被判刑時怎麼辦？或是台灣民眾在台北的陸資銀行開戶，去大陸使用時被收取高額手續費，回來抱怨時台灣的主管關要不要管？

如果主管機關不事先提醒民眾，等民眾吃了大虧回來投訴抱怨，金管會要不要承擔責任？大陸銀行的後台就是政府自己，如果金管會幫民眾陳情，對岸不理會怎麼辦？如果此類事件件數很多，像國內詐騙事件一樣多，民眾抱怨電話塞爆金管會，怎麼辦？

不只一般消費者會遇到問題，台灣的銀行業本身也會遇到問題。如果台灣的銀行業西進設立分行提供各項服務後，也「近墨者黑」學會當地銀行那一套，民眾在台灣開戶存人民幣，在大陸使用台灣銀行業的當地分行的服務時遇到黑心事件，會不會回台灣投訴？或是大陸民眾使用台灣銀行業的服務也遇到黑心事件時怎麼辦？金管會要不要協助大陸民眾向台灣的總行求償？大陸分行的黑心行為會不會拖累台灣總行的名聲？甚至有沒有可能導致台灣整個社會原本「良心、善心、熱情」的形象被這幾家在大陸的分行給破壞掉了？金管會要不要約束台灣銀行業在大陸的分行不得像當地銀行那樣黑心？經歷雙卡風暴與連動債事件後，台灣銀行業的名聲已一落千丈，萬一被貼上黑心銀行的標籤，不就更無翻身的機會？

如果金管會真的這麼要求，那台灣銀行業所摻股的大陸銀行要聽大陸銀監會的，還是台灣金管會的？如果這些摻股的大陸銀行也被爆出黑心行為，會不會拖累台灣總行的名聲？如果受害的是台灣民眾，回台灣向台灣的總行求償，台灣的總行應不應該賠錢？會不會變成摻股的大陸銀行坑了台灣民眾，荷包賺飽飽，但台灣的總行要負責賠償收拾善後？

　　如果金管會連帶要求那些台灣銀行業所摻股的大陸銀行必須像台灣的銀行業一樣合理收費，而且不能有黑心行為，這樣一來肯定業績與利潤會大受影響，那以後是不是再也沒有大陸銀行願意讓台灣的銀行業摻股？

　　最近才剛發生一起類似案例。2011 年 11 月，桂冠在上海的公司，上海世達廠房失火，當年 9 月，上海世達才向中國太平洋產業保險公司投保產險，桂冠原本打算用該筆理賠金來修復工廠。不過，經過保險公司調查，發現上海世達承包商雇用的電焊工執照過期，於是以「被保險人及其代表的故意行為或重大過失所致」為由不予理賠；這很明顯是刻意找藉口，根本就不合理。

　　中國太平洋產險多次和桂冠討價還價，理賠糾紛拖了一年多，眼看當初的投保合約就要滿兩年，桂冠深怕過了法律追溯期，才在律師陪同下，向上海台商協會陳情說明，同時也尋求上海保監局對此案進行了解。

　　如果有某家台灣金控剛好已摻股中國太平洋產險，媒體在報導時肯定會將這家金控扯進來，對企業形象必然有傷，萬一被害企業或民眾不甘心，回台灣來告這家金控，不就有理說不清。這些都是兩岸金融開放後，作者認為很可能會發生的問題，有些則是早已發生過了，建議主管機關與金融機構先想清楚對策。當然這一切也有可能是作者危言聳聽，故意誇大不實，意圖恐嚇台灣民眾及金融業。或許大陸銀行的黑心行為、不安全與高收費，並沒有作者想像嚴重，畢竟以上資訊都只是作者從新聞中看到的，在台灣很少聽到這類消息，台灣在大陸經商、唸書、居留的人那麼多，可問問他們意見。

兩岸金融開放禍福相倚

作者一直依據《易經》的觀念強調，禍福相倚，風險與機會相生，兩岸金融開放是必然的趨勢，而且早在三十多年前就該開放交流，現在才開放會有潛藏的風險，同樣也有機會，只是要看金融機構怎麼思考西進大陸的策略。

作者在前一本書《打通風險管理任督二脈》提過，就壽險公司而言，產品策略就是公司策略，不知是否主管機關尚未開放，導致幾大保險公司都推人民幣計價的投資型保單，代表大家的策略都一樣；也有可能是作者比較笨，作者不會推這個，而是推人民幣計價的傳統型商品。

在本書第四章「驟死戰」談到台灣壽險業長期受利差損所苦，以及低利環境下滿手現金無處投資的風險，其實西進大陸是個解套機會，建議主管機關與壽險公司可以評估一下風險，可考慮允許壽險公司把已賣出的傳統高利保單改成人民幣計價保單。

未來台灣的經濟環境只會與大陸更加緊密，當大陸經濟好時，台灣經濟頂多沾點光，日子稍微好過一點，但當大陸景氣衰退時，台灣一定會更慘。依目前的趨勢大致上可預測，未來二十年大陸物價上漲一定比台灣嚴重，利率必然比較高，人民幣匯率上升的幅度只比台幣強而不弱，這是老天爺的恩賜。

在此情況下，如果台灣壽險公司將過去已賣出，未來二三十年將陸續到期的高利保單，轉成人民幣計價保單，如此一來後續收取的保費，相對於目前低利環境下找不到投資機會，不如拿去鎖大陸的定存

或固定收益商品，例如中央政府公債（大陸地方政府公債的風險愈來愈高，也是一堆地雷），可以消除一部份利差，對降低經營風險應該會有幫助，或是直接放款給大陸國營企業，或是買大陸鐵道部發行的債，利率可能高達 6～8%，那利差損問題不就解決了；最好兩岸再協商一下，叫大陸中央政府出來擔保。大陸政府就算什麼人的錢都敢倒，也不可能倒台灣人民的錢，如果倒了，台灣人民肯定吵著要獨立。美國及歐洲國家債務這麼高，到目前為止看不出解決方法，美元及歐元相較於人民幣長期貶值壓力大，壽險業老是將資金放在美元及歐元資產也不是辦法。

勞保、老人年金、健保、勞退基金也一樣呀，在台灣想要投資股市並達到年化報酬 3.5%是要冒風險的，去大陸，存定存都有 3.5%，幾乎無風險，提高報酬率還可以降低保費減輕民眾負擔，而且對民眾也好，現在利率那麼低，很多人不甘心被通膨吃掉把老本領出來自己亂投資反而危險。講一句實話，人民幣計價保單，作者只買健康險、壽險及退休年金等傳統保單，其他與投資有關的保單絕對不買。

所以作者再三強調，禍福相倚，同樣是兩岸金融開放，有風險，也有商機，對金融業而言策略與風管很重要，要能控制風險降低損失，又要想出方法擴大商機及效益。

跋

　　作者所創第四個系列方法論，原名「策略分析：中華神兵系列」，神兵即「神兵利器」之意，為配合本書書名，改名為「中華神劍」。

　　作者所創第五個系列方法論，原名「國家安全：殺氣嚴霜系列」，為紀念羅德隆的王子「阿薩斯‧米奈希爾」，更名為「霜之哀傷」，以告誡世人，兵者不祥。

　　註：「霜之哀傷」是一把魔力強大的符文劍，傳說擁有它的人便能獲得神秘力量。阿薩斯最後在北裂境的一個洞窟內找到了「霜之哀傷」，這把劍為寒冰所封印，泛著幽幽藍光與絲絲寒氣，令人毛骨悚然，如身浸冰窖，劍身刻有符文：「當汝得此劍力量，力量吞噬汝靈魂」。阿薩斯為了打敗宿敵瑪爾加尼斯以報仇雪恨，不惜一切代價，打破封印，拔起了霜之哀傷，隱藏在劍身中的邪惡力量獲得了釋放，瞬間佔據了阿薩斯的靈魂，一位偉大的神聖騎士，就此墮入魔道。

附錄

作者金融業風險管理專業資歷

保險業營運風險管理	配合總公司規劃營運（作業）風險管理制度，包含導入建置及後續實際運作，主要工作項目包含： 1. 壽險業 12 個主要流程營運風險評估 Risk Self Assessment 　依據總公司之規範，規劃整個風險評估的流程及研討會作法，界定風險評估範圍，涵蓋 12 個主要作業流程，包含：市場研究與行銷、產品開發、業務活動、核保、收費、傭金、保全變更、理賠、投資、財務、會計、精算、資訊等。針對每一個主要作業流程舉辦 4 場風險評估會議，包含風險評估教育訓練、釐清年度營運目標、辨識風險、釐清風險現況、控制評估、風險評估、研擬改善計劃等，除了協助各部門主管產出風險評估報告，還針對每個流程的重大風險撰寫彙總報告供高階主管參考。此風險評估作業每年舉辦一次，從 2006 年開始至 2009 年共舉辦四輪約 40 次風險評估作業流程。 2. 壽險業公司整體營運風險評估 　依據總公司規範，規劃公司整體風險評估的流程以及研討會作法，此風險評估工作由公司一級主管，即各執行及事業單位主管共十人共同執行，主要工作內容包含：高階主管風險評估教育訓練、風險評估所需之環境異動資料收集與彙整、設計風險辨識問卷、發送問卷及彙整收集資料、準備及召開風險評估會議、召開研擬改善方案之會議約 10 場，撰寫風險評估報告，完成後續簽核流程。

3. 損失事件收集與建立損失事件資料庫 Loss Data base

依據總公司規範，規劃損失事件收集流程、準備資料並為公司所有主管提供教育訓練、設計損失事件問卷以及記錄表格、每一季皆訪談二十多位主管以收集損失資料，並將所收集之資料彙整為損失報告呈報管理階層，並定期追蹤改善進度。

配合總公司建置損失事件資料庫系統，規劃系統操作作業流程、提供使用者教育訓練，並將系統問題提供給總公司作為改善方案。持續觀察台灣金融業環境變化，並收集外部損失資料，以供後續情境模擬分析之用。

4. 訂定關鍵風險指標 Key risk indicator

配合總公司建置 KRI 之作業，針對總公司劃分的 KRI 類別，與公司相關主管討論可行的 KRI，提供給總公司，並參與跨國會議討論各 KRI 之可行性。

針對總公司訂定的 KRI，釐清計算方式、指派資料提供部門、規劃資料收集表格，以及收集流程，並於每季向各單位收集 KRI 資料，製作彙整報告，將 KRI 報告呈報管理階層，回答管理階曾與總公司問題。監督 KRI 變化，並於必要時與相關部門主管討論可能的風險及改善措施。

5. 營運（作業）風險定期報告 Operational risk Quarterly Report

依據總公司之要求，每季與所有一級主管訪談以辨識重大風險，並針對由各一級主管負責的風險改善方案追蹤進度，編製風險報告，將報告呈報管理階層及總公司，與總公司開會檢討報告內容。

6. 重大損失事件情境模擬 Scenario Analysis

配合總公司計提營運風險資本的需求，提供可能的損失情境並參與跨國會議討論可行性，針對總公司界定的 12 個情境類別，規劃 35 種情境事件，並規劃每個情境事件的模擬方式以及與會主管，召開會議邀請相關主管共同模擬每個情境的損失概況、損失金額，以及發生可能性，並產出模擬事件報告。將 35 分模擬報告予以彙整，呈報管理階層，並將報告送交總公司以此概算台灣子公司應計提的營運風險資本。

	7. 風險損失原因分析 　　針對已發生之重大風險或損失，深入分析根本原因，釐清風險與 　　損失的責任歸屬，以協助各部門主管研擬改善計劃。
銀行業 信用風 險管理	**國內某金控消金業務 Basel2 IRB 信用風險模型建置與導入專案：** 協助該金控所屬銀行針對消費金融業務，依據 Basel II 之規範，建置 信用風險模型，工作內容包含：違約樣本定義、資料收集欄位設計、 資料收集、違約樣本之 EAD 計算、違約樣本之 LGD 計算、違約預測 模型建置。
	國內某銀行消金業務 Basel2 IRB 信用風險模型建置與導入專案： 協助該銀行針對消費及企業金融業務，依據 Basel II 之規範，建置信 用風險模型，工作內容包含：違約樣本定義、資料收集欄位設計、資 料收集、違約樣本之 EAD 計算、違約樣本之 LGD 計算、違約預測模 型建置、人員訓練。
金融業 內稽內 控	**台灣某金融資訊中心內部控制制度改善專案：** 針對該公司現行內部控制制度，包含銷貨及收款循環、採購及付款循 環、固定資產循環、維運循環、薪工循環、融資循環、投資循環、研 發循環、電子計算機循環，覆核所有內控制度文件並檢視其合理性、 與訪談相關部門主管以瞭解落實情形及現況，研擬改善方案並修改整 個內控制度。
保險業 及金融 業資訊 安全管 理體系 規劃與 建置	**台灣某保險業資訊安全管理制度建置專案：** 依據國際標準 BS7799 之概念，開創資訊風險評估方法論，協助客戶 釐清作業流程、釐清系統架構及資訊流、查核資訊控制現況、研擬改 善項目、撈取資訊資產、建立資訊資產報告、評估資訊資產風險、撰 寫資訊安全政策、程序、表單，為客戶建置整個資訊安全管理制度， 輔導客戶彙集制度運行之證據，協助客戶選擇認證單位，並陪同客戶 完成認證單位檢查程序，取得資訊安全國際標準 BS7799 認證。
	台灣某金融資訊中心資訊安全管理制度建置專案 協助客戶針對其十三項業務中的九項釐清作業流程，包含與各行庫資 訊系統往來之資訊流、釐清系統架構及資訊流、查核資訊控制現況、 研擬改善項目、撈取資訊資產、建立資訊資產報告、評估資訊資產風 險、撰寫資訊安全政策、程序、表單，為客戶建置整個資訊安全管

	理制度，輔導客戶彙集制度運行之證據，協助客戶選擇認證單位，並陪同客戶完成認證單位檢查程序，取得資訊安全國際標準 BS7799 認證。
銀行業資訊風險評估	**台灣某公營行庫一般資訊作業風險評估** 依據國際知名會計師事務所資訊風險評估方法論，針對國內某公營行庫一般資訊作業，進行現況釐清及風險評估，包含檢視相關作業流程、訪談相關資訊主管、檢查作業流程中各項表單及證據、檢視實體資訊環境、執行測試作業、提出風險評估報告，向客戶說明風險評估結果及應改善項目。
	台灣某民營銀行一般資訊作業風險評估 依據國際知名會計師事務所資訊風險評估方法論，針對國內某民營銀行一般資訊作業，進行現況釐清及風險評估，包含檢視相關作業流程、訪談相關資訊主管、檢查作業流程中的各項表單及證據、檢視實體資訊環境、執行測試作業、提出風險評估報告，向客戶說明風險評估結果及應改善項目。
其他領域專業資歷	
策略分析與管理	**開創策略分析與管理方法論：** 針對客戶需求，以及公司拓展市場的需求，自行開創策略分析與管理方法，並成立團隊為客戶提供顧問服務，內容包含：策略分析教育訓練課程、釐清產業結構現況與趨勢、尋找機會與威脅、產業定位分析、釐清現況及尋找願景使命方向、研擬願景使命、形成策略主題、策略檢視與評估、策略目標展開、目標溝通與資源協調、二十多張資料收集與彙整表格、國內外策略分析案例、研討會討論方法等。
	國內某製藥業策略分析專案： 依據自行開創的策略分析與管理方法論，協助客戶釐清願景及擬定發展策略。專案範圍包含客戶的四家子公司以及管理總處共五個單位，為每個單位提供服務包含：策略分析教育訓練、策略分析資料收集、釐清產業結構現況與趨勢、尋找機會與威脅、產業定位分析、釐清現況及尋找願景使命方向、研擬願景使命、形成策略主題、策略檢視與評估、策略目標展開、目標溝通與資源協調。並將五個單位的成果彙整，為整個集團舉辦願景研討會，擬定整個集團的願景。

	國內某食品業策略分析專案： 依據自行開創的策略分析與管理方法論，協助客戶釐清願景及擬定發展策略。專案範圍包含客戶兩大事業主體，為每個單位提供服務包含：策略分析教育訓練、策略分析資料收集、釐清產業結構現況與趨勢、尋找機會與威脅、產業定位分析、釐清現況及尋找願景使命的方向、研擬願景使命、形成策略主題、策略檢視與評估、策略目標展開、目標溝通與資源協調。
研發管理	開創研發管理方法論：研發致勝 將為客戶提供研發管理資訊系統導入過程中所累積化工、軟體、機械、電子等產業的研發流程知識，與 Arthur Andersen 管理方法論，開創一套完整的研發管理方法論，主要內容為：包含研發流程改善、研發專案管理、研發知識管理、研發資訊安全等等。作者於 2004 年獲邀至北京演講；此著作已於 2005 年出版。
	國內某電子業研發管理改善專案： 客戶為消費性電子產品代工大廠，依據自行開創的研發管理方法論，協助客戶改善研發流程效率，縮短新產品開發時間；專案範圍涵蓋台灣、香港、大陸三家子公司，包含行銷、業務、客服、研發、品管、工廠、採購、倉庫等所有部門。先針對新產品開發所有作業流程進行診斷，找出近百個問題點，診斷報告達 60 頁，再分階段改善，主要改善範圍包含：研發與技術組織調整、技術人員與單位整合、設計審查組織與權責、階段審查組織與權責、專案管理團隊與組織、研發人才保全、成本管理、客戶需求管理、ID 修改與客戶審查、洗板、打板、手插件、新料打樣、試作備料、試作、客戶端測試、階段評審、技術移轉、簽樣與彩圖、軟體 BUG。並依階段報告改善成果，同時提出新的改善項目。此外還協助客戶選擇及培養專案管理人材，將改善成果寫成作業程序並提供全面性的教育訓練以落實專案成效。此專案在客戶認可改善成效後順利結案。
	資訊系統開發流程研究： 研究資訊系統開發相關作業流程，包含客戶需求、系統分析、程式設計、系統測試等活動，繪製作業流程，並研擬相關作業的問題點及管理方式。

	台灣某化學公司研發管理資訊系統導入專案： 協助專案人員釐清化工業整個研發流程，繪製流程圖並分析重要管理議題，訪談相關部門釐清需求，並協助系統分析人員研擬系統規格。
	台灣某機械業研發管理資訊系統導入專案： 協助專案人員釐清工具機業研發流程及製造流程，繪製流程圖並分析重要的管理議題，訪談相關部門釐清需求，包含協力廠商相關作業活動，並協助系統分析人員研擬系統規格。
	台灣某電腦品牌暨代工公司研發管理資訊系統導入專案： 協助專案人員釐清電腦研發流程及專案管理機制，繪製流程圖並分析重要的管理議題，訪談相關部門釐清需求，並協助系統分析人員研擬系統規格，以及系統導入後續服務。
	台灣製藥業研發流程改善專案： 釐清整個新產品開發循環，包含產品定位分析、研發資源配置、產品開發、新產品試作等作業，繪製流程圖並分析重要管理議題、研擬各議題的改善作法、完成成果文件及新流程的導入。
研發資訊安全	**開創研發資訊安全管理方法論：** 結合四個產業研發流程及管理知識，與資訊安全管理方法論結合，開創全球第一套「研發資訊安全管理」方法論，並為台灣頂尖高科技公司提供顧問服務。內容包含：高科技業競爭優勢與研發資訊安全、研發營運模式分析、研發資訊系統架構分析、研發資訊流分析、研發資訊資產分析、研發資訊風險評估方法、研發資訊資產辨識與分類方法、研發資訊機密性評估方法、研發資訊正確性評估方法、研發資訊可用性評估方法、研發資訊控制現況評估方法等。
	台灣某筆記型電腦代工公司研發資訊安全管理制度建置專案： 為台灣某知名筆記型電腦代工公司 750 人的研發團隊規劃及建置研發資訊安全管理制度，包含：釐清整個研發循環作業流程，涵蓋先進技術、硬體、軟體、佈局、美工、機構、工業設計、電源、關鍵零組件、散熱、系統整合、測試、等部門及作業，以及研發團隊與行銷、業務、客戶研發團隊、工廠、客服、文管、法務、專利、知識管理、大陸研發團隊、供應商研發團隊等部門之往來互動作業，釐清整個研發營運模式、研發資訊流、撈取所有研發資訊資產、評估研發資訊安

	全控制現況、分析研發資訊資產之風險、提出研發資安風險評估報告與改善計劃，研擬研發資訊安全政策、程序、表單，為客戶建置整個資訊安全管理制度，輔導客戶彙集制度運行之證據，協助客戶選擇認證單位，並陪同客完成認證單位檢查程序，取得資訊安全國際標準 BS7799 認證，並提供教育訓練，進行資訊風險評估技術移轉。
資訊安全與風險評估	**台灣某政府機關資訊安全管理制度建置專案：** 協助政府機關釐清作業流程、釐清系統架構及資訊流、查核資訊控制現況、研擬改善項目、撈取資訊資產、建立資訊資產報告、評估資訊資產風險、撰寫資訊安全政策、程序、表單，為客戶建置整個資訊安全管理制度，輔導客戶彙集制度運行之證據，協助客戶選擇認證單位，並陪同客完成認證單位檢查程序，取得資訊安全國際標準 BS7799 認證，並提供教育訓練，進行資訊風險評估技術移轉。
	SAP 資訊風險評估方法論： 彙整所有與 SAP 有關之資訊風險評估方法，整理成一套方法論，並為客戶提供 SAP 資訊風險評估服務。
	某知名日商電子公司 SAP 資訊風險評估 為某知名日商電子公司針對其 SAP 系統權限進行風險評估，包含系統權限資料讀取、權限分析、撰寫風險評估報告。在過程中為客戶辨識重大資訊安全漏洞，並協助客戶向日本母公司溝通發現事項，以及採取緊急因應措施。
	台灣某積體電路公司 SAP 資訊風險評估 針對 SAP 與其他系統間資料換算，驗證計算正確性。包含釐清 SAP 與其他系統的關係、釐清資訊流與計算過程、規劃驗證計算作業、擷取原始資料、以專業軟體計算資料、將驗算結果與系統成果比對、分析可能之資訊風險，並提出改善建議。
	台灣某國營石油公司一般資訊作業風險評估 依據國際知名會計師事務所資訊風險評估方法論，針對國內某石油公司一般資訊作業，包含總公司及各區營業據點，進行現況釐清及風險評估，包含檢視相關作業流程、訪談相關資訊主管、檢查作業流程中的各項表單及證據、檢視實體資訊環境、執行測試作業、提出風險評估報告，向客戶說明風險評估結果及應改善項目。

	台灣某電信公司一般資訊作業風險評估 依據國際知名會計師事務所資訊風險評估方法論，針對國內某電信公司一般資訊作業，進行現況釐清及風險評估，包含檢視相關作業流程、訪談相關資訊主管、檢查作業流程中的各項表單及證據、檢視實體資訊環境、執行測試作業、提出風險評估報告，向客戶說明風險評估結果及應改善項目。
	台灣某電子公司一般資訊作業風險評估 依據國際知名會計師事務所資訊風險評估方法論，針對國內某電子公司一般資訊作業，進行現況釐清及風險評估，包含檢視相關作業流程、訪談相關資訊主管、檢查作業流程中的各項表單及證據、檢視實體資訊環境、執行測試作業、提出風險評估報告，向客戶說明風險評估結果及應改善項目。
	台灣某電腦公司一般資訊作業風險評估 依據國際知名會計師事務所資訊風險評估方法論，針對國內某電腦公司一般資訊作業，包含總公司及各區營業據點，進行現況釐清及風險評估，包含檢視相關作業流程、訪談相關資訊主管、檢查作業流程中的各項表單及證據、檢視實體資訊環境、執行測試作業、提出風險評估報告，向客戶說明風險評估結果及應改善項目。
	台灣某航運公司一般資訊作業風險評估 依據國際知名會計師事務所資訊風險評估方法論，針對國內某航運公司一般資訊作業，進行現況釐清及風險評估，包含檢視相關作業流程、訪談相關資訊主管、檢查作業流程中的各項表單及證據、檢視實體資訊環境、執行測試作業、提出風險評估報告，向客戶說明風險評估結果及應改善項目。
知識會計與知識力指標	**開創知識會計與知識力指標：** 以 Arthur Andersen 知識管理方法論為基礎，針對台灣企業在導入知識管理制度遭遇到的瓶頸，開創新的企業知識力分析方法論，主要內容包含：台灣企業導入知識管理現況分析、知識力分析基本概念、12 個知識力指標、知識報表、知識會計理論架構、知識會計原則等。

流程改善與績效管理	**軟體業系統開發及導入服務專案管理：** 採用 Arthur Andersen 專案管理方法論，為研發管理資訊系統軟體公司規劃完整的專案管理制度，範圍涵蓋軟體行銷、業務活動、客戶需求、系統分析、程式設計、系統測試、系統上線、售後服務等作業活動，並擔任所有資訊系統導入專案之專案經理，包含化工業、電子業、工具機業，管理各專案時程及協調資源分派，確保系統開發工作以及各項跨部門作業及時完成。
	台灣某電線電纜業採購流程改善專案： 研究並掌握電子商務時代全球運籌管理概念、方法論、及系統工具，包含策略資源統籌（Strategy Sourcing）、供應商資料庫、電子化採購流程、以及電子商務平台等等，並分析台灣某電線電纜業採購流程，繪製流程圖並釐清各管理議題，提出採購電子商務解決方案。
	台灣某電力公司組織再造案： 協助台灣某電力公司因應民營化壓力，研擬會計部門功能及組織再造方法，包含研究 Arthur Andersen「未來財會功能願景 Future Function of Financial」方法論以掌握財會部門組織再造做法、與客戶商討專案範圍及目標、針對該公司核能發電廠、火力發電廠、水力發電廠、工程、業務等二十多個主要單位的會計部門主管進行訪談，瞭解其對財會部門未來之期望；研擬該公司會計部門未來功能建議、撰寫研究報告、並向客戶呈報。
	台灣某電信公司系統與流程整合專案： 針對該公司導入 Oracle ERP 資訊系統引發作業流程及控管問題，訪談所有 ERP 系統使用部門，包含財務、會計、預算等等，瞭解問題點並釐清作業流程現況，研擬作業與資訊系統功能整合方案。
	台灣某電信公司內部控制制度改善專案： 針對該公司現行內部控制制度，包含銷貨及收款循環、採購及付款循環、薪工循環、固定資產循環、維運循環，覆核所有內控制度文件並檢視其合理性、與訪談相關部門主管以瞭解落實情形及現況，研擬改善方案並修改整個內控制度。

台灣某電信公司應收帳款及收款流程改善專案： 針對該公司現行之應收帳款、收款、出帳等作業流程，進行流程分析以釐清現況，並與相關部門主管訪談找出導致作業無效率之問題點，並研擬改善計劃，規劃能提升效率的作業流程。
台灣某知名熱水器製造商電子商務流程設計專案： 針對該公司打算提供家用水電叫修之電子商務服務，訪談該公司相關部門主管，以瞭解現行熱水器後續維修服務之組織、人力、作業流程、以及收款結帳方式，並針對計程車叫車派車、以及快遞業叫派等進行異業作業方式標竿比較；然後依營運模式分析、流程分析等方法工具，研擬家用水電叫修之電子商務服務之營運模式及所有作業流程，包含料件供應商合約、合作水電工招募及簽約、網路叫修流程、派工流程、領料流程、服務完成及品質確認、結帳流程。同時掌握現行資訊、網路、通信科技，包含電子商務網站功能、派工及領料通訊功能等等，提出可行解決方案。
銀行業作業制成本制度： 研習作業成本制度相關方法論，瞭解銀行業收單作業相關流程，學習銀行收單作業成本制度規劃及建置之做法。
半導體業作業制成本制度： 研習半導體製程、製作訓練簡報資料、提供半導體製程教育訓練；於必要時協助台灣某半導體代工大廠作業制成本制度之規劃與建置工作。

作者作品清單

會計系列	■ A Comparison of Earnings vs. Cash Flow Accounting Information – A Theoretical and Empirical Analysis ■ The Han's Model ■ 知識會計
研發管理系列	■ 第一代：研發管理 ▲研發流程改善 ▲研發專案管理 ▲研發知識管理 ▲研發資訊安全 ■ 第二代：研發管理實務 ▲研發管理基本實務 ▲研發管理高階實務
資訊安全：閃電系列	■ 第一代：快如閃電 ■ 第二代：閃電奔雷 ■ 第三代：雷神之鎚 ■ 第四代：雷震王庭
策略分析：神劍系列	■ 第一代：玄鐵 ■ 第二代：倚天 ■ 第三代：金剛 ■ 第四代：六脈神劍

國家安全：霜之哀傷系列	■ 沈舟：以虛擊空 ■ 玉石：突如其來如，焚如，死如，棄如 ■ 絕地：人必先置於死地而後生 ■ 風伏
作業風險管理： 隨風飛舞十三式	■ 第一式「隨風飛舞」 ■ 第二式「風的痕跡」 ■ 第三式「疾風」 ■ 第四式「風舞九天」 ■ 第五式「風險空中預警機」 ■ 第六式「風襲千里」 ■ 第七式「風動」 ■ 第八式「天羅地網」 ■ 第九式「無孔不入」 ■ 第十式「草木皆兵」 ■ 第十一式「正面對決」 ■ 第十二式「天女散花」 ■ 第十三式「如幻似真」
不退轉系列	■ 上卷：堅定 ■ 中卷：忿怒 ■ 下卷：遍照
劍二四系列	■ 信用風險偵測技術 ■ 信用組合風險 3D 掃瞄顯像技術
領導統御之獨孤九劍系列	

免責聲明

　　本人在本書中所探討之策略與風險，皆為過去個人私底下的研究，與目前任職之公司無任何關係，不代表目前任職公司之立場，亦不代表過去所有曾經任職之公司之立場。

　　本人在本書中大量使用中華歷史、易經、紫微斗數、武俠小說、電影、漫畫、電玩之元素，如果有讀者認為這些皆為迷信、八股、不科學、難登大雅之堂，請勿閱讀本書，以免感到不愉快。

　　本書第三章以電影【藝伎回憶錄】中藝伎標售初夜之劇情比喻說明銀行業西進大陸之策略，又以養雞業者來比喻說明銀行業西進大陸可能面臨之瓶頸，若有讀者認為這樣的比喻是在污蔑銀行業、損及銀行業聲譽，或是認為這樣的情節有物化女性之嫌疑，請勿閱讀本書，以免感到不愉快。

　　本書中之任何內容，都不應被解讀為本人支持或反對核四興建之立場。

BOSS 館 09　商業企管類　PI0028

策略思考，輸贏大不同
——作業風險之應用

作　　者 / 韓孝君
責任編輯 / 鄭伊庭
圖文排版 / 陳彥廷
封面設計 / 秦禎翊

發 行 人 / 宋政坤
法律顧問 / 毛國樑　律師
出版發行 / 秀威資訊科技股份有限公司
　　　　　114 台北市內湖區瑞光路 76 巷 65 號 1 樓
　　　　　電話：+886-2-2796-3638　傳真：+886-2-2796-1377
　　　　　http://www.showwe.com.tw
劃撥帳號 / 19563868　戶名：秀威資訊科技股份有限公司
　　　　　讀者服務信箱：service@showwe.com.tw
展售門市 / 國家書店（松江門市）
　　　　　104 台北市中山區松江路 209 號 1 樓
　　　　　電話：+886-2-2518-0207　傳真：+886-2-2518-0778
網路訂購 / 秀威網路書店：http://www.bodbooks.com.tw
　　　　　國家網路書店：http://www.govbooks.com.tw

2013 年 7 月 BOD 一版
定價：390 元

國家圖書館出版品預行編目

策略思考, 輸贏大不同：作業風險之應用 / 韓孝君著. -- 一
版. -- 臺北市：秀威資訊科技, 2013.07
　　面；　公分. -- (商業企管類)
BOD 版
ISBN 978-986-326-132-2 (平裝)

1. 策略管理　2. 風險管理

494.1　　　　　　　　　　　　　　　102010793

讀者回函卡

感謝您購買本書，為提升服務品質，請填妥以下資料，將讀者回函卡直接寄回或傳真本公司，收到您的寶貴意見後，我們會收藏記錄及檢討，謝謝！如您需要了解本公司最新出版書目、購書優惠或企劃活動，歡迎您上網查詢或下載相關資料：http:// www.showwe.com.tw

您購買的書名：_____

出生日期：_____年_____月_____日

學歷：□高中 (含) 以下　　□大專　　□研究所 (含) 以上

職業：□製造業　□金融業　□資訊業　□軍警　□傳播業　□自由業
　　　□服務業　□公務員　□教職　　□學生　□家管　　□其它____

購書地點：□網路書店　□實體書店　□書展　□郵購　□贈閱　□其他

您從何得知本書的消息？

　□網路書店　□實體書店　□網路搜尋　□電子報　□書訊　□雜誌

　□傳播媒體　□親友推薦　□網站推薦　□部落格　□其他_____

您對本書的評價：（請填代號　1.非常滿意　2.滿意　3.尚可　4.再改進）

　封面設計____　版面編排____　內容____　文／譯筆____　價格____

讀完書後您覺得：

　□很有收穫　□有收穫　□收穫不多　□沒收穫

對我們的建議：_____

_____

_____

_____

11466
台北市內湖區瑞光路 76 巷 65 號 1 樓

秀威資訊科技股份有限公司　　　收

BOD 數位出版事業部

⋯⋯⋯⋯⋯⋯⋯⋯⋯⋯⋯⋯⋯⋯⋯⋯⋯⋯⋯⋯⋯⋯⋯⋯⋯⋯⋯⋯

（請沿線對折寄回，謝謝！）

姓　　名：＿＿＿＿＿＿＿＿＿　年齡：＿＿＿＿　性別：□女　□男

郵遞區號：□□□□□

地　　址：＿＿＿＿＿＿＿＿＿＿＿＿＿＿＿＿＿＿＿＿＿＿＿＿

聯絡電話：(日)＿＿＿＿＿＿＿＿＿　(夜)＿＿＿＿＿＿＿＿＿＿

E-mail：＿＿＿＿＿＿＿＿＿＿＿＿＿＿＿＿＿＿＿＿＿＿＿＿